Longevidade

Steven Johnson

Longevidade

Uma breve história de como e por que vivemos mais

Tradução:
Claudio Carina

Copyright © 2021 by Steven Johnson

Grafia atualizada segundo o Acordo Ortográfico da Língua Portuguesa de 1990, que entrou em vigor no Brasil em 2009.

Título original
Extra Life: A Short History of Living Longer

Capa
Filipa Damião Pinto | Foresti Design

Preparação
Angela Ramalho Vianna

Índice remissivo
Gabriella Russano

Revisão
Erika Nogueira Vieira
Bonie Santos

Dados Internacionais de Catalogação na Publicação (CIP)
(Câmara Brasileira do Livro, SP, Brasil)

Johnson, Steven
    Longevidade : Uma breve história de como e por que vivemos mais / Steven Johnson ; tradução Claudio Carina. — 1ª ed. — Rio de Janeiro: Zahar, 2021.

    Título original: Extra Life : A Short History of Living Longer.
    ISBN 978-65-5979-033-3

    1. Expectativa de vida – História 2. Cuidados de saúde – História 3. Longevidade – Aspectos sociais – História 4. Saúde pública – História 5. Tecnologia – História I. Carina, Claudio. II. Título.

21-77321	CDD: 362.1

Índice para catálogo sistemático:
1. Longevidade : Aspectos sociais : Bem-estar social   362.1

Eliete Marques da Silva — Bibliotecária — CRB-8/9380

[2021]
Todos os direitos desta edição reservados à
EDITORA SCHWARCZ S.A.
Praça Floriano, 19, sala 3001 — Cinelândia
20031-050 — Rio de Janeiro — RJ
Telefone: (21) 3993-7510
www.companhiadasletras.com.br
www.blogdacompanhia.com.br
facebook.com/editorazahar
instagram.com/editorazahar
twitter.com/editorazahar

Para minha mãe

Sumário

Introdução: Vinte mil dias 9

1. A altura do teto: Medindo a expectativa de vida 35

2. O catálogo de males: Variolação e vacinas 71

3. Estatísticas vitais: Dados e epidemiologia 103

4. Um leite mais seguro: Pasteurização e cloração 136

5. Para além do efeito placebo: Regulamentação e testagem de medicamentos 166

6. O fungo que mudou o mundo: Antibióticos 193

7. Ovos quebrados e trenós a jato: Segurança automotiva e industrial 217

8. Alimentando o mundo: O declínio da fome 245

Conclusão: Ilha Bhola revisitada 267

Agradecimentos 309
Notas 312
Bibliografia 321
Índice remissivo 331

Introdução
Vinte mil dias

No trecho do rio Kansas ao norte de Junction City fincaram-se raízes militares que datam de 1853, quando ali se estabeleceu um posto para proteger os viajantes que se dirigiam para o Oeste nos anos seguintes à corrida do ouro na Califórnia. Em poucas décadas, o local tornou-se conhecido como Fort Riley, e por algum tempo abrigou a Escola de Cavalaria dos Estados Unidos. Em 1917, quando as Forças Armadas começaram a se preparar para o ingresso dos Estados Unidos na Primeira Guerra Mundial, uma pequena cidade com população de 50 mil habitantes foi erguida ali praticamente da noite para o dia, a fim de treinar os soldados do Meio-Oeste que iriam lutar no exterior.

Camp Funston, como foi chamada, tinha cerca de 3 mil construções temporárias — os previsíveis alojamentos e refeitórios, os escritórios dos comandantes, mas também lojas em geral, teatros e até uma lanchonete. A cidade recém-surgida contava com comodidades importantes para os jovens recrutas — um soldado escreveu à família dizendo ter ouvido uma sinfonia apresentada para as tropas em Camp Funston —, mas a natureza temporária das estruturas significava que a maioria dos alojamentos mal era calafetada. O primeiro inverno no acampamento foi excepcionalmente frio, forçando os soldados já amontoados em espaços apertados a se agruparem ainda mais próximo do fogo nos alojamentos e refeitórios.

Quando o inverno estava chegando ao fim, no início de março de 1918, um soldado de 27 anos chamado Albert Gitchell se apresentou na enfermaria queixando-se de dores musculares e febre.[1] Gitchell era açougueiro de profissão e servia como cozinheiro em Camp Funston, preparando comida para centenas de colegas, soldados em treinamento. Os médicos diagnosticaram a doença como gripe e o despacharam para a ala de quarentena na esperança de impedir a propagação, mas já era tarde demais. Em uma semana, centenas de outros residentes de Camp Funston apresentaram sintomas de gripe. Em abril, mais de mil soldados estavam hospitalizados. Trinta e oito deles morreram, número surpreendentemente alto para uma doença que em geral ameaçava apenas as crianças pequenas e os mais velhos.

As enfermarias lotadas e os corpos empilhados no necrotério de Camp Funston foram os primeiros indícios de que algo incomum estava acontecendo naquela base militar do Kansas. Mas o que realmente ocorreu só seria visível para os cientistas décadas depois, com o desenvolvimento da microscopia eletrônica. Dentro dos pulmões de Albert Gitchell, uma esfera coberta de espinhos prendeu-se às células de seu trato respiratório. A esfera perfurou a membrana celular, chegou ao citoplasma, fundiu seu limitado código genético ao de Gitchell e começou a reproduzir cópias de si mesma. Em cerca de dez horas, aproximadamente, a célula estava repleta de esferas recém-replicadas, a membrana foi se esgarçando até o ponto de ruptura e, num átimo catastrófico, a célula se rompeu, liberando centenas de milhares de outras esferas no sistema

Introdução 11

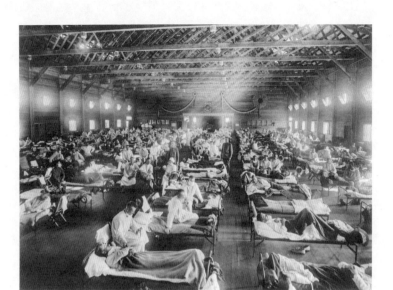

Hospital de emergência durante epidemia de gripe, Camp Funston, Kansas, 1918.

respiratório do cozinheiro. Algumas delas foram tossidas ou espirradas para o ambiente do refeitório e dos alojamentos. Outras ficaram nos pulmões do soldado Gitchell, ligando-se a novas células através do mesmo brutal mecanismo de autorreplicação.

Os médicos de Camp Funston não tinham como saber na época, mas as esferas que atacavam os pulmões de Albert Gitchell constituíam uma nova cepa do vírus H1N1, que viria a aterrorizar o mundo inteiro nos dois anos seguintes, na pandemia comumente conhecida como gripe espanhola. Assim como o vírus se replicava nas vias respiratórias dos soldados, a cena de Camp Funston seria replicada em bases militares ao redor do planeta nos meses seguintes, alimentada pelo fluxo constante de soldados através dos Estados Unidos e nas linhas de frente europeias. As tropas americanas levaram o vírus para o porto militar de Brest, na extremidade noroeste da Bretanha, na França, e a moléstia irrompeu em Paris no final de abril. A Itália veio logo em seguida. Em 22 de maio, o jornal madrilenho *El Sol* noticiou que "uma doença ainda não diagnosticada pelos médicos" assolava as guarnições de Madri.[2] No final de maio, o vírus estava em Bombaim, em Xangai e na Nova Zelândia.

A cepa de HINI que percorreu o globo no primeiro semestre de 1918 se disseminou a uma taxa alarmante em comparação com a maioria das influenzas; ela era transmitida facilmente de uma pessoa para outra e produziu cadeias de rompimento das células pulmonares de muita gente. Mas não era particularmente letal. A capacidade da gripe de correr o mundo em um período tão curto — todas aquelas esferas autorreplicantes em todos aqueles pulmões — era inacreditável. Contudo, muitos desses pulmões se recuperaram do ataque. Na linguagem técnica, a cepa apresentou uma alta taxa de *morbidade* combinada a uma taxa mais modesta de *mortalidade*. Ela tinha uma capacidade assustadora de fazer cópias de si mesma, mas tendia a deixar seus hospedeiros sobreviverem ao encontro.

A cepa de HINI que surgiu no *segundo* semestre de 1918 não seria tão generosa.

Até hoje os cientistas discutem por que a segunda onda da gripe espanhola em 1918 se mostrou tão mais violenta. Alguns argumentam que as duas ondas foram impulsionadas por diferentes variantes de HINI; outros acreditam que as duas cepas se encontraram na Europa e de alguma forma se combinaram em uma variante nova e mais letal. Outros creem que a onda inicial foi mais fraca porque havia pouco tempo que o vírus

Introdução 13

se transferira de hospedeiros animais para humanos, e levou alguns meses para ele se adaptar apropriadamente a seu novo habitat no aparelho respiratório do *Homo sapiens*.[3]

Seja qual for a causa subjacente, o rastro de mortes deixado na segunda onda foi impressionante. Nos Estados Unidos, a nova ameaça tornou-se aparente pela primeira vez em Camp Devens, base militar superlotada nos arredores de Boston. Na terceira semana de setembro, um quinto do contingente da base contraiu a gripe, a uma taxa de morbidade que excedeu a do surto de HINI em Camp Funston. Mas foi a taxa de mortalidade que deixou a equipe médica de Camp Devens chocada. "É uma questão de poucas horas até a morte", escreveu um dos médicos do exército:

> É horrível. Pode-se suportar ver um, dois ou vinte homens morrendo, mas ver esses pobres-diabos caírem como moscas... Temos uma média de cerca de cem mortes por dia [...]. A pneumonia resulta em morte em quase todos os casos [...]. Perdemos um número exorbitante de enfermeiras e médicos, e a pequena cidade de Ayer está na mira. São necessários trens especiais para transportar os mortos. Durante vários dias não havia caixões, e os corpos se empilharam rapidamente [...]. Isso supera qualquer cena que se tenha visto na França depois de uma batalha. Um alojamento imenso foi desocupado para ser usado como necrotério, e andar pelas longas filas de soldados mortos, todos vestidos e dispostos em alas duplas, impressionaria qualquer um.[4]

A devastação em Camp Devens logo seria seguida por surtos ainda mais catastróficos no mundo todo. Nos Estados Unidos, no ano seguinte, quase 50% de todas as mortes seriam atribuídas à gripe. Milhões morreram nas linhas de frente e em hospitais militares na Europa. A taxa de mortalidade de pessoas infectadas em partes da Índia se aproximou dos 20%, ordem de magnitude mais letal que a do vírus da primeira onda. Hoje, as melhores estimativas sugerem que cerca de 100 milhões de pessoas morreram de gripe durante o surto em todo o mundo. John Barry, autor de *A grande gripe*, o relato mais fiel sobre esse mal, contextualiza o número: "Dada a população mundial em 1918, de aproximadamente 1,8 bilhão, a estimativa mais alta diria que em dois anos — e com a maioria das mortes ocorrida nas tenebrosas doze semanas do outono de 1918 — mais de 5% das pessoas no mundo morreram".[5]

Os relatórios de mortalidade revelaram outro elemento preocupante da pandemia: o surto de HINI de 1918-9 foi excepcionalmente letal entre adultos jovens, normalmente o grupo mais resistente nos surtos de gripe comum. Nos Estados Unidos, como Barry observa, "o maior número de mortes atingiu homens e mulheres com idade entre 25 e 29 anos; o segundo maior número, pessoas com idade entre 30 e 34; o terceiro maior, pessoas com idade entre 20 e 24 anos. E mais gente morreu em cada um desses grupos etários do que o total de mortes entre todas as pessoas com mais de sessenta anos".[6] Em parte, esse padrão incomum foi atribuído à propagação do vírus por bairros próximos aos quartéis militares e hospitais. Os cientistas também acreditam que vírus semelhante, surgido em 1900, deixara uma parte significativa da população idosa imune à variante da gripe espanhola.

A demografia incomum da gripe espanhola ficou claramente visível nos gráficos de expectativa de vida calculados para o período. Todos com menos de cinquenta anos tiveram uma

Introdução 15

queda abrupta na expectativa de vida durante o surto de HINI, enquanto a expectativa de vida das pessoas com setenta anos de idade não foi afetada pela pandemia. Mas, no geral, a história foi inimaginavelmente funesta. Nos Estados Unidos, a expectativa média de vida despencou uma década praticamente da noite para o dia. A Índia pode ter experimentado a menor expectativa de vida conhecida de qualquer sociedade humana na história, seja ela industrial, agrícola ou de caçadores--coletores. Na Inglaterra e no País de Gales, onde há meio século a expectativa de vida aumentava, um vírus amplificado pela guerra desfez tudo em apenas três anos. Às vésperas da Primeira Guerra Mundial, a expectativa de vida ao nascer — para toda a população, não só para as elites — tinha subido para 55 anos. Ao final da dupla catástrofe de guerra mundial e pandemia, uma criança nascida na Inglaterra e no País de Gales tinha uma expectativa de vida de apenas 41 anos, não muito longe da média dessas populações durante a era elisabetana.

Mesmo antes de esses números serem calculados, enquanto o vírus HINI ainda explodia as células nos pulmões humanos em todo o mundo, o cientista militar Victor Vaughan analisou o número aproximado de baixas no front europeu. "Se a epidemia continuar com essa taxa matemática de aceleração", especulou em uma carta, "a civilização poderia facilmente desaparecer [...] da face da terra em questão de mais algumas semanas".[7]

IMAGINE QUE VOCÊ ESTÁ em Camp Devens no final de 1918, observando os corpos empilhados no necrotério improvisado. Ou está vagando pelas ruas de Bombaim, onde mais de 5% da população morreu de gripe nos últimos meses. Imagine uma volta pelos hospitais militares da Europa, vendo os corpos de tantos jovens mutilados pelas novas tecnologias de guerra — metralhadoras, tanques e bombardeiros aéreos — e pelas tempestades de citocinas do HINI. Imagine saber o preço que essa carnificina representaria para a expectativa de vida global, com todo o planeta retrocedendo para as condições de saúde vigentes no século XVII, e não no século XX. Que previsão você teria feito para os próximos cem anos, estando lá no final da guerra e da pandemia, com os corpos empilhados ao seu redor? O progresso do último meio século teria sido apenas um acaso, facilmente derrubado pela violência militar e pelo aumento do risco de pandemias em uma era de conexão global? Ou a gripe espanhola seria a previsão de um resultado ainda mais sombrio, como Victor Vaughan temia, em que algum vírus nocivo e com uma "taxa matemática de aceleração" ainda mais virulenta causaria um colapso global da própria civilização?

Os dois cenários lúgubres pareciam estar dentro dos limites das possibilidades enquanto o mundo lentamente se recuperava da dupla tempestade da Primeira Guerra e do HINI. Contudo, de modo surpreendente, nenhum deles se materializou. Em vez de cumprir essas previsões sombrias, o que se seguiu foi um século de inesperada vida.

Os anos de 1916 a 1920 marcaram o último momento em que se registraria uma grande reversão na expectativa de vida global. (Durante a Segunda Guerra Mundial, a expectativa de vida diminuiu brevemente, mas ficou longe da gravidade do colapso da "Grande Gripe".) Os descendentes daqueles bebês ingleses nascidos em 1920 com uma expectativa de vida de 41 anos agora tinham expectativa na casa dos oitenta. E, apesar de as sociedades ocidentais terem alcançado a maior parte do pro-

Introdução 17

gresso durante a primeira metade desse período, nas últimas décadas o mundo em desenvolvimento — liderado pela China e pela Índia — viu a expectativa de vida aumentar mais rapidamente que qualquer outra sociedade na história. Apenas cem anos atrás, os moradores de Bombaim ou Déli superavam as adversidades simplesmente sobrevivendo até os vinte e tantos anos. Hoje, a expectativa média de vida no subcontinente indiano é de mais de setenta anos. Vaughn estava certo ao dizer que havia uma extraordinária "taxa matemática de aceleração" em nosso futuro. Só que se revelou uma aceleração positiva: cada vez mais vidas salvas, não destruídas.

Essa marcha de progresso não é inabalável. A pandemia de covid-19, surgida quase exatamente no centenário do fim da Grande Gripe, tem sido um lembrete aterrorizante de que nosso mundo globalmente interconectado está mais vulnerável que nunca a infecções que circulam em ritmo acelerado. Até o momento em que escrevo, o coronavírus reduziu a expectativa de vida nos Estados Unidos em cerca de um ano, e duas vezes mais nas comunidades afro-americanas. Mas, apesar de todo o terror e da tragédia, a pandemia de 2020 também mostra os avanços que fizemos ao longo do século que se passou desde 1918. Até agora, o número de mortos por covid-19 é de menos de 1% do total de mortos da pandemia de 1918, em um planeta com uma quantidade quatro vezes maior de habitantes. Algumas estimativas sugerem que mais de 1 milhão de vidas foram salvas por intervenções de saúde pública no primeiro semestre de 2020, apesar dos muitos erros iniciais cometidos nesse período. Mas outro vírus ainda pode combinar a furtiva transmissão assintomática do Sars-CoV-2 com as taxas de mortalidade muito mais altas do vírus de 1918, matando crianças

18   *Longevidade*

e jovens adultos com a mesma crueldade com que o coronavírus tem matado os idosos. Se quisermos evitar uma crise de saúde nessa escala, se quisermos dar continuidade ao imenso progresso na extensão da vida humana, precisamos entender as forças que levaram a mudanças tão importantes nos últimos cem anos — não somente para comemorar essas conquistas, mas também para aperfeiçoá-las.

A MACRO-HISTÓRIA DA SAÚDE HUMANA no século que se passou desde o fim da Grande Gripe pode ser contada em três gráficos. Vamos começar com o mais simples, acompanhando a expectativa de vida na Inglaterra até meados do século XVII.[8]

Talvez não haja gráfico mais importante representando o que aconteceu à raça humana — e ao próprio planeta — do que esse. No início dos anos 1660, quando se começou a pensar na ideia de calcular a expectativa de vida, o britânico médio vivia pouco mais de trinta anos. Uma criança nascida no Reino Unido hoje pode esperar viver cinquenta anos mais que isso. E essa extraordinária tendência de ascensão tem se repetido continuamente em todo o mundo. Os avanços dos últimos três ou quatro séculos — o método científico, as descobertas médicas, as instituições de saúde pública, o aumento do padrão de vida — nos proporcionaram cerca de 20 mil dias extras de vida em média. E bilhões de pessoas que nunca teriam vivido para chegar à idade adulta ou ter filhos foram agraciadas com esse valoroso presente.

Poucas medidas do progresso humano são mais surpreendentes do que essa. Considerados numa perspectiva de longo prazo, esses 20 mil dias extras deveriam estar cotidianamente nas manchetes de todos os jornais. Mas, claro, é raro que esses

Introdução

EXPECTATIVA DE VIDA AO NASCER NA GRÃ-BRETANHA, 1668-2015

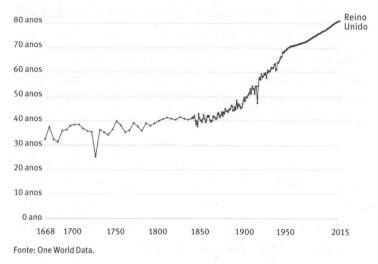

Fonte: One World Data.

Período de expectativa de vida ao nascer; o número médio de anos que um recém-nascido viveria se o padrão de mortalidade em determinado ano permanecesse o mesmo ao longo de sua vida.

anos de vida a mais apareçam na primeira página, pois é uma história quase totalmente isenta dos elementos dramáticos tradicionais que movimentam o ciclo das notícias. Eles são a história do progresso em sua forma comum: ideias brilhantes e colaborações que se estabelecem longe dos holofotes e da atenção do público, colocando em movimento melhorias e incrementos que levam décadas para mostrar sua verdadeira magnitude. Assim, compreensivelmente, o noticiário opta por se concentrar nas flutuações de curto prazo: a próxima eleição, um escândalo entre celebridades, todos os abalos superficiais que nos distraem do movimento das placas mais profundas. Sem essa visão de longo prazo, esquecemos todas as ameaças que aterrorizaram nossos bisavós mas deixaram de ser notícia ou se transformaram em condições administráveis corriqueiras, tão corriqueiras que a maioria de nós nem sequer pensa nelas. Essa memória seletiva, porém, por mais impressionante que seja como sinal de progresso, tem um efeito colateral infeliz. Se não refletirmos sobre essas ameaças superadas, iremos facilmente nos distrair do arco subjacente de progresso — nos padrões humanos básicos de saúde e bem-estar social — que tem sido a história dos últimos cem anos. E, por não pensar sobre esse passado, não conseguimos aprender com ele; não conseguimos usar essa história para raciocinar com mais clareza sobre os avanços a serem obtidos na nossa busca atual de ampliar a expectativa de vida humana; não conseguimos usar essa história a fim de nos preparar para as consequências indesejadas que esses avanços inevitavelmente trarão; e é menos provável que confiemos nos recursos e nas instituições de que agora dispomos para combater ameaças emergentes como a pandemia de covid-19. Teorias conspiratórias absurdas sobre Bill Gates implantar microchips via vacinação em massa, ou hostilidade direta a atos simples como o uso de máscaras, devem-se em parte a esquecermos o quanto a cultura, a ciência, a medicina e a saúde pública melhoraram a qualidade (e a extensão) da vida humana média nas últimas gerações.

Em certo sentido, os seres humanos vêm sendo cada vez mais protegidos por um escudo invisível que foi construído, peça por peça, ao longo dos últimos séculos, mantendo-nos cada vez mais seguros e com menos risco de morte. Estamos mais protegidos por conta de inúmeras intervenções, grandes e pequenas: o cloro na água potável, as vacinações em anel que livraram o mundo da varíola, os centros de dados que ma-

Introdução 21

peiam novos surtos em todo o planeta. Essas inovações e instituições raramente recebem a atenção que em geral dirigimos aos bilionários do Vale do Silício ou às estrelas de Hollywood. Mas o escudo de saúde pública que foi erguido ao nosso redor — medido mais claramente pela duplicação da expectativa de vida — é realmente uma das maiores conquistas da história da nossa espécie. Uma crise como a pandemia de 2020-1 nos dá uma nova perspectiva sobre todo esse progresso. As pandemias têm uma tendência interessante de tornar súbita e brevemente perceptível esse escudo invisível. Pela primeira vez, somos lembrados de como a vida cotidiana depende da ciência médica, de hospitais, autoridades de saúde pública, cadeias de suprimento de remédios e muito mais. E um evento como a crise da covid-19 ainda faz outra coisa: nos ajuda a perceber as brechas desse escudo, as vulnerabilidades, os lugares em que precisamos de novos avanços científicos, novos sistemas, novas maneiras de nos proteger de ameaças emergentes.

A maioria dos livros de história tem como foco central uma pessoa, um evento ou um lugar: um grande líder, um conflito militar, uma cidade ou uma nação. Já este livro conta a história de um número: o aumento da expectativa de vida da população mundial, que nos proporcionou toda uma vida extra em apenas um século. Ele é uma tentativa de entender de onde veio esse progresso, as inovações, colaborações e instituições que tiveram de surgir para torná-lo possível. E tenta responder a essa pergunta com rigor: quantos desses 20 mil dias extras são resultado de vacinas, de experimentos duplo-cego randomizados e controlados ou da diminuição da fome? Os primeiros relatórios sobre mortalidade que nos levaram a pensar sobre a expectativa de vida foram projetados para entender o que estava matando as pessoas na Inglaterra do século XVII. Este livro vira essa investigação de ponta-cabeça e pergunta: quais são as forças que nos mantêm vivos agora?

POR MAIS IMPORTANTES QUE SEJAM, os gráficos de expectativa de vida geral contam uma história um pouco enganosa, que muitas vezes leva a fantasias de iminente imortalidade. Quando você observa a história da extensão da vida humana como uma média — como um meio —, isso transmite um quadro de crescimento descontrolado. Aperte o botão para avançar e imagine como essa propensão se desenvolverá no próximo século. Se a mesma tendência de alta continuasse, uma pessoa "média" viveria até 160 anos.

Mas observe a história como uma *distribuição* e o quadro muda. As reduções mais significativas na mortalidade se aplicam à primeira década de vida. Adultos certamente estão vivendo mais do que no auge da Revolução Industrial — há quatro vezes mais centenários no planeta do que havia em 1990 —, mas a diferença não é tão drástica quanto você poderia esperar analisando os gráficos de expectativa de vida média. Muita gente viveu até sessenta anos ou mais dois séculos atrás. (Pense nos pais fundadores dos Estados Unidos: Jefferson morreu com 73 anos; Madison, Adams e Franklin sobreviveram até meados dos oitenta anos.) Mas as taxas de mortalidade de bebês e crianças pequenas caíram vertiginosamente. Quando se tem uma parte significativa da população morrendo com cinco meses ou cinco anos, essas mortes reduzem de maneira drástica a média geral de vida; se a maioria dessas crianças sobreviver até a idade adulta, a expectativa média de vida aumenta.

Introdução

É possível ver claramente esse efeito ao imaginar uma população muito menor, de apenas dez pessoas. Se três delas morrerem aos dois anos — que seria o esperado numa sociedade com 30% de mortalidade infantil —, mas o restante viver até os setenta, a expectativa de vida média do grupo será de 49 anos. Mantenha essas três crianças vivas e permita que elas também vivam até os setenta anos, como os outros, e a média geral aumenta em 21 anos, chegando aos setenta. Nesse cenário, os adultos não vivem nem um dia a mais: foram as crianças que pararam de morrer.

O imenso impacto da morte prematura é o motivo pelo qual os demógrafos diferenciam as categorias de expectativa de vida "ao nascer" e expectativa de vida em outras idades. Em muitas sociedades, a expectativa de vida ao nascer é consideravelmente menor que a expectativa de vida aos quinze ou aos vinte anos, pois os riscos de morte na infância são muito maiores. Um recém-nascido pode ter uma expectativa de vida de apenas trinta anos, digamos, enquanto um jovem adulto pode razoavelmente esperar viver até os cinquenta ou mais. Na maioria das sociedades modernas, em que a mortalidade infantil é baixa, cada ano que você sobrevive diminui o total de anos que ainda pode esperar viver — um ano mais velho, um ano mais perto do fim da vida. Mas em sociedades com altas taxas de mortalidade infantil o padrão é invertido: a expectativa da morte se torna mais distante conforme se sobrevive, pelo menos até o início da idade adulta.

Tudo isso significa que o gráfico icônico do crescimento vertiginoso da expectativa de vida deve sempre ser seguido por um segundo gráfico, que acompanha as tendências igualmente milagrosas na mortalidade infantil:[9]

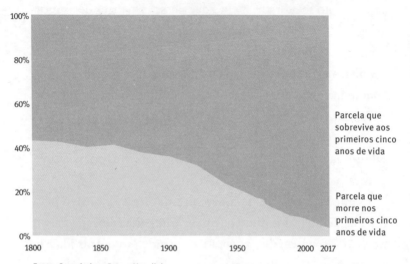

Fonte: Gapminder e Banco Mundial.
Disponível em: ‹ourworldindata.org/a-history-of-global-living-conditions-in-5-charts›.

Mortalidade global de crianças; parcela da população mundial que morre ou que sobrevive aos primeiros cinco anos de vida.

Partimos destes dois fatos simples, mas surpreendentes: como espécie, dobramos nossa expectativa de vida em apenas um século e reduzimos em mais de dez vezes as chances da mais devastadora das experiências humanas — a morte de um filho.

Este livro é, em última análise, um estudo sobre como mudanças significativas acontecem na sociedade. Cem anos atrás, enquanto se organizava a contagem de cadáveres da gripe espanhola em tabelas, a noção de que a expectativa de vida global poderia chegar aos setenta anos parecia quase absurda. Hoje é uma realidade. O que mudou? Essa é uma questão antiga,

Introdução 25

como se constatou. Quando os demógrafos começaram a perceber que a expectativa de vida estava aumentando, estudiosos e especialistas em saúde pública logo passaram a discutir sobre o que vinha causando a mudança. Suas diversas investigações constituem aqui um dos fios condutores centrais, pois compreender as raízes da mudança positiva muitas vezes é tão importante quanto os avanços específicos que causam a mudança — em parte porque permite descartar falsas hipóteses ou curas, e em parte porque permite expandir as intervenções realmente bem-sucedidas, aplicando seus avanços em uma comunidade mais ampla.

Um livro de história organizado em torno de uma tendência demográfica — e não, digamos, da vida de um líder famoso ou de uma lendária batalha naval — apresenta alguns desafios interessantes. Como contar uma história com mil heróis? O relato cronológico fornece uma linha de tempo muito regular, uma inovação após outra: raios X, antibióticos, vacina contra poliomielite. Aqui há uma abordagem diferente. Ela começa com um filtro inicial: definir as *categorias* de mudança mais significativas que podem explicar que a expectativa de vida tenha dobrado no século passado. Algumas dessas categorias são óbvias, começando com o Santo Graal da era da covid: as vacinas. Mas definir algumas das outras categorias não é tão fácil. Que tipo de métrica usar? Talvez haja por aí algum ideal utilitário que um dia conseguiremos calcular: anos de vida salvos por uma determinada ideia. Essa seria a observação perfeita em torno da qual organizar as categorias. Mas esse tipo de cálculo é difícil de fazer no mundo real. Para começar, o exercício é contrafactual por definição. Estamos rastreando vidas salvas, não mortes. Graças ao advento de relatórios de mortalidade e registros de saúde pública, agora é muito fácil calcular quantas pessoas morreram por uma ameaça específica: pneumonia, digamos, ou acidentes automobilísticos. Em muitas partes do mundo, esses dados estão a apenas alguns cliques de distância para download em um arquivo de Excel. Mas, quando se entra no reino hipotético de linhas de tempo alternativas — quantos *teriam morrido* se uma intervenção específica *não* tivesse ocorrido? —, o terreno fica mais movediço. Uma das abordagens é simplesmente extrapolar a partir das taxas de mortalidade antes de a intervenção ter sido amplamente utilizada. Por exemplo, antes da invenção e da disseminação dos cintos de segurança, morriam seis pessoas para cada 160 mil quilômetros percorridos nos Estados Unidos. Se as taxas de mortalidade tivessem permanecido nesse nível, 10 milhões de americanos teriam morrido no meio século que se passou desde então. Mas, como veremos, o cinto de segurança foi um dos diversos fatores que melhoraram a segurança do automóvel durante esse período; campanhas de conscientização, airbags, zonas de deformação e milhares de outros pequenos ajustes no design dos carros e na segurança das estradas também contribuíram.

O fato inevitável na história da saúde humana é que as inovações que impulsionaram o progresso estão quase sempre enredadas em relações simbióticas com outras inovações. Por exemplo, algumas tentativas de avaliar o efeito de invenções que salvaram vidas ao longo da história mostraram que o humilde vaso sanitário é responsável por poupar mais de 1 bilhão de vidas desde sua adoção em massa, nos anos 1860. Sem dúvida há algo plausível e instrutivo nesse argumento. O declínio das doenças transmitidas pela água foi uma das

Introdução 27

principais forças motrizes do primeiro salto na expectativa de vida nos países industrializados ocidentais, pouco depois que essa comodidade chegou aos lares da classe média. E celebrar as virtudes salvadoras de vidas dos vasos sanitários nos faz lembrar que o progresso muitas vezes se encontra em invenções mais prosaicas, e não somente em tecnologias de consumo que mais comumente associamos à chamada inovação disruptiva. Porém, para melhorar de fato a saúde como um todo, o vaso sanitário precisa estar ligado a um sistema de esgoto funcional que separe os detritos da água potável. E, para construir esses dispendiosos sistemas de esgoto, precisamos substituir a teoria dos miasmas nas doenças por uma compreensão da transmissão pela água. E, para que isso acontecesse, precisamos que o registro de dados de saúde pública e a epidemiologia surgissem como ciências maduras. Sim, provavelmente é verdade que todo esse complexo — o vaso sanitário em si, a infraestrutura pública dos esgotos, os avanços conceituais da teoria da transmissão pela água e a epidemiologia — tenha salvado mais de 1 bilhão de vidas. Mas o crédito não pode ser atribuído só ao vaso sanitário.

Apesar desses desafios reais, fazer estimativas aproximadas do impacto de intervenções recentes no prolongamento da vida continua a ser um exercício que vale a pena praticar, pois nos ajuda a ver o que funcionou no passado e sugere diretrizes para o que pode funcionar como intervenções futuras. A nebulosidade desse exercício significa que ele pode ser mais bem organizado em termos de ordens de magnitude: inovações que salvaram milhões de vidas; inovações que salvaram centenas de milhões de vidas; e os verdadeiros gigantes do prolongamento da nossa vida: as descobertas que salvaram bilhões de vidas. Organizada dessa forma, a história do prolongamento da vida da humanidade durante os últimos séculos é mais ou menos assim:

MILHÕES:
Coquetel para a aids
Anestesia
Angioplastia
Medicamentos contra a malária
RCP (reanimação cardiopulmonar)
Insulina
Hemodiálise
Terapia de reidratação oral
Marca-passos
Radiologia
Refrigeração
Cintos de segurança

CENTENAS DE MILHÕES:
Antibióticos
Agulhas bifurcadas
Transfusões de sangue
Cloração
Pasteurização

BILHÕES:
Fertilizante artificial
Sanitários/ Esgotos
Vacinas

Introdução 29

Classificar os objetos que mais salvaram vidas — do vaso sanitário à agulha bifurcada — tem um inegável apelo tangível como exercício, e exploraremos as histórias por trás de muitas dessas descobertas extraordinárias nas próximas páginas. Mas também há algo de enganoso em ver essa história como uma progressão de *coisas*, cada uma melhorando a saúde humana de novas maneiras. Muitas das mudanças que realmente contam não podem ser reduzidas a um único objeto. Às vezes, os avanços cruciais são metainovações: novas ideias que tornam mais fácil ter novas ideias ou divulgá-las. Às vezes envolvem métodos de manipulação de informações, ou plataformas que permitem novas formas de colaboração. Às vezes, a metainovação é um novo tipo de instituição capaz de amplificar ideias que salvam vidas de uma forma até então inimaginável. Às vezes a inovação é um avanço conceitual em algum campo não relacionado que indiretamente expande o espaço das possibilidades da saúde. Esses tipos de desenvolvimento são mais efêmeros que as histórias clássicas do tipo "Heureca!" que compõem a maioria dos relatos do progresso humano, razão pela qual tendemos a estar mais familiarizados com histórias como a descoberta acidental da penicilina do que com desenvolvimentos como a criação da Food and Drug Administration (FDA) americana (que nos ajudou a separar medicamentos genuínos de curas com óleo de cobra). Mas, como veremos, estes últimos tiveram um impacto enorme na saúde humana, geralmente envolvendo casos de heroísmo discreto e genialidade tão irrefutáveis quanto as narrativas tradicionais de pesquisadores excêntricos e seus "momentos heureca".

No final, organizei essa história da nossa vida extra em oito categorias principais. A primeira é o próprio conceito de expectativa de vida, que acabou sendo uma daquelas inovações na ciência da medição que muda fundamentalmente as coisas que está medindo. As outras são: vacinas; dados e epidemiologia; pasteurização e cloração; regulamentos e testes; antibióticos; tecnologia e regulamentos de segurança; e medidas de combate à fome. Cada categoria aparece aqui como um capítulo, contando a história dos principais agentes que trouxeram essas novas ideias ao mundo e das pessoas que lutaram para garantir que as ideias fossem adotadas. Embora eu tenha tentado organizar esses capítulos com base em dados empíricos de saúde pública, indicando as inovações que tiveram maior impacto, as categorias subjacentes são, de alguma forma, inevitavelmente subjetivas. Aqui e ali foquei em histórias menos conhecidas no cânone da saúde humana, o que significa que alguns avanços mais celebrados são tratados só de passagem: Semmelweiss e a teoria dos germes no século xix; a luta contra a aids nos anos mais recentes. Mas também tentei compilar uma amostra representativa que faça justiça às tendências gerais.

Vistas como um todo, as categorias devem transmitir uma noção da magnitude da própria mudança — esses 20 mil dias extras de vida — e a vasta gama de talentos, experiência e colaboração que os tornou possíveis.

Apesar de toda a ênfase no progresso e na mudança positiva, este livro não deve ser confundido com uma volta olímpica, uma desculpa para se descansar sobre os louros da vitória. Não é de forma alguma inevitável que o crescimento acelerado da expectativa de vida no século xx siga para sempre sua marcha ascendente. No momento em que escrevo, a contagem de infecções pela pandemia de covid-19 continua aumentando; mesmo antes do surto, os Estados Unidos já haviam passado por uma epidemia de overdoses de opiáceos e suicídios — as chamadas mortes por desespero — que reduziram a expectativa de vida do país durante três anos consecutivos, o mais longo período de declínio desde o fim da gripe espanhola.[10] Ainda há desigualdades significativas na saúde entre diferentes grupos socioeconômicos e países em todo o mundo. E, ironicamente, o triunfo épico de dobrar a expectativa de vida criou seu próprio conjunto de problemas, também épico, para o planeta. Observe o gráfico abaixo, da população global desde a revolução agrícola.[11]

CRESCIMENTO DA POPULAÇÃO GLOBAL DESDE A REVOLUÇÃO AGRÍCOLA

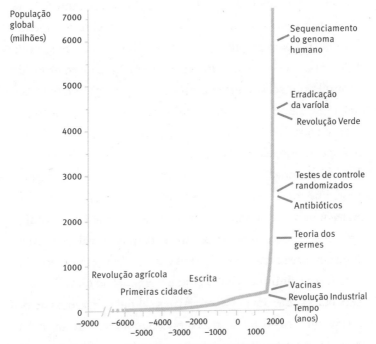

Fontes: Our World in Data; Fogel, "Catching up with the economy".

Não por acaso o gráfico espelha bem a visão de longo prazo da expectativa de vida: passam-se milênios quase sem mudanças significativas, seguidos por um pico repentino e sem precedentes nos últimos dois séculos. Os gráficos se espelham porque estão efetivamente mapeando o mesmo fenômeno. Os demagogos às vezes reclamam das taxas de natalidade irresponsáveis nos países em desenvolvimento, mas a verdade é que o crescimento da população global não é causado por um aumento mundial na fertilidade. As pessoas estão tendo menos filhos per capita do que nunca. O que mudou nos últimos dois séculos, primeiro no mundo industrializado e depois globalmente, é que as pessoas pararam de morrer — sobretudo os jovens. E, por não morrer, a maioria viveu o suficiente para ter filhos, que repetiram o ciclo com seus descendentes. Basta aumentar a parcela da população que sobrevive até a idade reprodutiva para termos mais filhos, mesmo que cada indivíduo tenha menos filhos em média. Repita o padrão em todo o mundo por seis ou sete gerações e a população global pode aumentar de 1 bilhão para 7 bilhões, apesar do declínio nas taxas de fertilidade.

Por um lado, é difícil não considerar que essa é uma notícia fantástica: todas as crianças que teriam morrido na infância agora podem ter seus próprios filhos ou desfrutar de uma vida plena até a idade adulta. Mas é igualmente difícil não ver algo sinistro no crescimento descontrolado na extremidade direita do gráfico. Essa não é uma forma que se veja normalmente em sistemas naturais saudáveis, com um equilíbrio estável. Ela reflete mais a marcha exponencial das células cancerosas ou das esferas do vírus H1N1 se autorreplicando no trato respiratório. Todas as soluções brilhantes que criamos para impedir o cres-

Introdução 33

cimento de ameaças como o HINI resultaram numa ameaça nova, de nível mais elevado: nós mesmos. Muitos dos principais problemas que enfrentamos agora como espécie são efeitos de segunda ordem da redução da mortalidade. Por razões compreensíveis, a mudança climática costuma ser entendida como um efeito de segunda ordem da Revolução Industrial, mas se tivéssemos de algum modo conseguido adotar um estilo de vida movido a combustíveis fósseis *sem* reduzir as taxas de mortalidade — em outras palavras, se tivéssemos inventado máquinas a vapor e redes elétricas e automóveis movidos a carvão mas mantido a população global nos níveis de 1800 —, as mudanças climáticas não seriam um problema. Simplesmente não haveria humanos em número suficiente para causar um impacto significativo nos níveis de carbono na atmosfera.

E assim a história desse número simples — da expectativa de vida ao nascer — não deve ser entendida como uma história de inequívoco triunfo. Nenhuma mudança tão relevante pode ser tão puramente positiva em seus efeitos. A duplicação da expectativa de vida, no entanto, deve ser entendida como o desenvolvimento mais importante da sociedade humana nos últimos cem anos, em parte porque seus efeitos são ao mesmo tempo tão particulares e tão globais. Em apenas alguns séculos, conseguimos nos dar mais 20 mil dias de vida. Bilhões de crianças que teriam morrido em seus primeiros anos puderam crescer até a idade adulta, ter seus próprios filhos. Este livro é a história de como isso aconteceu.

1. A altura do teto:
Medindo a expectativa de vida

EM 1967, uma aluna de graduação em sociologia de Harvard, Nancy Howell, pegou um voo de Boston para Roma com seu marido, um antropólogo chamado Richard Lee. Depois de alguns dias na Itália, os dois viajaram para Nairóbi, se encontraram com um estudioso amigo de Richard e visitaram as tribos Hadza da região. De lá, voaram para Joanesburgo, onde socializaram com mais alguns pesquisadores da área e se abasteceram de suprimentos.[1] Compraram um caminhão e se dirigiram para o norte, para Botsuana, país que conquistara há pouco sua independência, comprando mais suprimentos na nova capital e depois seguindo para noroeste, em direção ao oásis pantanoso do delta do Okavango, então recém-inundado por chuvas sazonais. Alugaram uma caixa postal na cidade de Maun, o último posto avançado com algumas comodidades modernas, como lojas de conveniência e postos de gasolina. De Maun, dirigiram cerca de 230 quilômetros para o oeste, por estradas não asfaltadas, até o pequeno vilarejo de Nokaneng, na borda oeste do deserto de Kalahari.

A essa altura da viagem, em julho, a precipitação de inverno que inundara o Delta do Okavango não estava à vista na fronteira do Kalahari. Os recém-casados montaram um acampamento em Nokaneng, reservando gasolina suficiente para futuras viagens, e partiram para oeste através do deserto, em direção à fronteira com a Namíbia. Precisaram de oito horas para dirigir por cem quilômetros em terreno árido.[2]

Foi uma viagem estafante e, de certa forma, também uma viagem no tempo. No final da peregrinação de oito horas estava uma das poucas regiões do Kalahari com água suficiente para sustentar pequenas comunidades de seres humanos, graças às nove cacimbas espalhadas por uma paisagem plana e estéril de aproximadamente 260 mil quilômetros quadrados. Esse trecho mais hospitaleiro do Kalahari às vezes era chamado de região de Dobe, nome de uma das cacimbas. Nancy e Lee tinham empreendido aquela longa e árdua jornada porque nessa região vivia o povo !Kung, uma sociedade de caçadores-coletores quase milagrosamente isolada de todas as convenções e tecnologias da vida moderna. Os !Kung conseguiram sobreviver aos sangrentos séculos anteriores quase sem contato com outras sociedades africanas e seus colonizadores europeus. Eram protegidos, como observaria Nancy mais tarde, "pelo simples fato de que nenhum dos povos mais fortes da África Austral querem tomar seu território e nem sequer dividi-lo".[3]

Como muitas sociedades de caçadores-coletores sobreviventes no mundo todo, o povo !Kung oferecia aos antropólogos ocidentais estimulantes pistas sobre o ambiente ancestral que moldou a maior parte da história evolutiva do *Homo sapiens* antes do advento da revolução agrícola, 10 mil anos atrás. Lee já visitara os !Kung várias vezes antes de 1967 para estudar sua organização social, suas técnicas de produção de alimentos e estratégias para administrar e compartilhar recursos no interior da comunidade. A pesquisa de Lee foi fundamental para

A altura do teto: Medindo a expectativa de vida 37

propor uma nova maneira de pensar sobre as comunidades de caçadores-coletores, que abalou a visão consagrada, resumida de modo mais evidente na definição de Thomas Hobbes do "estado de natureza" como "solitário, pobre, sórdido, brutal e breve". Vistos de perto, os !Kung não pareciam estar lutando para sobreviver, como Hobbes supunha, com uma existência árdua à beira da fome. Apesar da escassez de recursos naturais ao redor, eles pareciam desfrutar de um padrão de vida incrivelmente alto, trabalhando menos de vinte horas por semana para manter suas necessidades nutricionais. Com base em pesquisas semelhantes realizadas entre culturas de caçadores-coletores do Pacífico, o antropólogo Marshall Sahlins propôs um termo para esse modelo reimaginado da organização social humana primitiva: a "sociedade afluente original". Os !Kung e seus equivalentes não representavam um passado paupérrimo, dolorosamente privado de todos os avanços da tecnologia moderna. Em vez disso, argumentava Sahlins, "as pessoas mais 'primitivas' do mundo têm poucos bens, mas não são pobres".[4] Medidos pelas convenções usuais da civilização ocidental, os !Kung realmente pareciam primitivos: não tinham rádios transistores, máquinas de lavar e corporações multinacionais. Todavia, medidos segundo padrões mais elementares — alimentação, família, relações humanas, lazer —, pareciam muito mais competitivos com o mundo industrializado do que presumia a sabedoria convencional da época.

O que levou Nancy Howell do lado de lá do mundo para a região de Dobe foi outro tipo de mensuração, talvez a medida mais elementar de uma vida humana. O povo !Kung mostrava pelo menos algumas evidências significativas que poderiam ajudar a determinar se a existência humana primitiva era de fato "solitária, pobre, sórdida, brutal e breve". Porém, como demógrafa, Nancy estava particularmente interessada no último adjetivo de Hobbes. Quão breves, exatamente, eram suas vidas, em comparação com as dos seres humanos que viviam em sociedades tecnologicamente avançadas? Qual a probabilidade de viverem o suficiente para ver seus netos? Qual a probabilidade de perder um filho ou morrer durante o parto? Afinal, a riqueza pode ser medida em tempo de lazer, ingestão de calorias, liberdade pessoal, porém uma das medidas mais importantes de uma sociedade supostamente rica é o quanto de vida — e o quanto de morte — um membro dessa sociedade experimenta.

Durante sua estada de três anos, Nancy e Lee geraram intermináveis pilhas de dados: rastreando relações de parentesco, gravidez, calorias consumidas. Mas, para Nancy, o número

Nancy Howell e seu colega Gakekgoshe realizando pesquisas sobre redes de relações sociais com o povo !Kung, 1968.
(Crédito da foto: Richard Lee)

A altura do teto: Medindo a expectativa de vida 39

mais impressionante — e elusivo — foi o que tem sido a pedra angular da demografia em toda a sua existência como ciência: a expectativa de vida ao nascer.

O número era impreciso por várias razões. Os !Kung não mantinham registros escritos de seus históricos populacionais; não tinham dados de censos para mostrar a Nancy, nenhuma tabela de mortalidade. Nancy e Lee passaram somente alguns anos entre os !Kung, não o suficiente para realizar um estudo longitudinal da população, observando nascimentos e mortes durante muitas décadas. Contudo, o obstáculo mais desconcertante era o simples fato de os próprios !Kung não terem ideia de quantos anos tinham, em parte porque seu sistema numérico só chegava até o número três. Se você perguntava a um membro da sociedade !Kung que idade ele tinha, era olhado com uma expressão vazia. Idade como um conceito numérico simplesmente não existia para eles.

Esse foi o desafio que Nancy Howell enfrentou quando ela e o marido montaram acampamento em Dobe no final de julho de 1967. Como se calcula a expectativa de vida em uma cultura que não se preocupa em contar os anos?

A PRÁTICA DE REGISTRAR a idade da população em uma determinada cultura é quase tão antiga quanto a própria escrita. Evidências arqueológicas sugerem que já no quarto milênio antes de Cristo os babilônios realizavam censos regulares — provavelmente para fins de tributação —, registrando tanto o tamanho da população geral quanto a idade de cada cidadão e anotando os dados em tabuletas de argila. Mas o conceito de expectativa de vida é uma invenção relativamente moderna. Os dados do censo são fatos: "Este homem tem quarenta anos; esta mulher tem 55 anos". A expectativa de vida, por outro lado, é algo totalmente diferente: uma previsão de eventos futuros pautada não em feitiçaria, narrativas ou conjecturas, mas na base mais sólida das estatísticas.

Os primeiros cálculos de expectativa de vida foram inspirados em uma fonte improvável: um alfaiate britânico chamado John Graunt realizou um elaborado estudo dos relatórios de mortalidade de Londres no início dos anos 1660, como hobby, e depois publicou suas descobertas em uma brochura de 1662 intitulada *Natural and Political Observations Mentioned in a Following Index, and Made upon the Bills of Mortality* [Observações naturais e políticas mencionadas em um índice a seguir e elaboradas com base nas tabelas de mortalidade]. O fato de Graunt não ter nenhum treinamento formal como demógrafo não deve nos surpreender: nem a demografia nem as ciências atuariais existiam como disciplinas formais naquela época; na verdade, sua brochura é amplamente considerada o documento fundador de ambos os campos. A estatística e as probabilidades estavam engatinhando então. (A palavra "estatística", na verdade, só seria cunhada mais de um século depois; na época de Graunt, era conhecida como "aritmética política".) Continua um mistério, porém, saber por que Graunt decidiu abordar o problema do cálculo da expectativa de vida. Uma das motivações era claramente altruísta: ele deduziu que uma análise detalhada dos relatórios de mortalidade da cidade poderia alertar as autoridades sobre surtos de peste bubônica, possibilitando o estabelecimento de qua-

A altura do teto: Medindo a expectativa de vida

rentenas e outras intervenções de saúde pública. Graças a essa ideia, Graunt também é considerado um dos fundadores da epidemiologia, embora sua brochura pouco tenha servido para deter a praga devastadora que eclodiu três anos depois, em 1665, relatada no diário de Samuel Pepys e no semificcional *Um diário do ano da peste*, de Daniel Defoe.

Apesar de ser alfaiate de profissão, na época em que começou a se interessar por demografia Graunt havia se tornado um empresário bem-sucedido e bem relacionado, trabalhando como diretor de uma empresa de comércio internacional conhecida como The Drapers' Company. Ocupou cargos em vários conselhos municipais e tinha boas relações com Samuel Pepys e com um cirurgião e músico polímata chamado William Petty, que escreveria vários livros prestigiados sobre economia política e estatística, inclusive um chamado *Political Arithmetic*. (Um pequeno grupo de estudiosos desse período acredita que na verdade foi Petty quem escreveu *Natural and Political Observations...*, e não Graunt.) Na introdução, o alfaiate afirma que a ideia original do projeto lhe ocorreu após muitos anos de observação sobre a maneira como os londrinos liam as tabelas de mortalidade, o catálogo semanal de mortes em toda a cidade, devidamente compilado e publicado por uma guilda de clérigos paroquiais desde o início dos anos 1600. Os leitores "faziam pouco uso delas, a não ser ler o resumo, como os enterros aumentavam ou diminuíam; e, entre as vítimas, o que havia acontecido de raro e extraordinário na semana", observava Graunt, "como tema para a próxima conversa".[5] Os londrinos só liam as manchetes das tabelas (quantos mortos esta semana? Alguma doença nova interessante em marcha?).

Se algo chamasse sua atenção, poderiam passar a informação casualmente para um amigo enquanto tomavam uma cerveja. Mas ninguém se preocupava em ler as tabelas sistematicamente, como dados que pudessem sugerir uma verdade mais genérica além das flutuações aleatórias do número de mortos a cada semana.

O trabalho de Graunt propôs uma ruptura radical com esse histórico de negligência. Ele usou os dados não como assunto de fofocas, mas como uma forma de testar hipóteses sobre a saúde geral da população de Londres e entender as tendências de longo prazo nessa comunidade. Seu estudo começou com a leitura informal de um punhado de tabelas de mortalidade que sugeria alguns "conceitos, opiniões e conjecturas" — como Graunt diria mais tarde — sobre a saúde da cidade. Inspirado por esse conjunto inicial de perguntas, ele passou meses visitando o Conselho de Clérigos Paroquiais na Brode Lane, ao norte da ponte de Southwark, acessando o máximo de tabelas de mortalidade que pôde para sua pesquisa. Depois de uma meticulosa tabulação dos dados — compilados séculos antes da invenção das máquinas calculadoras, que dirá das planilhas —, ele produziu cerca de uma dúzia de tabelas que formavam a peça central de sua brochura. Começou com uma das questões centrais da epidemiologia moderna: qual era a distribuição das causas de morte na população? Para responder a essa pergunta, traçou duas tabelas, uma delas exibindo as "Doenças conhecidas" e a outra, as "Contingências". Elas ecoam a famosa "enciclopédia chinesa" de Jorge Luis Borges, com uma mistura eclética de categorias que parece cômica aos olhos modernos. A tabela de "Doenças conhecidas" diz o seguinte:[6]

A altura do teto: Medindo a expectativa de vida

Apoplexia	1306
Pedras nos rins	38
Epilepsia	74
Morte nas ruas	243
Gota	134
Dor de cabeça	51
Icterícia	998
Letargia	67
Lepra	6
Lunatismo	158
Estafa e inanição	529
Paralisia	423
Hérnia	201
Pedra e estrangúria	863
Ciática	5
Súbita	454

A tabela "Contingências" apresentava uma série de culpados que soariam familiares a um demógrafo contemporâneo — 86 assassinatos, por exemplo —, enquanto outras causas de morte podem parecer estranhas: Graunt relatou que 279 pessoas em sua pesquisa morreram de "tristeza", enquanto 26 morreram de "medo".

As tabulações mais cruciais, contudo, envolviam o que Graunt chamava de "doenças agudas e epidêmicas": varíola, peste, sarampo e tuberculose, que ele designava como consumpção, usando a terminologia da época. Calcular o número total de mortes durante o período, para depois dividir esse total em suas partes componentes, permitiu a Graunt — pela primeira vez — propor uma resposta para a pergunta: qual a *probabilidade* de você morrer por uma causa específica? As tabelas de mortalidade eram simplesmente um inventário de mortes, fatos sem significado para além da tragédia humana individual das vidas perdidas. As tabelas de Graunt pegaram esses fatos e os transformaram em probabilidades, o que deu às autoridades uma visão geral de quais eram as principais ameaças à saúde pública, dados que permitiriam combater essas ameaças e estabelecer prioridades de modo mais eficaz.

Mas a técnica estatística mais revolucionária que Graunt introduziu apareceu em um capítulo intitulado "Sobre o número de habitantes". Ele começa o capítulo referindo-se a várias conversas que tivera com "homens de grande experiência nesta cidade", que sugeriam que a população total de Londres devia estar na casa dos milhões. A partir de seu estudo dos relatórios de mortalidade, percebeu corretamente que esse número devia estar muito exagerado. (Uma cidade de 2 milhões de habitantes teria muito mais mortes que as registradas nas tabelas.) Por meio de vários cálculos indiretos, Graunt propôs um número muito menor: 384 mil. Ele próprio admitia que o número havia sido determinado "talvez muito ao acaso", mas o cálculo se mostrou bem aproximado desde que foi publicado: historiadores modernos estimam que a população de Londres nesse período estivesse na faixa de 400 mil.[7]

Armado com esse denominador crucial — a população total —, Graunt conseguiu determinar outro elemento-chave das tabelas de mortalidade sob uma nova luz: a idade dos mortos. Ele dividiu o número geral de mortes registradas em nove grupos etários: os que morreram antes de completar seis anos;

A altura do teto: Medindo a expectativa de vida

os que morreram entre seis e dez anos; entre dezesseis e 26 anos; e assim por diante, até 86. Segmentando-as dessa forma, Graunt conseguiu calcular a distribuição das mortes na população por idade. Para cada cem londrinos nascidos, estimou ele, 36 morreriam antes de completar seis anos. Na terminologia moderna, chamaríamos isso de uma taxa de mortalidade infantil de 36%.

O quadro geral da "tabela de vida" de Graunt era preocupante. Menos da metade da população de Londres passava da adolescência; menos de 6% chegavam aos sessenta anos. Graunt não conseguiu dar o passo seguinte e reduzir sua tabela de vida ao único número que agora usamos como a medida talvez mais fundamental de saúde pública: a expectativa de vida ao nascer. Mas podemos calcular esse número com base nos dados que Graunt compilou na tabela. Pelos cálculos dele, a expectativa de vida de uma criança nascida em Londres em meados dos anos 1660 era de apenas dezessete anos e meio.

QUANDO CHEGOU À REGIÃO de Dobe em meados de 1967 e começou seus estudos sobre a saúde e a longevidade do povo !Kung, Nancy Howell tinha diversas vantagens cruciais em relação a John Graunt para o seu trabalho. Uma delas eram os trezentos anos de avanços da estatística e da demografia à sua disposição. Desde a época do alfaiate inglês, os demógrafos haviam desenvolvido ferramentas importantes para calcular não só a expectativa de vida ao nascer, mas também a expectativa de vida em outras idades. E Howell não dispunha apenas de ferramentas conceituais. Contava com sistemas de compilação de dados e calculadoras para processar os números; tinha câmeras para fotografar os membros da tribo a fim de identificá-los nos registros e compará-los a estudos concluídos no início da década; tinha gravadores para registrar as entrevistas com os !Kung. Acabaria até desenvolvendo um software — chamado Ambush — para simular as flutuações na população !Kung ao longo do tempo.

Mesmo assim, com todos esses recursos, Howell ainda enfrentava um difícil desafio para realizar um censo funcional: o firme fato de os !Kung não terem o conceito de idade como uma categoria numérica medida em anos. Até fazer estimativas aproximadas de idade com base na aparência visual era um desafio. Muitos dos !Kung que deveriam estar na casa dos sessenta anos pareciam muito mais novos aos olhos ocidentais, graças ao estilo de vida ativo e à dieta diferenciada da sociedade caçadora-coletora. Além disso, não havia nenhuma tabela de mortalidade para consultar, nenhum registro escrito. Howell teria que, de alguma forma, fazer o trabalho dos clérigos paroquiais em uma cultura que não achava necessário usar números maiores que três.

Em setembro de 1967, enquanto ela contemplava a tarefa que tinha pela frente, as perspectivas pareciam desanimadoras, ainda mais dificultadas pelo clima do Kalahari naquele período do ano. As chuvas já tinham estiado há alguns meses; as temperaturas diurnas costumavam chegar a mais de 43 graus; e a maioria das fontes temporárias de água tinha evaporado com o calor.

Nancy Howell conseguiu tirar vantagem das condições hostis da estação seca do Kalahari. Com o abastecimento temporário de água indisponível até o início das chuvas no final do ano, o povo !Kung se congregava ao redor das principais cacimbas da região. Nancy e o marido tornaram-se hóspedes

A altura do teto: Medindo a expectativa de vida   47

frequentes das pequenas aldeias assentadas ao redor das cacimbas. Chegavam com uma balança, uma trena e um saco de tabaco. Distribuíam o tabaco e organizavam uma festa informal de medição, em que registravam o peso e a altura dos membros da tribo. Howell escreveria mais tarde que os !Kung aguardavam ansiosamente as visitas,

> pois elas forneciam um suprimento de tabaco e uma quebra da rotina para se sentar à sombra por algumas horas brincando e observando os outros serem medidos. Também eram uma oportunidade conveniente para coletar uma grande quantidade de informações casuais e notícias sobre os grupos.[8]

Por mais eficientes que os eventos de medição fossem no cálculo do peso e da altura, a unidade de medida em que Howell estava mais interessada — a idade — não era determinada. No fim, o estratagema principal que permitiu a ela fazer uma avaliação razoavelmente precisa da idade dos !Kung em anos foi gramatical, não numérico. Embora não contassem a idade em anos, os !Kung tinham um senso bem preciso de idade *relativa*. Sabiam perfeitamente quais membros da comunidade eram mais velhos que eles e quais eram mais novos.[9] Essa diferença de idade se refletia na língua que falavam: do mesmo modo que muitas línguas indo-europeias, como o francês e o espanhol, diferenciam as relações formais das informais no tratamento pronominal (a diferença, em francês, entre *vous* e *tu*), a língua !Kung tinha uma categoria gramatical comparável que diferenciava uma pessoa mais velha de alguém mais novo. Na verdade, quando um membro !Kung proferia uma declaração do tipo "Você me vai me ajudar a preparar esta refeição?", o verdadeiro significado da pergunta seria: "Você, pessoa mais nova, vai me ajudar a preparar esta refeição?".

Essa minúscula distinção sintática acabou fornecendo a Howell pistas suficientes para decifrar o enigma da expectativa de vida dos !Kung. Lee já havia feito um censo aproximado com a população de Dobe, baseado em visitas anteriores à região, que datavam de 1963. A partir de suas próprias observações de nascimentos durante esse período, conseguiu estabelecer a idade das crianças mais novas com considerável precisão. Uma criança que Lee tinha visto ainda pequena em 1963, por exemplo, seguramente teria seis ou sete anos em 1967. Isso deu a Howell uma base para desenvolver sua pesquisa. Ela podia ouvir aquele menino de seis anos em conversas casuais com seus amigos e observar quais eram qualificados com a forma de tratamento "mais novo que eu" e quais eram tratados com a versão "mais velho que eu". Complementou esses dados entrevistando diretamente 165 mulheres !Kung em idade fértil ou mais velhas. Nessas entrevistas, registrou histórias detalhadas de fertilidade: gestações, abortos espontâneos, abortos induzidos, natimortos, partos bem-sucedidos e muito mais. Eram eventos que também podiam ser mapeados em termos de anos, pois em geral eram espaçados em intervalos de um ou dois anos. Uma mãe podia dizer a Howell que tivera um aborto espontâneo dois anos antes, e que isso tinha se dado dois anos depois de sua filha nascer, fazendo com que a filha tivesse quatro anos. Rastreando essa teia de conexões familiares e sociais, Howell conseguiu elaborar uma espécie de hierarquia: uma lista classificatória da população organizada por idade. As idades exatas ficavam mais difusas à medida que a população diminuía na extremidade mais velha do espectro: se houvesse somente

A *altura do teto: Medindo a expectativa de vida*

duas pessoas na casa dos setenta, era difícil dizer exatamente a idade de cada uma, só se podia saber que uma era mais velha que a outra. Mas já era uma boa aproximação para se ter uma ideia geral da expectativa de vida dos !Kung.

Em sua análise, Howell viu evidências de que a expectativa de vida dos !Kung no nascimento tinha melhorado ao longo dos séculos anteriores, talvez como resultado de alguns elementos de sistemas de saúde modernos que se infiltraram em sua cultura de caçadores-coletores. Ela acabou chegando à conclusão de que uma criança nascida na sociedade !Kung no final dos anos 1960 poderia viver, em média, 35 anos, enquanto as gerações anteriores haviam tido uma expectativa de vida de trinta anos. Parece pouco para os nossos padrões modernos, mas na verdade muitos !Kung tinham uma longevidade que seria considerada extensa mesmo em países desenvolvidos no final dos anos 1960. Em um de seus livros, Nancy Howell descreve um ancião !Kung chamado Kase Tsi!xoi que tinha 82 anos quando ela o entrevistou e fotografou, em 1968.[10] Ele ainda era forte o suficiente para coletar a própria comida e viajar a pé por longas distâncias. Quando Howell o encontrou pela primeira vez, ele estava construindo a própria cabana em um novo assentamento.

O principal fator para manter baixa a expectativa de vida dos !Kung era a taxa relativamente alta de mortalidade infantil e adolescente, que se mostrou não muito diferente das taxas de mortalidade que Graunt observara em Londres trezentos anos antes. Duas em cada dez crianças não conseguiam sobreviver nos primeiros meses após o nascimento, e outros 10% morriam antes de fazer dez anos. Havia muito mais avós e bisavós do que inicialmente seria de se esperar de uma sociedade com uma expectativa de vida de 35 anos. Quem passasse da adolescência na cultura !Kung tinha uma chance razoável de chegar aos sessenta anos e até mais. O problema era que chegar aos sessenta anos provavelmente implicava ter sofrido a morte de vários filhos e netos ao longo da vida. Para os !Kung, passada a prova de fogo da infância, não era tão difícil chegar à velhice.

A BROCHURA DE JOHN GRAUNT analisando a tabela de mortalidade foi um sucesso imediato. O alfaiate foi convidado a ingressar na prestigiosa Royal Society, e exemplares de seu ensaio circularam entre europeus interessados em matemática e funcionários de um incipiente sistema de saúde pública. (Inspirada pela análise estatística de Graunt, em 1697 Paris criou sua própria versão das tabelas de mortalidade.) A teoria das probabilidades ainda engatinhava em meados do século XVII; a ideia de usar matemática para determinar a probabilidade de um determinado evento era um conceito genuinamente novo quando Graunt começou a pesquisar os dados colhidos pelos clérigos paroquiais. Ironicamente, enquanto ele se engalfinhava com questões existenciais sobre a vida e a morte, quase todos os trabalhos importantes sobre probabilidades até então se orientavam para uma questão muito mais frívola: como ganhar em jogos de azar, tipo dados ou baralho. As tabelas de Graunt sugeriram um novo uso para essas ferramentas matemáticas emergentes: se você conseguisse avaliar com precisão os riscos e oportunidades dos jogos de dados, seria possível usar essas ferramentas para fazer o mesmo com o jogo da vida?

A primeira avaliação genuína da expectativa de vida apareceu em uma série de cartas de 1669 trocadas entre o polímata

A altura do teto: Medindo a expectativa de vida

holandês Christiaan Huygens e seu irmão Lodewijk. Christiaan foi um dos cientistas mais influentes e brilhantes de sua época. Como astrônomo, estudou os anéis de Saturno e fez as primeiras observações de Titã, uma das luas desse planeta. Propôs a teoria ondulatória da luz e inventou o relógio de pêndulo. Também publicou um tratado seminal de dezesseis páginas sobre a teoria das probabilidades, intitulado *De ratiociniis in ludo aleae*, "Sobre o cálculo em jogos de azar", que introduziu na disciplina o conceito crucial de "ganho esperado", atualmente o princípio fundamental por trás de todos os cassinos do mundo. Com base nesse trabalho, o presidente da Royal Society enviou a Christiaan um exemplar do artigo de Graunt logo após a publicação, mas foi o irmão do grande cientista, Lodewijk, quem primeiro propôs o cálculo da expectativa de vida.

O interesse de Lodewijk pelo problema tinha raízes financeiras. Ele havia percebido que uma avaliação matematicamente sólida da expectativa de vida permitiria à incipiente indústria de seguros estabelecer o preço das anuidades de maneira mais eficaz. Primas próximas das pensões, as anuidades vitalícias são o oposto das apólices de seguro de vida tradicionais: as anuidades são pagas em prestações regulares enquanto você viver. Do ponto de vista puramente mercenário das seguradoras, um cliente que morre jovem é mais lucrativo do que um cliente que vive mais que o esperado (os incentivos são inversos no seguro de vida normal). Mas o estabelecimento do preço para os dois tipos de seguro dependia da capacidade de medir a expectativa de vida. Seria mais vantajoso definir um preço muito mais alto para uma anuidade vitalícia numa sociedade em que a pessoa média vive até os sessenta anos, em comparação com 35 ou dezessete. E seria particularmente útil poder calcular não só a expectativa geral de vida ao nascer, mas também a expectativa de vida com base na idade de determinada pessoa. Quanto mais a seguradora deveria cobrar por anuidade a uma pessoa de vinte anos, em relação a alguém de quarenta?

Em uma carta datada de 22 de agosto de 1669, Lodewijk escreveu ao irmão sobre um estranho passatempo a que havia aderido nas últimas semanas. "No que diz respeito à idade", escreveu, "nos últimos dias fiz uma tabela com o tempo de vida que resta para algumas pessoas, de todas as idades." Ele baseou sua tabela no conjunto de dados original reunido por Graunt em sua brochura. Na carta, fica evidente o orgulho de Lodewijk por seu trabalho. "As consequências que daí advêm são muito interessantes e [...] podem ser úteis para a composição de anuidades vitalícias." E mencionou uma descoberta que certamente chamaria a atenção do irmão: "De acordo com meus cálculos", explicou, "você vai viver até os 56 anos e meio. E eu até os 55."[11]

Christiaan respondeu sugerindo algumas modificações nos cálculos do irmão, e chegou a esboçar um gráfico engenhoso representando os dados de Graunt, a primeira instância conhecida do que agora se chama função de sobrevivência. Lendo hoje, é impossível não perceber as entonações da rivalidade entre irmãos na correspondência, com Lodewijk se esforçando para impressionar o irmão superdotado e Christiaan sutilmente minando a realização do irmão com suas correções. (É igualmente impossível não se surpreender com as atividades com que os Huygens se entretinham em seu tempo livre.) As cartas trocadas entre os dois no final do verão de 1669 não re-

A altura do teto: Medindo a expectativa de vida   53

ceberam inicialmente a mesma aclamação de órgãos augustos como a Royal Society. Mas hoje as admiramos como um momento transformador na história da mais antiga das questões: *Quanto tempo de vida eu tenho?*

LODEWIJK HUYGENS ACABOU se mostrando muito pessimista em suas projeções. Christiaan viveu dez anos a mais que o previsto em seu cálculo, e ele próprio viveu até 68 anos. Mas eram probabilidades, não profecias. O cálculo de Lodewijk — e o conceito de expectativa de vida que ele originou — decantou o fervilhante caos de milhares de vidas individuais em uma média estável. Essa análise não podia dizer quanto tempo você realmente iria viver, mas podia dizer quanto tempo poderia esperar viver, dados os padrões de vida e morte na comunidade ao seu redor. E sugeria algo igualmente importante: uma forma de medir a saúde geral dessa comunidade. Pela primeira vez foi possível comparar os registros gerais de saúde de duas sociedades ou acompanhar as mudanças em uma mesma comunidade ao longo do tempo.

As tabelas de John Graunt, à sua maneira, também foram muito pessimistas. Durante os anos 1970, o historiador da demografia Anthony Wrigley organizou um enorme banco de dados com os registros paroquiais britânicos desde meados do século XVI; a partir desses arquivos, ele e seus colaboradores calcularam as taxas de expectativa de vida do país desde o final do Renascimento até meados da Revolução Industrial. A análise de Wrigley revelou que a expectativa de vida ao nascer em Londres durante o século XVII era de pouco menos de 35 anos.[12] (Durante os surtos da peste, como o surto particularmente letal de 1665-6, a expectativa de vida teria caído brevemente para mais perto dos dezessete anos que sugeriam as tabelas de Graunt.) A análise de Nancy Howell sobre a longevidade dos caçadores-coletores, por outro lado, foi confirmada por pesquisas subsequentes. Vários estudiosos analisaram fósseis de assentamentos humanos pré-agrícolas, estimando a idade pela presença de dentes decíduos e permanentes nos esqueletos de seres humanos que morreram antes dos quinze anos e analisando o desgaste ósseo e outras pistas para avaliar com que idade morreram os membros mais velhos da comunidade. Levando em conta estudos como o de Howell, que observa tribos de caçadores-coletores vivos, e estudos de arqueologia forense, que examinam antigos fósseis humanos, agora acreditamos que nossos ancestrais caçadores-coletores em geral tinham uma expectativa de vida em torno de 35 anos, com taxas de mortalidade infantil acima de 30%.

Graunt e Huygens não podiam saber na época, mas suas primeiras estimativas da expectativa média de vida revelaram algo profundo não apenas sobre a cultura europeia no limiar do Iluminismo. Também demonstraram algo relevante sobre os 10 mil anos de civilização humana, algo que não seria totalmente compreendido até que pesquisadores como Nancy Howell começassem a traçar a expectativa de vida de comunidades de caçadores-coletores, na segunda metade do século XX. Nossos ancestrais do Paleolítico teriam ficado atônitos ou estupefatos pelas conquistas da civilização em que John Graunt nasceu: cidades de 400 mil habitantes difundindo notícias e informações impressas, calculando taxas de mortalidade e transações financeiras com códigos alfanuméricos, construindo palácios, pontes e catedrais — todos os triunfos espetaculares

A altura do teto: Medindo a expectativa de vida   55

do homem pós-agrícola. Porém, apesar desses triunfos, a resposta à questão existencial — *Quanto tempo de vida eu tenho?* — teria sido incrivelmente semelhante para um caçador-coletor transportado para a Londres de Graunt. Na média, as pessoas viviam até os trinta e poucos anos, mas uma parte significativa da população vivia muito mais do que isso. (O próprio Graunt morreu aos 53 anos.) E quase um terço da população — nas sociedades de caçadores-coletores e na Londres do século XVII — morria antes de atingir a idade adulta.

Thomas Hobbes publicou sua definição do estado de natureza como "sórdido, brutal e breve" poucos anos antes de Graunt começar a se envolver com as tabelas de mortalidade. Mas a revolução na demografia e nas estatísticas desencadeada por Graunt — que levou Nancy Howell a passar aqueles anos com os !Kung no final dos anos 1960 — acabaria deixando claro que Hobbes estava errado em pelo menos um desses três famosos adjetivos. Independentemente do que possamos pensar sobre os humanos pré-agrícolas como sórdidos e brutais, suas vidas certamente não eram breves para os padrões da época de Hobbes.

Essa visão abrangente da saúde do *Homo sapiens* ao longo do tempo abriu uma perspectiva sombria: apesar de todas as nossas conquistas, ainda estávamos limitados ao teto de 35 anos de expectativa de vida, com um terço de todas as crianças morrendo antes da idade adulta. Os seres humanos passaram 10 mil anos inventando a agricultura, a pólvora, a contabilidade de entradas e saídas, a perspectiva na pintura — mas esses avanços inegáveis do conhecimento humano coletivo não conseguiram fazer nada em relação a uma questão crítica. Apesar de todas essas conquistas, não éramos melhores em termos de como prolongar a vida.

No SÉCULO QUE SE seguiu à publicação do panfleto de Graunt, a saúde das populações europeias continuou dentro do padrão em vigor há milênios, oscilando em torno da média de 35 anos, sustentada aqui por uma colheita extraordinariamente abundante, forçada para baixo ali por um surto mortal de varíola ou um inverno rigoroso. Em termos globais, a expectativa de vida quase certamente diminuiu, devido à intensificação do tráfico de escravizados e ao impacto catastrófico das doenças europeias exportadas para as Américas. Mas mesmo na Europa não havia tendências de direção nos dados, somente flutuações aparentemente aleatórias em torno de um teto de expectativa de vida vigente desde o Paleolítico.

O primeiro indício de que esse teto poderia se ampliar surgiu na Inglaterra em meados do século XVIII, quando os motores do Iluminismo e da industrialização começaram a funcionar. No início a mudança foi sutil, quase imperceptível para os observadores então, mesmo para os que vivenciaram a alteração. Na verdade, ela só foi devidamente documentada nos anos 1960, quando um estudioso da história da demografia chamado T. H. Hollingsworth começou a analisar os registros precisos de nascimentos e mortes mantidos pelo College of Heralds* e pelos editores da Burke's and Debrett's. Como uma medida da população geral, esses registros eram muito menos abrangentes que os de Graunt, acompanhando apenas a vida de um subconjunto minúsculo — embora particularmente interessante — da população britânica: a classe aristocrática de nobres ingleses. Hollingsworth pesquisou dados sobre cada duque, marquês,

---

* Corporação real do Reino Unido constituída por especialistas em heráldica. (N. T.)

conde, visconde e barão (e seus filhos), desde o final dos anos 1500 até os anos 1930. Quando todos esses dados foram reunidos em um gráfico de tendências de expectativa de vida, surgiu um padrão surpreendente.[13] Depois de dois séculos de estagnação, por volta de 1750 a expectativa média de vida de um aristocrata britânico começou a aumentar a uma taxa constante, ano após ano, criando uma lacuna mensurável entre as elites e o restante da população. Nos anos 1770, os nobres britânicos viviam em média até a casa dos quarenta anos; transpuseram o limiar da marca dos cinquenta anos no alvorecer do século XIX, e em meados do governo da rainha Vitória já se aproximavam de uma expectativa de vida ao nascer de sessenta anos.

EXPECTATIVA DE VIDA AO NASCER, GRÃ-BRETANHA, 1720-1840

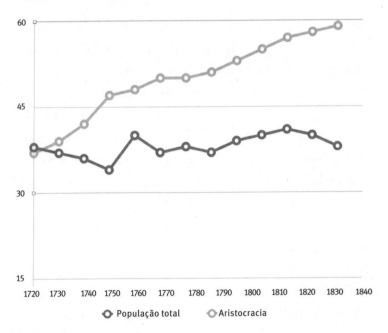

58 *Longevidade*

Numa época em que a população mundial estava na casa das centenas de milhões, esses nobres britânicos constituíam uma proporção cada vez menor da humanidade. Mas a transformação demográfica por que passaram acabou sendo um vislumbre do futuro. Pelo que sabemos, foi a primeira vez na história em que a expectativa de vida começou a aumentar num ritmo constante e continuado em uma população significativa de seres humanos. O balanço interminável dos 10 mil anos anteriores assumiu uma nova forma: uma linha reta e ascendente.[14]

O aumento da expectativa de vida entre os nobres britânicos foi notável por outro motivo. Marcou o início de um modelo que se tornaria uma realidade inevitável para grande parte do mundo nos séculos subsequentes: uma lacuna mensurável nos resultados de saúde entre diferentes sociedades ou entre diferentes grupos socioeconômicos da mesma sociedade. Na época de John Graunt, não importava se você era barão, alfaiate ou caçador-coletor: sua expectativa de vida ao nascer ficaria na média dos trinta anos. Quem nascesse de uma família de elite em um grande centro metropolitano teria oportunidade de desfrutar muitas das vantagens da civilização — belas-artes, uma habitação confortável, comida abundante —, mas em termos da tarefa elementar de se manter vivo ou prolongar a vida da própria família toda essa riqueza não resultaria em vantagem alguma sobre os contemporâneos menos abastados. (Estranhamente, poderia implicar até uma ligeira desvantagem — paradoxo que exploraremos em breve.) Havia grandes desigualdades nos resultados da saúde de pessoa para pessoa: muitos morriam aos oito dias, enquanto outros viviam até os oitenta anos. Mas as desigualdades no tempo de vida — às vezes chamadas de gradientes — não surgiam entre os grandes grupos sociais. Isso mudaria na segunda metade do século XVIII. Disparidades na saúde começaram a aparecer ao lado das desigualdades de riqueza, tendência que se tornou visível pela primeira vez entre os nobres britânicos, com sua expectativa de vida ao nascer aumentando trinta anos em um século, enquanto as classes trabalhadoras definhavam em condições que seriam perfeitamente adequadas às tabelas de Graunt, de 1662.

Na segunda metade do século XIX, ambos os modelos se disseminariam para além daquela pequena vanguarda nas Ilhas Britânicas e dariam a volta ao mundo. A linha reta ascendente passou a representar a expectativa de vida dos europeus e norte-americanos comuns, não só dos aristocratas. Na primeira década do século XX, a expectativa geral de vida na Inglaterra e nos Estados Unidos já havia passado de cinquenta anos. Milhões de pessoas em países industrializados se viram em um ciclo genuinamente novo de tendências positivas de saúde, finalmente rompendo o teto que limitava a vida da espécie *Homo sapiens*. Porém, ao mesmo tempo, essa grande saída, como a chamou o historiador e ganhador do prêmio Nobel Angus Deaton, abriu um gradiente trágico entre os resultados dos países industrializados e os do resto do mundo. Exploradas pelo imperialismo ocidental, devastadas por doenças europeias, sem a ajuda das primeiras instituições de saúde pública que se formaram na Europa e na América do Norte, as sociedades do mundo em desenvolvimento não conseguiram acompanhar a ascensão de seus pares industrializados — e em muitos casos até retrocederam. Em partes da África, da Índia e da América do Sul a expectativa de vida caiu para menos de trinta anos. "É possível que a privação na infância dos indianos nascidos em meados do século fosse tão severa quanto a de qualquer grande grupo da história, até a revolução neolítica e os caçadores-coletores que os precederam", escreveu Deaton.[15] A grande loteria da vida — onde e em que grupo socioeconômico a pessoa nascia — passou a desempenhar um papel importante para determinar se alguém sobrevivia aos perigosos anos da primeira infância ou se vivia o suficiente para conhecer seus netos. Nos primeiros anos do século XX, um progresso inegável nos resultados da saúde foi alcançado nas partes ricas do mundo. Mas esse progresso seria sustentável? Seus frutos poderiam ser compartilhados com o resto do mundo?

As respostas a essas perguntas dependiam, em parte, da compreensão do que havia motivado a primeira trajetória ascendente da grande saída. Por que os ocidentais estavam vivendo mais? Por que seus filhos não morriam mais em taxas tão catastróficas? Essas questões tinham um significado histórico e prático. Se conseguíssemos identificar o que estava melhorando os resultados de saúde na Europa e nos Estados Unidos, provavelmente essas intervenções poderiam ser disseminadas para o resto do mundo. A explicação final para o primeiro aumento constante da expectativa de vida mostrou-se menos direta do que se poderia imaginar. Parecia lógico atribuir a melhoria na saúde de toda uma sociedade às práticas de saúde da época: médicos, hospitais, remédios. Mas essa suposição — por mais evidente que pareça — acabou se revelando incorreta. Se a medicina fez alguma coisa durante esse período foi encurtar vidas, não estendê-las.

A altura do teto: Medindo a expectativa de vida 61

No FINAL DO VERÃO de 1788, o monarca inglês Jorge III e sua comitiva voltaram à residência real em Kew, nos subúrbios de Londres, depois de passar dois meses "tomando as águas" de Cheltenham, as primeiras verdadeiras férias do rei em trinta anos. O cenário idílico foi concebido como uma intervenção saudável quando Jorge começou a se queixar de espasmos dolorosos que duravam até oito horas. A paisagem campestre parecia ter exercido efeito positivo na saúde do rei, mas logo após seu retorno a Londres ele começou a sofrer ataques de dores ainda mais fortes. O médico real, Sir George Baker, anotou em seu diário: "Encontrei o rei sentado na cama, com o corpo inclinado para a frente. Queixava-se de uma dor muito aguda na boca do estômago, refletindo nas costas e nas laterais e dificultando a respiração".[16] Baker receitou óleo de rícino e sena, dois laxantes comuns, mas depois temeu que a dose tivesse sido excessiva e tentou neutralizá-la com uma tintura de láudano, um opiáceo. Os medicamentos mal fizeram efeito. Em poucos dias, a volta planejada ao castelo de Windsor foi adiada e a programação normal de aparições do rei, cancelada.

Em outubro de 1788, os espasmos de Jorge viriam a ser a primeira onda de uma das doenças famosas da história, mais conhecida por seus sintomas psicológicos que pelos sintomas físicos. Graças a algumas engenhosas análises forenses modernas, o caso de Jorge, o rei louco, também nos fornece evidências claras de como a medicina era incompetente por ocasião dos primeiros indícios da grande saída. Por vários meses, o rei entrou em um estado de insanidade geral: espumava pela boca, explodia em acessos de raiva violenta, enunciando frases intermináveis com pouca lógica ou coerência. O episódio desencadeou uma crise constitucional, e mais tarde foi dramatizado na peça e no longa-metragem *As loucuras do rei George*. Curiosamente, o primeiro verdadeiro sintoma de transtorno mental que Jorge exibiu foi uma explosão vulcânica dirigida contra Baker, reclamando dos remédios que ele havia receitado. Em seu diário, o médico relatou o choque com o comportamento do rei:

> A expressão de seus olhos, o tom de voz, cada gesto e toda sua conduta representavam uma pessoa na mais furiosa emoção de raiva. Um dos medicamentos foi forte demais; o outro só o irritou sem nenhum efeito. A importação de *Senna* deveria ser proibida, e ele daria ordens para que no futuro nunca mais fosse ministrada a ninguém da família real.

A diatribe durou três horas. Quando finalmente acalmou, Baker escreveu a William Pitt, o primeiro-ministro, dizendo que o rei estava em uma "agitação de ânimo à beira do delírio".[17]

Os historiadores da medicina há muito debatem a causa da doença do rei Jorge. Desde o final dos anos 1960, surgiu um consenso de que ele sofria de uma condição hereditária conhecida como *porfiria variegata*, que pode causar dores abdominais, além de ansiedade e alucinações. (A doença genética é de fato conhecida por ser prevalente nas famílias reais da Europa — mais um argumento para não se casar com parentes próximos.) Outros estudiosos argumentaram que o comportamento incomum do rei durante o inverno de 1788 foi resultado de um transtorno bipolar. Mas estudos forenses recentes sugerem que a indignação de Jorge com o tratamento receitado por seu médico pode ter alguma justificativa. No início dos anos 2000, uma equipe de cientistas liderada por um especialista

A altura do teto: Medindo a expectativa de vida 63

em metabolismo de Cambridge chamado Timothy Cox analisou uma mecha de cabelo de Jorge que ficou armazenada nos arquivos da Wellcome Trust por quase um século. Cox e seus colegas sabiam que as tentativas anteriores haviam falhado em extrair DNA de amostras de cabelo para testar a presença de um gene conhecido como PPOX (a porfiria é causada por um gene PPOX defeituoso). Mas os pesquisadores analisaram os fios de cabelo para verificar a presença de metais pesados que poderiam ter exacerbado a doença do rei. Os resultados foram surpreendentes: os níveis de arsênico no cabelo eram *dezessete* vezes mais altos que o limite padrão para envenenamento por essa substância. Examinando os relatórios oficiais dos médicos do rei no período em questão, Cox e seus colegas descobriram que o principal composto ministrado a Jorge era um tratamento popular conhecido como tártaro emético, que continha algo entre 2% e 5% de arsênico. Supondo-se que as dosagens registradas nos relatórios do médico fossem precisas, o "tratamento" para o delírio e as dores abdominais do rei Jorge parece ter sido envenenamento crônico por arsênico.[18]

Dados os problemas hereditários de porfiria na família real, não surpreende que Jorge III tenha tido problemas de saúde mental durante seu reinado. Muito mais espantoso é que tenha sobrevido às tentativas de cura.

No INÍCIO DOS ANOS 1960, quando T. H. Hollingsworth publicou sua análise das expectativas de vida da nobreza britânica, nos deu o primeiro vislumbre da grande saída em sua forma embrionária — todos aqueles duques e barões que sobreviviam à infância e viviam até mais de sessenta anos, pressagiando as tendências de saúde que abrangeriam o planeta inteiro dois séculos depois. Mas havia uma nota de rodapé curiosa no estudo de Hollingsworth. Dê uma olhada no gráfico original da primeira grande saída, desta vez incluindo os dois séculos anteriores.[19]

No século anterior àquele em que as elites começaram a viver mais do que o restante da população, a média dos nobres tinha na verdade uma expectativa de vida ligeiramente *mais baixa* que a média dos plebeus. A lacuna não era tão pronunciada quanto a que se desenvolveu rapidamente no final dos anos 1700 — apenas alguns anos de diferença separavam os dois grupos —, mas era consistente e estatisticamente significativa. Essa foi uma descoberta desconcertante. Todas as vantagens de afluência, status social e educação resultaram em uma *desvantagem* no que diz respeito à expectativa de vida.

EXPECTATIVA DE VIDA AO NASCER, GRÃ-BRETANHA, 1550-1840

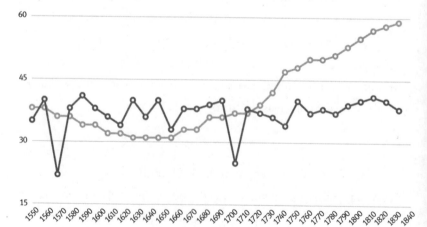

A altura do teto: Medindo a expectativa de vida 65

Algo estava matando a aristocracia da Inglaterra em um ritmo maior do que matava os plebeus. Mas o que era?

A explicação mais provável para essa estranha lacuna é contraintuitiva: os nobres britânicos tinham mais acesso aos cuidados de saúde que o resto da população. Podiam pagar consultas com quantos médicos, cirurgiões e farmacêuticos quisessem. Como o estado da medicina era péssimo, essas intervenções na verdade faziam mais mal do que bem. Se você tivesse o azar de contrair uma gripe ou nascer com um distúrbio hereditário causador de porfiria, seria melhor evitar os médicos e deixar o sistema imune do seu corpo trabalhar para curá-lo, em vez de buscar as falsas curas com arsênico ou sanguessugas.

Essas curas de charlatães não se limitavam à nobreza inglesa. Considere as horas finais do grande inimigo do rei Jorge, George Washington, contadas na magistral história de William Rosen sobre a invenção dos antibióticos, uma descrição praticamente indistinguível de um manual de tortura:

Quando o sol nasceu, o supervisor George Rawlins [...] abrira uma veia no braço de Washington da qual drenou aproximadamente 350 mililitros do sangue de seu empregador. No decorrer das dez horas seguintes, dois outros médicos — dr. James Craik e dr. Elisha Dick — sangraram Washington mais quatro vezes, extraindo mais três litros. A drenagem de pelo menos 60% do suprimento total de sangue de seus pacientes era apenas uma das táticas curativas usadas pelos médicos de Washington. O pescoço do ex-presidente foi coberto por uma pasta composta de cera e gordura bovina misturada a um irritante feito de secreções de besouros secos, tão forte que formava bolhas, que eram abertas e drenadas, aparentemente na crença de que com isso se removeriam os venenos causadores das doenças. Ele gargarejou uma mistura de melaço, vinagre e manteiga; as pernas e os pés foram cobertos por um cataplasma feito de farelo de trigo; foi submetido a um enema; e, para garantir, os médicos deram a Washington uma dose de calomelano — cloreto de mercúrio — como purgante. Não surpreende que nenhuma dessas medidas terapêuticas tenha funcionado.[20]

Os estudiosos agora chamam esse período de era da medicina heroica — cheia de grandes esquemas e intervenções ousadas que claramente fizeram mais mal do que bem. Algumas dessas intervenções provaram ser meras tolices, como as pastas e os cataplasmas aplicados em Washington em seu leito de morte. Mas muitas delas justificariam um processo por negligência médica. Fazer sangrias numa pessoa doente provavelmente acelerava sua morte. O mercúrio e o arsênico podem matar ou levar um paciente à beira da insanidade clínica. Como veremos, a era da medicina heroica durou muito mais do que poderíamos imaginar. Ainda no início da Primeira Guerra Mundial, William Osler, o fundador da Universidade Johns Hopkins, defendia a sangria como a principal intervenção para militares que contraíam gripe e outras doenças: "Sangrar logo de início indivíduos saudáveis e robustos nos quais a doença se instala com grande intensidade e febre alta é, acredito, uma boa prática".[21]

O PRIMEIRO ESTUDIOSO a desafiar a ligação entre a ciência médica da era industrial e a expectativa de vida foi um polímata britânico-canadense chamado Thomas McKeown. No final dos anos 1930, enquanto a guerra fermentava em toda a

A altura do teto: Medindo a expectativa de vida

Europa, McKeown mudou-se para Londres para estudar medicina, depois de um período em Oxford com uma bolsa de estudos Rhodes. Anos mais tarde, ele definiria a experiência como um momento decisivo em seu desenvolvimento intelectual. Enquanto observava médicos fazendo suas rondas em um hospital, McKeown notou uma estranha ausência nas interações com os pacientes e nas discussões com seus pares. Os médicos tomavam os sinais vitais, ouviam atentamente as descrições dos sintomas e davam conselhos sobre o tratamento. Mas, de acordo com McKeown, eles raramente consideravam "se o tratamento prescrito tinha algum valor para o paciente". McKeown viria a se formar cirurgião em 1942, mas nos anos de graduação seu ceticismo sobre as intervenções realizadas no hospital só aumentou. Mais tarde ele escreveu sobre esse período: "Adotei a prática de me perguntar, ao lado do leito, se estávamos tornando alguém mais sábio ou melhor, e logo cheguei à conclusão de que na maioria das vezes não estávamos".[22]

No final da guerra, McKeown recebeu uma proposta acadêmica tentadora da Universidade de Birmingham: uma cadeira recém-criada, de "medicina social". Ele ocuparia essa posição pelo resto de sua vida profissional. No início dos anos 1950, começou a realizar um projeto de pesquisa que se baseava em suas conclusões intuitivas nas rondas como estudante de medicina, um projeto que culminaria mais de duas décadas depois em um livro chamado *The Modern Rise of Population* [O aumento de população moderno], um dos estudos mais controversos e influentes sobre mudanças demográficas já publicados. Mais de quarenta anos depois, o argumento do livro — agora conhecido como a tese de McKeown — ainda gera debates.

The Modern Rise of Population propôs respostas para duas perguntas cruciais sobre os últimos dois séculos. Primeira: o crescimento geral da população durante esse período foi resultado do aumento da fertilidade ou da redução da mortalidade? McKeown foi incisivo e afirmou que a principal causa não era o fato de as pessoas terem mais filhos, mas sim que os filhos nascidos tinham vidas muito mais longas. Na Inglaterra, as taxas de natalidade caíram cerca de 30% na segunda metade do século XIX, mesmo com a população geral dobrando em tamanho. Mas esse fato levantava uma questão mais espinhosa: o que exatamente mantinha esses filhos vivos? O que motivou a grande saída na expectativa de vida iniciada nas últimas décadas do século?

Até McKeown começar a publicar suas descobertas, a resposta tradicional a essa pergunta pressupunha que os progressos na medicina tinham desempenhado um papel crucial. Essa era uma suposição natural: se as pessoas viviam mais, se não sucumbiam às doenças na mesma proporção que seus antepassados, isso deveria ser um sinal de que os profissionais médicos estavam aperfeiçoando suas práticas. Os anos de faculdade de medicina tornaram McKeown naturalmente desconfiado dessa sabedoria convencional, mas quando ele analisou os dados históricos um fato saltou aos seus olhos: as pessoas haviam parado de morrer de certas doenças *antes* de os médicos terem elaborado curas para elas. Em um trecho nas páginas iniciais do livro, McKeown colocou esse modelo no epicentro de seu argumento:

> No período decorrido desde o primeiro registro da causa da morte, a grande maioria dos óbitos por infecção deveu-se às seguintes doenças, também associadas majoritariamente à diminui-

A altura do teto: Medindo a expectativa de vida 69

ção da mortalidade: tuberculose, escarlatina, sarampo, difteria e infecções intestinais. Para todas essas doenças, pode-se dizer sem reservas que não havia imunização ou terapia eficaz disponível antes do século xx.[23]

Os dados eram inequívocos: o número de mortes causadas por uma doença como a tuberculose havia declinado visivelmente nas últimas décadas do século xix e nas primeiras décadas do século xx. No entanto, as armas contra a tuberculose implantadas pela medicina de última geração durante esse período não eram mais eficazes que os tratamentos heroicos ministrados ao rei Jorge (embora possam ter causado menos danos efetivos ao paciente). Algo tinha acontecido para fazer com que as taxas de tuberculose diminuíssem entre a população humana da Inglaterra. E não foram os médicos. Então o que foi?

McKeown acabou apresentando uma explicação alternativa: as pessoas estavam vivendo mais por causa não de intervenções médicas, mas sim de uma melhoria geral no padrão de vida, graças em grande parte às inovações agrícolas que puseram mais comida nas mesas. Como veremos, essa parte da teoria de McKeown foi contestada por estudos mais recentes, mas seu diagnóstico do lamentável estado da medicina resistiu ao teste do tempo: a maioria dos historiadores agora acredita que as intervenções médicas tiveram um efeito limitado sobre a expectativa de vida geral até o fim da Segunda Guerra Mundial. Quaisquer que fossem os efeitos positivos causados pelos conhecimentos ou pela medicina genuinamente útil que os médicos haviam acumulado antes desse período, eles foram anulados pelos persistentes delírios envolvendo sanguessugas, arsênico e todas as intervenções ridículas da medicina heroica. Até o final do século xix, foram anulados também pelas chocantes condições anti-higiênicas da maioria dos hospitais e demais ambientes médicos. *Por que* tais práticas duvidosas demoraram tanto para ser desbancadas é uma questão fascinante. Voltaremos a ela no devido tempo. Mas a vida surpreendentemente longa da medicina heroica e de todos os seus absurdos deveria servir como um lembrete útil de que a medicina "ocidental" — com todas as suas conquistas recentes — teve um histórico infeliz durante a maior parte de sua existência. Na verdade, a primeira intervenção a ter um impacto positivo de real significância na expectativa de vida não se originou, em absoluto, no Ocidente.

2. O catálogo de males: Variolação e vacinas

Ninguém sabe exatamente quando e onde a variolação foi praticada pela primeira vez. Alguns relatos sugerem que ela pode ter se originado no subcontinente indiano, há milhares de anos. O historiador Joseph Needham descreveu um "eremita taoísta" do século xi, de Sichuan, que introduziu a técnica na corte real chinesa quando o filho de um ministro morreu de varíola.[1] O pediatra e escritor chinês Wan Quan, do século xvi, faz referência a uma técnica pela qual crianças saudáveis eram intencionalmente expostas à varíola menor, ou *minor*, ou ainda alastrim, a prima mais branda e menos prejudicial da varíola (clássica, maior ou *major*). Sejam quais forem suas origens, o registro histórico deixa claro que a prática se disseminou pela China, Índia e Pérsia por volta de 1600. Como muitas grandes ideias da história, pode ter sido descoberta de forma independente várias vezes em regiões não conectadas do mundo.

A técnica assumiu inúmeras formas. Os praticantes chineses removiam crostas da pele de uma vítima da varíola em recuperação e as trituravam em pó fino, que era soprado nas narinas e absorvido pelas mucosas nasais. Na Turquia, a técnica preferida era fazer uma incisão no braço com uma agulha ou lanceta e inserir uma pequena quantidade de material extraído de pústulas de varíola menor. Ninguém na época entendia o mecanismo biológico que fazia a variolação funcionar, mas o princípio geral era claro: expor as pessoas a uma forma mais branda da doença tornaria a maioria delas resistente à doença no futuro. Agora, claro, podemos descrever a magia da variolação na linguagem da imunologia: ao inocular uma pequena quantidade do antígeno — o agente infeccioso —, a variolação ensinava os anticorpos do sistema imune a reconhecer a ameaça e a combatê-la com maior eficácia. A abordagem propunha uma ruptura radical com os métodos da medicina heroica e todas as outras poções que os curandeiros inventaram ao longo dos séculos. O papel do curandeiro não era ministrar algum elemento mágico que curaria as doenças dos pacientes: a intervenção apenas desbloqueava poderes latentes nos próprios pacientes.

Há uma simetria interessante observando-se a descoberta da variolação do ponto de vista dos cuidados de saúde no século XXI. A inovação recente mais animadora da medicina — a imunoterapia, que usa as defesas naturais do corpo para combater doenças crônicas como o câncer ou o Alzheimer — baseia-se no mesmo mecanismo que possibilitou o primeiro grande avanço na história do prolongamento da vida.

Não deveria surpreender que essa primeira descoberta tivesse como objetivo nos proteger contra a varíola. A doença era um flagelo pelo menos desde a época das Grandes Pirâmides. (A múmia de Ramsés V tem pústulas de varíola visíveis no rosto.) Em Manchester e Dublin, entre 1650 e 1750, a varíola foi responsável por mais de 15% de todas as mortes registradas. Crianças mais novas eram particularmente vulneráveis à doença. Na Suécia, durante o século XVIII, 90% das vítimas fatais de varíola tinham menos de dez anos.[2] A perda de todas essas crianças causou um tremendo impacto sobre a expectativa

O catálogo de males: Variolação e vacinas

de vida nesse período, mas o custo emocional sem dúvida era pior. A mais arrasadora das experiências humanas — a morte súbita de um filho — era uma realidade cotidiana para toda a população. Os pais sabiam bem que a qualquer momento seus filhos poderiam começar a ter febre, seguida por uma erupção cutânea que mataria a criança em questão de dias — e em geral os irmãos e irmãs a seguiam pouco tempo depois. Comparada com nossa experiência moderna, a própria noção de infância era invertida. Hoje vemos as crianças como símbolos de vitalidade e resiliência, do vigor da juventude. Como observou o estatístico David Spiegelhalter, de Cambridge: "Ninguém na história da humanidade desfrutou de maior segurança que uma criança contemporânea em uma escola primária". Porém, na época da varíola, a infância era inextrincavelmente ligada a doenças súbitas e catastróficas. Ser criança era estar sempre à beira da morte, e ser pai ou mãe era se sentir sempre atormentado por essa ameaça iminente.

O custo da varíola para a população também era alto. Nenhum vírus moldou os contornos da história do mundo de forma tão dramática como a varíola. A doença teve um papel crucial na história do imperialismo europeu, mais especificamente na epidemia que Hernán Cortez e seus homens levaram aos astecas, destruindo aquela antiga civilização. Um padre espanhol que viajou com Cortez expressa bem a escala da devastação: "Eles morriam em pilhas, como percevejos [...]. Em muitos lugares acontecia de todos de uma casa morrerem, e, como era impossível enterrar o grande número de mortos, eles derrubavam as casas em cima dos cadáveres, de forma a servirem como tumbas".[3] A história ocidental também foi transformada pela varíola. A lista de líderes europeus abatidos

74 *Longevidade*

por ela entre 1600 e 1800 é estonteante. Só na epidemia de 1711, a doença matou o imperador do Sacro Império Romano, José I, três irmãos de Francisco I, futuro chefe do mesmo império, e o príncipe herdeiro do trono francês. Nos setenta anos que se seguiram, tirou a vida do rei Luís I da Espanha, do imperador Pedro II da Rússia, de Louise Hippolyte, princesa soberana de Mônaco, do rei Luís XV da França e de Maximiliano III José, príncipe da Baviera. Se somarmos todas as principais figuras políticas assassinadas no mundo todo nos últimos duzentos anos, o total ainda é uma fração dos mortos pelo vírus da varíola durante aqueles séculos letais. Imagine todos os realinhamentos políticos, insurreições e crises de sucessão que nunca teriam acontecido se a varíola não tivesse se infiltrado tão a fundo na elite governante europeia.

Um dos beneficiados — se esta é a palavra certa — pelos surtos de varíola foi o próprio Jorge III. Quando a rainha Maria Stuart morreu dessa doença em 1694, sem filhos, o trono passou para a irmã, Ana, ela própria empenhada em conceber um herdeiro. Entre 1684 e 1700, por alguma razão Ana engravidou *dezoito* vezes, mas a maior parte das gestações resultou em abortos espontâneos ou filhos natimortos. Duas filhas morreram antes dos dois anos, provavelmente de infecção provocada por varíola. Só um filho, William, duque de Gloucester, sobreviveu à infância. Quando ele sucumbiu à varíola, aos onze anos, a dinastia Stuart efetivamente ficou sem herdeiros. Diante de uma genuína crise de sucessão, o Parlamento optou por lançar a coroa para o outro lado do canal da Mancha, à linhagem de Hanover, resultando na coroação de Jorge I, o avô do rei louco. A linhagem dos Hanover tinha inúmeras qualidades a seu favor — para começar,

O catálogo de males: Variolação e vacinas 75

eram protestantes e descendentes do rei Jaime —, mas ainda apresentava a vantagem adicional de o jovem Jorge já ter sido exposto à varíola, o que dá uma ideia de quanto a doença era importante nos cálculos políticos do período. Em um cenário sem varíola, é muito provável que Jorge I nunca tivesse atravessado o canal da Mancha, e muito menos chegado ao castelo de Windsor.

No longo prazo, porém, o episódio mais significativo envolvendo aristocracia e varíola se deu com uma jovem bem-nascida e culta que contraiu a doença em dezembro de 1715. Lady Mary Wortley Montagu era filha do duque de Kingston-upon-Hull e esposa do neto do conde de Sandwich. Era brilhante, espirituosa, bonita. Quando adolescente, escrevia romances; aos vinte e poucos anos iniciou uma correspondência com o poeta Alexander Pope. Aos 25 anos, quando adoeceu, foi atendida por dois médicos reais, dr. Mead e dr. Garth, que trataram a moléstia com um método de última geração: uma sangria a cada dois dias; purgantes e laxativos; e doses regulares de um medicamento que era uma mistura de salitre — o ingrediente-chave da pólvora — e massa calcificada extraída do intestino de animais. Os médicos receitaram cerveja e vinho como bebidas principais.[4]

Milagrosamente, Lady Montagu sobreviveu à luta contra a varíola — e às tentativas de curá-la —, embora tenha saído da doença com sua lendária beleza maculada pelas marcas reveladoras de quem escapava àquele mal. Na época, a notícia de que Lady Montagu havia triunfado sobre a varíola só parecia importante para sua família próxima e os círculos aristocráticos que frequentava; de modo geral, era apenas uma morte a menos nos relatórios. Contudo, a sobrevivência de Lady Montagu se revelaria um grande ponto de inflexão na batalha contra a varíola. Ela se transformaria num vetor de transmissão crucial, não da doença em si, mas da única forma clinicamente viável de evitá-la.

MARY MONTAGU DESEMPENHOU um duplo papel na história da variolação: foi articuladora e amplificadora. Não há dúvida de que a varíola a deixou marcada, tanto física quanto emocionalmente, e, como mãe de filhos pequenos, ela desejava ardentemente que houvesse algum meio potencial de evitar o monstro maculado, como às vezes era chamada a varíola maior. Mas o mesmo valia para quase qualquer pai ou mãe que vivesse na Europa no início dos anos 1700, no auge do terror da doença. O que diferenciava Mary Montagu dos demais eram seu aguçado poder de observação e a influência que exercia sobre a elite de Londres — bem como um acidente crucial da história: logo após sua recuperação, o marido, Edward Wortley Montagu, foi nomeado embaixador da Inglaterra no Império Otomano. Em 1716, depois de passar toda a vida em Londres e no interior da Inglaterra, Mary Montagu mudou-se com a família para Istambul, onde morou por dois anos.

Lady Montagu mergulhou na cultura da cidade, frequentando os lendários banhos e aprendendo turco para ler os poetas do país na língua original. Estudou a culinária turca e começou a se vestir com os suntuosos cafetãs usados pelas mulheres ricas locais, ocultando as cicatrizes da varíola atrás de véus. Ela registrou suas experiências de vida em uma série de cartas publicadas após sua morte. A correspondência é notável, tanto pelo olhar perspicaz de Mary para os costumes "orientais", observando as

O catálogo de males: Variolação e vacinas

Retrato de Lady Mary Wortley Montagu
pintado por Jonathan Richardson, o Jovem, 1725.

ruas da capital turca, quanto por seu talento literário como escritora de diários de viagem. (As cartas também foram dignas de nota por uma série de trechos chocantes defendendo a instituição da escravidão no país, sob o argumento de que os escravizados turcos em muitos casos eram mais bem tratados que os criados britânicos.) Mas o verdadeiro significado histórico das cartas está na descrição que ela faz de um costume turco muito incomum, e que observou em primeira mão:

A propósito de enfermidades, vou dizer uma coisa que tenho certeza de que fará você desejar estar aqui. A varíola — tão fatal e tão comum entre nós — aqui se torna totalmente inofensiva pela invenção do enxerto (que é o termo que eles lhe dão). Há uma série de mulheres mais velhas cuja atividade é realizar a operação. Todo outono, no mês de setembro, quando o grande calor se ameniza, as pessoas procuram umas às outras para saber se alguém da família corre o risco de pegar varíola.

Eles fazem festas para esse propósito e, quando se encontram (normalmente quinze ou dezesseis pessoas), a anciã chega com uma casca de noz cheia de material do melhor tipo de varíola e pergunta quais veias gostariam que abrisse. Ela corta imediatamente a veia que for oferecida com uma agulha grande (que não causa mais dor que um arranhão comum), põe na veia a quantidade de veneno que couber na ponta da agulha e depois fecha o pequeno ferimento com um pedaço de concha, fazendo o mesmo com quatro ou cinco veias.[5]

Mary escreveu diversos exemplos desse tipo de variolação em cartas para a família e os amigos em Londres. Em alguns desses relatos, mencionou que tinha ficado tão impressionada com o procedimento que pretendia inocular o filho. Embora alguns relatórios científicos sobre a variolação turca tenham sido apresentados à Royal Society, o relato de Mary Montagu se mostrou o mais influente — em parte porque ela não só descreveu o tratamento como também o ministrou à própria família. Em 23 de março de 1718, enviou uma nota rápida ao marido anunciando: "O menino foi enxertado na terça-feira passada e está cantando e brincando, e muito impaciente pelo jantar. Rezo a Deus para que minhas próximas notícias continuem

O catálogo de males: Variolação e vacinas

tão boas". Ela acrescentou uma nota sobre a filha mais nova: "Não posso enxertar a menina; sua babá não teve varíola".[6]

Mary havia solicitado que o procedimento fosse executado por "uma velha grega que praticou essa forma por muitos anos", mas, segundo o médico da embaixada, Charles Maitland, "a agulha rombuda e enferrujada [...] foi uma tortura para a criança". Maitland interveio e realizou uma inoculação adicional, inserindo o pus da varíola no outro braço da criança por uma incisão que fez com uma lanceta. Depois de alguns dias de febre e uma erupção de pústulas nos dois braços, o filho de Mary se recuperou totalmente. Ele viria a passar dos sessenta anos, aparentemente imune à varíola pelo resto da vida. É considerado o primeiro cidadão britânico a ser inoculado. Sua irmã, inoculada com sucesso em 1721, quando Mary e a família já tinham voltado a Londres, foi a primeira pessoa a se submeter ao procedimento em solo britânico.

Mary sabia que estava correndo um risco mortal ao inserir o vírus nos filhos, embora não tivesse como calcular com precisão a magnitude desse risco. Agora acreditamos que a maioria das práticas de variolação em todo o mundo resultou numa taxa de mortalidade de cerca de 2%. E uma parte significativa dos inoculados desenvolveu casos graves de varíola que os desfiguraram pelo resto da vida. Imagine-se cuidando do seu filho que sofre as trevas de uma infecção grave de varíola, ponderando se ele morreria em breve por causa de uma escolha que você fez como pai/mãe. Mas Mary Montagu tinha visto o suficiente da doença para reconhecer que essas possibilidades sombrias eram ameaças menores que deixar o filho vulnerável à varíola em sua ocorrência natural. Em um mundo onde mais de uma em cada quatro crianças morria antes dos dez anos —

muitas delas por varíola —, a probabilidade de 2% de morrer por inoculação era na verdade um risco que valia a pena.

Impressionado com o bom resultado da inoculação dos filhos de Mary Montagu, Charles Maitland, que também havia voltado a Londres, fez um enxerto experimental em seis detentos na prisão de Newgate, que gerou resultados igualmente positivos. (Prometeu-se aos prisioneiros perdão total se concordassem em participar.) A notícia logo se espalhou pelos salões e palácios da aristocracia inglesa: Mary Montagu trouxera uma cura milagrosa do Oriente, que finalmente prometia proteção eficaz contra a ameaça mais terrível da época. No final de 1722, a princesa de Gales pediu a Maitland para inocular três de seus filhos, inclusive Frederick, herdeiro do trono britânico. Frederick sobreviveria à infância intocado pela varíola, e, apesar de ter morrido antes de ascender ao trono, viveu o suficiente para produzir um herdeiro: Jorge Guilherme Frederico, que se tornaria o rei Jorge III.

As inoculações na corte real foram um ponto de inflexão. Em grande parte graças à original defesa de Mary Montagu, nas décadas subsequentes a variolação se difundiu pelos escalões superiores da sociedade britânica. Vários casos terminaram em tragédia, com crianças bem-nascidas morrendo pela intervenção médica imposta pelos pais. Esse continuou a ser um procedimento controverso ao longo do século; muitos de seus praticantes trabalhavam à margem das instituições médicas oficiais da época. Mas a adoção da prática pela elite britânica deixou marca indelével na história da expectativa de vida humana: no primeiro pico ascendente que começou a surgir em meados dos anos 1700, toda uma geração de nobres britânicos sobreviveu à infância graças ao aumento do nível de imunidade à varíola maior.

O catálogo de males: Variolação e vacinas

A HISTÓRIA DE MARY MONTAGU e seu improvável papel na história da medicina apresenta um quadro útil para pensar sobre a questão mais abrangente acerca do que fomenta o verdadeiro progresso da sociedade, progresso que pode ser medido tanto pela diminuição da mortalidade infantil — todos aqueles pais que não sofreram a perda de um filho — quanto pelo aumento geral na expectativa de vida. O que chama a atenção no caso da "descoberta" da inoculação por Mary Montagu está em como ele se afasta da narrativa convencional do progresso, segundo a qual nossa vida fica melhor graças às descobertas do cientista heroico, geralmente homem e europeu, orientado pelas metodologias empíricas desenvolvidas no Iluminismo e que abre caminho para alguma ideia transformadora do mundo pela pura força de seu intelecto. Na longa história da batalha da humanidade contra vírus perigosos, a figura que melhor desempenha esse papel é Edward Jenner, médico e cientista britânico, agora considerado o "pai da imunologia" graças ao desenvolvimento da vacina contra a varíola.

A história do "momento heureca" de Jenner está entre as narrativas mais conhecidas nos anais da história da ciência, a exemplo da maçã de Newton e dos experimentos de Benjamin Franklin com uma pipa. Como médico rural, Jenner observou um padrão estranho na distribuição dos casos de varíola na sua comunidade: as ordenhadoras pareciam menos propensas a contrair varíola que a média dos moradores locais. Jenner sugeriu a hipótese de que essas mulheres já tivessem contraído uma doença conhecida como varíola bovina — prima menos virulenta da varíola — graças às rotinas de trabalho; essa exposição, pensou ele, de alguma forma garantia uma imunidade à doença mais perigosa. Em 14 de maio de 1796, Jenner realizou seu agora lendário experimento: raspou um pouco de pus das bolhas de varíola bovina de uma ordenhadora e injetou o material no braço de um menino de oito anos. O menino desenvolveu uma febre baixa, mas logo se mostrou imune à varíola. De acordo com o relato padrão, o experimento de Jenner constituiu a primeira vacinação de verdade, marcando o início de uma revolução médica que salvaria bilhões de vidas nos séculos seguintes.

Até certo ponto, o foco tradicional em Jenner e sua epifania é bastante justificado. O dia 14 de maio de 1796 representa de fato um divisor de águas na história da medicina e na antiga interação entre seres humanos e microrganismos. Mas o foco nele também mantém envolta em trevas uma parte crucial da ação, distorcendo nossa percepção de como essas descobertas transformadoras para a saúde realmente acontecem. O próprio Jenner havia sido inoculado quando criança, em 1757, e, trabalhando como médico local, regularmente fazia o mesmo com seus pacientes. Como cientista e médico, ele herdara um princípio antigo, de que injetar material infectado pela varíola por via subcutânea poderia levar à imunidade. Mas sem uma vida de experiência com a variolação é improvável que tivesse tido a ideia de injetar pus de uma doença menos virulenta porém correlata à mais grave. Como ele demonstraria mais tarde, a vacinação melhorou significativamente as taxas de mortalidade do procedimento; os pacientes tinham pelo menos dez vezes mais probabilidade de morrer na variolação do que com a vacinação. Todavia, inegavelmente, um elemento definidor da intervenção está na ideia de desencadear a resposta imunológica, expondo o paciente a uma pequena quantidade de material infectado. Essa ideia surgira em outro lugar; não

O catálogo de males: Variolação e vacinas 83

na mente fértil do médico do interior ao ponderar sobre a estranha imunidade das ordenhadoras, mas sim na mente dos curandeiros pré-iluministas da China e da Índia centenas de anos antes. O fato de Jenner ter conseguido modificar a prática da variolação para utilizar a varíola bovina, e não a varíola comum, está subordinado à inoculação ter se difundido pelo sistema médico britânico. Se voltássemos o filme da história e mudássemos uma variável — Mary Montagu continua em Londres em vez de se mudar para Istambul —, é perfeitamente concebível que a variolação tivesse levado muito mais tempo para se estabelecer como prática médica na Inglaterra.

Histórias alternativas são pura especulação, claro, mas pensar nelas nos força a refletir sobre os principais motores de mudança na sociedade e sobre a importância dos vetores de transmissão para imprimir alterações significativas no mundo. As ideias são como os vírus. Para uma ideia transformar uma sociedade, as instituições e os agentes que a transmitem são sob muitos aspectos tão importantes quanto as mentes originais que a conceberam. Se Mary Montagu não tivesse saído de Londres, um fato torna-se claro: a variolação teria seguido outro caminho para a corrente principal da medicina britânica. Talvez sua propagação do Oriente para o Ocidente fosse inevitável, e a ideia teria "infectado" o pensamento dos médicos britânicos no mesmo período se Mary não tivesse feito sua viagem a Istambul. Mas a prática prosperou por séculos no mundo todo sem atravessar o canal da Mancha; é plausível pensar que, sem Mary Montagu, tivesse ficado lá por mais cinquenta anos, tempo suficiente para mudar radicalmente a história da medicina britânica e atrasar aquele primeiro aumento na expectativa de vida surgido na segunda metade do século XVIII.

Por um lado, temos a narrativa satisfatória do brilhante Edward Jenner inventando a vacinação em um dia de 1796. Por outro, temos uma história muito mais complicada, na qual parte de uma ideia aparece do outro lado do mundo, migra de cultura em cultura, de boca em boca, até que uma jovem perspicaz e influente a nota e leva para seu país de origem, onde lentamente ela começa a se enraizar, permitindo que um médico do interior faça uma melhoria fundamental na técnica décadas depois, usando-a em seus pacientes.

Você pode pensar nesses dois tipos de narrativa como a diferença entre a narrativa do "gênio" e a narrativa da "rede". Na primeira, a cadeia causal gira em torno da mente de um ou dois pioneiros importantes, que têm sozinhos a ideia revolucionária. A narrativa do gênio é onipresente na taquigrafia dos livros de história, que transformam coisas que foram verdadeiras histórias de rede na estrutura do gênio: Thomas Edison inventou a lâmpada, Alexander Fleming descobriu a penicilina. A narrativa da rede é mais complexa, em parte porque muitas vezes há descobertas simultâneas da ideia ou da tecnologia em questão. Variações sobre a luz incandescente foram inventadas mais de uma dúzia de vezes nos anos 1870; mesmo a vacina de Jenner parece ter sido precedida por uma inoculação similar à base de varíola bovina, realizada em 1774 por outro médico rural inglês, Benjamin Jesty. Mas a narrativa da rede também é mais complexa por enfatizar outras participações além daquela do descobridor original ao apresentar uma nova ideia valiosa para o público em geral. Por si só, uma ideia não tem a força necessária para transformar a sociedade. Muitas grandes ideias morrem antes de terem um efeito mais abrangente, pois carecem de outras figuras-chave na rede: figuras que amplificam,

O *catálogo de males: Variolação e vacinas* 85

defendem, fazem circular ou financiam o avanço original. Gregor Mendel, reconhecidamente, teve uma das grandes ideias do século xix ao plantar suas vagens de ervilha no mosteiro da Morávia. Mas, como não estava conectado a uma rede mais ampla, por quarenta anos a teoria da genética não teve nenhum efeito significativo no mundo.

"Verdadeiros exemplos do fenômeno do gênio solitário, em que um pesquisador resolve sozinho um grande problema, são poucos e distantes entre si", escrevem Cary Gross e Kent Sepkowitz em um artigo que analisa a rede de inovações por trás da vacina contra a varíola.

> Muito mais comumente, os desenvolvimentos representam a culminação de décadas, senão séculos, de trabalho, realizados por centenas de pessoas, com falsos começos, conclusões estapafúrdias e rivalidades rancorosas. A descoberta na verdade é o resultado mais recente de uma série de pequenos avanços incrementais, talvez aquele que finalmente atinge relevância clínica. No entanto, uma vez que se proclama um avanço e se identifica o herói que o acompanha, o trabalho de muitos outros é eclipsado, saindo do campo de visão e da adoração do público.[7]

A ênfase no avanço repentino não é somente uma questão de imprecisão histórica; ela distorce nossas prioridades e nossas estratégias de financiamento ao tentar encorajar a próxima geração de inovações. "Grupos de interesse em doenças específicas tiveram grande sucesso em influenciar a opinião pública e angariar dólares para pesquisas em suas áreas", argumentam Gross e Sepkowitz.

O público está encantado com a ideia de "inovação"; uma pesquisa por essa palavra no banco de dados Nexus gerou 1096 citações na mídia nos últimos dois anos. Criou-se um clima de expectativas irrealistas por parte dos pacientes e do público em geral. Assim, a pesquisa que não se destina abertamente a "marcar um gol" pode ser prejudicada e até mesmo ameaçada.[8]

A ênfase nas redes não implica apenas a questão de haver mais personagens no palco. Existe também uma diferença qualitativa. À medida que rastreamos a história da duplicação de nossa expectativa de vida, começamos a ver certos *papéis* aparecerem repetidamente. Mary Montagu desempenhou duas funções na rede colaborativa que acabou dando origem à vacinação, funções que quase sempre estão presentes de alguma forma quando novas ideias se enraízam na sociedade. Primeiro, ela foi uma *articuladora*, importando uma ideia de outra região, fazendo-a atravessar fronteiras intelectuais e geográficas. E ao mesmo tempo foi uma *amplificadora*, difundindo a palavra sobre o procedimento em seus textos e com sua influência sobre a nobreza britânica e a família real.

Curiosamente, padrão conectivo semelhante ocorreu com a variolação nas colônias americanas, por volta do mesmo período, só que com uma geografia diferente. A inoculação chegou à Nova Inglaterra por meio de escravizados que tinham uma longa história de uso do procedimento em sua terra natal africana. Poucos anos depois da decisiva visita de Mary Montagu à Turquia, um escravizado chamado Onésimo, que se acredita ser de ascendência sudanesa, disse ao seu senhor que não era vulnerável à varíola. "As pessoas pegam suco de varíola, cortam a pele e colocam uma gota",[9] explicou. Seu

O catálogo de males: Variolação e vacinas 87

senhor era Cotton Mather, um influente pregador puritano. Apesar de sua crença em bruxas e demônios — bem exibida nos julgamentos das feiticeiras de Salem —, ele se interessava bastante por pesquisas científicas. O relato de Onésimo sobre a inoculação no Sudão acabou transformando Mather em um firme defensor do poder da variolação, mesmo quando alguns de seus colegas na comunidade religiosa se opuseram à prática. (A taxa de mortalidade de 2% foi encarada como uma violação do sexto mandamento, não matarás.) Mather viria a desempenhar papel fundamental na defesa da variolação nas colônias emergentes da Nova Inglaterra, escrevendo sermões e panfletos, promovendo a prática entre a comunidade médica de Boston. Onésimo serviu de articulador nessa versão americana da narrativa da rede, importando a nova ideia de uma cultura para outra, graças aos brutais deslocamentos do comércio de escravizados. Cotton Mather pegou a ideia e ampliou-a, usando o poder do púlpito e da imprensa.

Apesar de todas as suas diferenças, Mary Montagu, Onésimo e Cotton Mather tinham uma importante característica em comum: nenhum deles era profissional de saúde. No entanto, todos causaram um impacto significativo na adoção da variolação, graças a seus papéis como articuladores e amplificadores. Esse também acaba se mostrando um tema comum na história do prolongamento da vida: cientistas e médicos são apenas parte da rede que fomenta mudanças importantes. Sem ativistas, reformadores e amplificadores, muitas ideias que salvam vidas teriam definhado em laboratórios de pesquisa ou encontrado resistência por parte do público em geral. Temos uma tendência compreensível de atribuir a grande saída exclusivamente ao triunfo da ciência iluminista. Assim que os destacados intelectos da cultura ocidental começaram a aplicar o método científico ao problema da doença e da mortalidade, presumimos que a extensão da vida seria um resultado inevitável. Mas a história da vacinação nos lembra que essa narrativa está incompleta, e não só porque a própria variolação surgiu fora do Ocidente. O triunfo da vacinação foi uma questão tanto de empirismo quanto de persuasão. Avanços importantes na área da saúde não precisam apenas ser descobertos; também devem ser apregoados e defendidos.

COMO ERAM INTERVENÇÕES médicas que expunham pessoas saudáveis a vírus perigosos, a variolação e a vacinação dependiam principalmente do apoio de adeptos iniciais influentes, como Mary Montagu. O defensor mais notável da vacina contra a varíola, contudo, foi um americano que também não tinha formação médica. Nos primeiros meses de 1800, quatro anos após a experiência da ordenhadora de Jenner, um professor da Faculdade de Medicina de Harvard chamado Benjamin Waterhouse recebeu uma amostra da vacina contra a varíola enviada por um médico de Bath, do outro lado do Atlântico. Waterhouse já havia publicado um ensaio sobre a nova técnica e estava tão confiante em sua eficácia que inoculou a própria família, e depois expôs alguns desses parentes ao convívio com pessoas que tinham varíola para provar que o experimento fora um sucesso. Mesmo assim, ele buscou uma plataforma ampla para essa descoberta médica. E mandou uma carta a um cientista amador bem relacionado na Virgínia, anexando seu ensaio "Prospect of Exterminating the Small Pox" [Perspectiva de exterminação da varíola].

O catálogo de males: Variolação e vacinas

A resposta foi um comentário entusiasmado, e os dois iniciaram uma colaboração à distância que teria papel fundamental para levar a vacinação à medicina americana convencional. Por três vezes Waterhouse enviou "material de vacina" pelo serviço postal, mas o correspondente informou que em todas elas os testes mostraram que a vacina não havia resistido à viagem, provavelmente pelo calor, que matava os vírus vivos. Ele propôs a Waterhouse uma embalagem engenhosa para preservar o conteúdo: "Ponha o material em um frasco do menor tamanho possível, bem arrolhado e imerso em um frasco maior cheio de água e bem arrolhado", escreveu. "Ficará mais bem isolado do ar, e duvido que a água permita que um grau tão grande de calor penetre no frasco interno como quando está ao ar livre. Ele esfriaria todas as noites e durante o dia ficaria na sombra, sob a lona da diligência, talvez possa dar certo".[10] A ideia funcionou, e em novembro de 1801 o cientista da Virgínia contou em uma carta que inoculara "cerca de setenta ou oitenta da minha família, meus genros um número igual de parentes seus e ainda nossos vizinhos que quiseram aproveitar a oportunidade. Todo o nosso experimento se estendeu para cerca de duzentas pessoas".[11] Ele fez anotações médicas criteriosas sobre a reação física à vacina e mandou para Waterhouse:

Pelo que observei, os casos mais prematuros apresentaram secreção translúcida no sexto dia, que continuou dessa forma no sexto, sétimo e oitavo dias, quando começou a engrossar, a parecer amarelada e circundada por uma inflamação. Os casos mais demorados mostraram material no oitavo dia, que continuou fluido e límpido no oitavo, nono e décimo dias.[12]

Nos meses seguintes, ele expôs vários indivíduos do grupo vacinado ao vírus da varíola e confirmou que todos tinham desenvolvido imunidade. Embora os experimentos não tivessem a sofisticação estatística dos testes de medicamentos modernos, eles marcaram um salto crucial na adoção das vacinas: apenas cinco anos após a descoberta de Jenner, centenas de pessoas eram vacinadas com sucesso do outro lado do Atlântico, com evidências empíricas documentando o êxito do método. Dado o charlatanismo de grande parcela da ciência médica nesse período, os testes de vacinas teriam sido uma conquista surpreendente para um médico que atuasse em tempo integral, mas o cientista da Virgínia só trabalhava como profissional de saúde em seu tempo livre. Seu emprego em período integral, por acaso, era o de presidente dos Estados Unidos, e o nome dele, claro, era Thomas Jefferson.

Por mais espantoso que seja um presidente em exercício realizando testes experimentais de drogas no tempo livre, há algo de apropriado no fato de um político formado em direito ter desempenhado papel tão importante na adoção da vacina nos Estados Unidos. Sob muitos aspectos, a história da difusão da vacinação de uma pequena vanguarda de pioneiros como Jefferson para a adoção em massa é uma narrativa sobre vitórias legais, não médicas. As leis impondo a vacinação foram inauditas na história da governança, pois muitas delas marcaram a primeira vez em que o Estado exerceu seu poder sobre decisões individuais de saúde. Mais ou menos uma década depois dos experimentos pioneiros de Jefferson, em 1813, o Congresso aprovou a Lei da Vacina, cujo objetivo era "fornecer [...] vacinas genuínas a qualquer cidadão dos Estados Unidos".[13] Na Inglaterra, a Lei da Vacina local, de 1853, exigia que todas

O catálogo de males: Variolação e vacinas

as crianças com menos de três anos fossem inoculadas contra a varíola. (Uma série de atos nas décadas seguintes deixaram as leis ainda mais rigorosas.) A Alemanha tornou a vacinação obrigatória em 1874.

As leis de vacinação eram escritas por governantes eleitos, mas o apoio do público a elas muitas vezes foi gerado por defensores que não eram políticos nem funcionários de saúde pública. Em diversos aspectos, o papel de Mary Montagu e Cotton Mather foi desempenhado no século XIX por ninguém menos que Charles Dickens, cujo romance *A casa soturna* apresenta uma reviravolta essencial na trama envolvendo uma doença indefinida que é claramente a varíola. Dickens publicou dezenas de ensaios provocativos — muitos escritos por ele — em sua popular revista semanal, a *Household Words*. Era um defensor apaixonado da vacinação compulsória e considerava Edward Jenner um dos grandes heróis da vida moderna. "Poucos pensamentos deram mais benefício material ao homem", escreveu Dickens em 1857, "do que aquele que despertou na mente do dr. Jenner quando lhe ocorreu que, ao colocar o intencional no lugar do acidental, o benefício da imunização contra a varíola poderia ser ampliado."[14]

A veemência do apoio de Dickens à vacinação obrigatória foi precipitada pelo surgimento de um movimento vitoriano antivacina que tem muito em comum com os argumentos dos dissidentes atuais. A partir de meados dos anos 1800, surgiu uma onda de panfletos, livros, cartuns satíricos, batalhas judiciais, associações frouxas e organizações formais em reação ao advento da vacinação obrigatória. Havia a Sociedade Antivacinação dos Estados Unidos, a Liga Antivacinação Compulsória da Nova Inglaterra e a Liga Antivacinação da Cidade de Nova

York. Na Inglaterra, a Liga Antivacinação Compulsória foi criada em 1867, declarando que "o Parlamento, em vez de resguardar a liberdade do súdito, invadiu essa liberdade ao tornar a boa saúde um crime, punível com multa ou prisão, imposto aos pais zelosos".[15] Os líderes do movimento incluíam algumas figuras intelectuais formidáveis, como Herbert Spencer e Alfred Russel Wallace, este último famoso por desenvolver a teoria da seleção natural de forma independente, nos anos 1850. Wallace escreveu várias obras no final da vida atacando a ciência da vacinação, com títulos como *Vaccination Proved Useless and Dangerous* [Vacinação comprova-se inútil e perigosa] e *Vaccination a Delusion: Its Penal Enforcement a Crime* [Vacinação, uma ilusão: sua execução penal é um crime]. Os folhetos de Wallace tentavam apresentar fatos empíricos contra a vacina com base em dados de saúde pública. No longo prazo, seu trabalho inspirou a coleta de dados mais consistentes do início do século xx, o que acabou resultando em um convincente fator da eficácia da prática da vacinação.

O movimento antivacina estava no ponto de convergência entre três correntes distintas. Em primeiro lugar, havia várias formas de espiritualismo, homeopatia e "curas naturais" muito comuns na sociedade do final da era vitoriana. (Wallace se converteu ao espiritualismo nos anos 1860.) Outro grupo era contrário porque a vacinação distraía as autoridades de saúde do que ele considerava o principal culpado na propagação da doença: condições de vida pouco higiênicas. (Em muitos casos, nos anos 1850, foram descendentes dos teóricos do miasma que resistiram à teoria de que o cólera era transmitido pela água.) E havia os oponentes políticos, incluindo Spencer, que via na vacinação obrigatória uma interferência do Estado na liberdade

O *catálogo de males: Variolação e vacinas*

individual. O argumento de Francis W. Newman, professor do University College, era muito citado:

> Contra o corpo de um homem saudável o Parlamento não tem direito de agressão, mesmo sob o pretexto da saúde pública; nem contra o corpo de uma criança saudável. Proibir a saúde perfeita é maldade tirânica, tanto quanto proibir a castidade ou a abstinência. Nenhum legislador pode ter esse direito. A lei é uma usurpação insuportável e cria o direito de resistência.[16]

A resistência ideológica às vacinas tem suas raízes em uma das características específicas da intervenção: elas eram explicitamente apregoadas como um remédio para pessoas que ainda não estavam doentes. Administrá-las era um ato puramente preventivo, um dos primeiros apoiados pelo peso da ciência. Aplicar uma vacina em crianças pequenas em perfeita saúde parecia, intuitivamente, um exagero grotesco, um ato de "maldade tirânica". Mas essa intervenção tinha as estatísticas a seu favor. Quem era vacinado quando criança tinha muito mais probabilidadede de viver o suficiente para ter filhos. No longo prazo, essas probabilidades venceram os protestos contra as vacinas.

Os militantes britânicos conseguiram garantir uma cláusula em uma lei de 1898, permitindo aos pais receber um "certificado de isenção" se alegassem que a vacinação ia contra suas crenças. Foi a primeira vez que se inseriu na lei inglesa o conceito de "objeção de consciência" — um conceito e um termo que desempenhariam papel importante nos conflitos militares do século xx. Cláusulas de isenção semelhantes se tornaram pontos de conflito nas recentes controvérsias sobre movimentos antivacina, com vários governos locais nos Estados Unidos revogando isenções quando novos surtos de sarampo — doença há muito considerada erradicada no país — começaram a aparecer em comunidades com alta concentração de famílias contrárias à vacina. A diferença entre os dissidentes do século xix e seus sucessores do século xxi é o extraordinário triunfo global da vacinação ocorrido no século que os separa. Os manifestantes vitorianos tinham apenas a vacina contra a varíola para considerar e poucas ferramentas estatísticas à disposição para avaliar sua eficiência. O militante antivacina moderno precisa ignorar um histórico muito mais impressionante, tanto em termos da gama de doenças que as vacinas agora combatem — difteria, febre tifoide, poliomielite etc. —, como também de evidências empíricas das propriedades salva-vidas dessas intervenções. As melhores estimativas indicam que cerca de 1 bilhão de vidas foram salvas graças ao advento e à adoção em massa de vacinas nos últimos dois séculos, desde o experimento inicial de Jenner. Esse resultado extraordinário foi produto da ciência médica, com certeza, mas também de ativistas, intelectuais reconhecidos e reformadores jurídicos. Sob muitos aspectos, a vacinação em massa estava mais próxima de avanços modernos como as leis trabalhistas e o sufrágio universal: uma ideia que para criar raízes exigiu movimentos sociais, atos de persuasão e novos tipos de instituições públicas.

UMA DESSAS INSTITUIÇÕES remonta a uma conferência organizada em Paris em 1851. Em comparação às convenções de grande escala de hoje, o encontro foi um evento modesto,

O catálogo de males: Variolação e vacinas

envolvendo um médico e um diplomata de cada uma das doze nações europeias. O encontro ficou conhecido como Conferência Sanitária Internacional e marcou uma das primeiras vezes na história em que um grupo de especialistas de diversos países se reuniu para discutir formas de colaboração em saúde pública. A conferência de 1851 se concentrou em procedimentos de quarentena padronizados para limitar a propagação do cólera, mas as palestras subsequentes ampliaram seu foco para incluir o compartilhamento de técnicas terapêuticas emergentes, dados epidemiológicos e pesquisas científicas sobre doenças. As palestras levaram à formação do Gabinete Internacional de Higiene Pública (OIHP, na sigla em francês) em Paris, em 1907, uma das primeiras organizações genuinamente internacionais já criadas. Após a fundação da Organização das Nações Unidas, em 1945, o OIHP foi substituído por uma nova entidade, formada sob a égide da ONU: a Organização Mundial da Saúde, ou OMS.

Há uma tendência infeliz, numa cultura tão obcecada com a destruição criativa de start-ups de tecnologia, de pressupor que as instituições são inimigas da inovação, que, se quisermos novas ideias, progresso e tecnologias inovadoras, dizem, precisamos de agentes livres e ágeis, que atuem com rapidez e rompam limites, e não do peso de instituições burocráticas. Porém, em uma escala realmente global, é difícil citar uma entidade que tenha feito mais para melhorar a vida do *Homo sapiens* nos últimos setenta anos do que a OMS. E, entre todas as suas conquistas nesse período, uma se destaca sobremaneira: a erradicação da varíola.

Após milhares de anos de conflito e coabitação com os homens, a ocorrência natural do vírus da varíola maior infectou o último ser humano em outubro de 1975, quando pústulas reveladoras irromperam na pele de uma menina de Bangladesh chamada Rahima Banu Begum, de três anos. Rahima morava na ilha Bhola, na costa sul do país, na foz do rio Meghna. Funcionários da OMS foram notificados do caso e enviaram uma equipe para tratar a criança e vacinar todos os moradores locais que haviam tido contato com ela. A menina sobreviveu e as vacinações na ilha Bhola impediram que o vírus se replicasse em outro hospedeiro. Quatro anos depois, em 9 de dezembro de 1979, após uma extensa busca global por outros surtos, uma comissão de cientistas assinou um documento proclamando que a varíola havia sido erradicada. Em maio do ano seguinte, a Assembleia Mundial da Saúde endossou oficialmente as conclusões da OMS. Sua declaração afirmava que "o mundo e todos os seus povos se libertaram da varíola" e homenageava a "ação coletiva de todas as nações [que] livraram a humanidade desse antigo flagelo".[17] Foi uma conquista realmente épica, que exigiu uma combinação de pensamento visionário e trabalho de campo prático abrangendo dezenas de países. E, no entanto, a consciência popular acerca da erradicação da varíola perde força se comparada à de conquistas como o pouso na Lua, embora a eliminação do antigo martírio tenha tido impacto muito mais significativo na vida humana do que qualquer coisa proveniente da corrida espacial. Pense em quantos filmes e séries de televisão celebraram a ousadia heroica dos astronautas, um salto para a humanidade, e como poucos narraram a batalha muito mais urgente — e igualmente ousada — contra micróbios letais.

A comparação entre a erradicação da varíola e a corrida espacial é intrigante por outro motivo: em muitos aspectos, a

O catálogo de males: Variolação e vacinas　　　　　　　　97

Rahima Banu Begum no colo da mãe, 1975.
(Smith Collection, Gado/ Alamy Stock Photo)

batalha contra a varíola maior foi um triunfo da colaboração global, e não da competição, apesar de ter ocorrido durante a Guerra Fria. Uma das primeiras sementes do projeto foi plantada num discurso de 1958 em uma reunião da OMS em Minneapolis, proferido pelo dr. Victor Jdanov, vice-ministro da Saúde da União Soviética, conclamando todas as nações parceiras a se comprometerem com o então audacioso objetivo de erradicar a varíola. Jdanov começou sua palestra citando uma carta escrita por Thomas Jefferson a Edward Jenner em 1806, prevendo que, com a vacina, "as nações futuras só saberão pela história que a repugnante varíola existiu". Nas duas décadas seguintes — apesar da queda do avião espião de Francis Gary

Powers, da crise dos mísseis cubanos e da Guerra do Vietnã —, os Estados Unidos e a URSS de alguma forma encontraram um modo de trabalhar produtivamente juntos na erradicação da varíola, num lembrete de que a cooperação global em questões cruciais para a saúde humana é possível mesmo em tempos de intensa discordância política.

Em outra carta, redigida durante seus primeiros testes com a vacina contra a varíola, Jefferson escreveu a Benjamin Waterhouse: "Será realmente um grande serviço prestado à humanidade tirar do catálogo de seus males algo tão grande quanto a varíola. Não conheço nenhuma descoberta tão valiosa da medicina".[18] Jefferson, como sempre, estava pensando a longo prazo. A luta contra a varíola maior progredia em um paciente de cada vez quando Jefferson escreveu essas palavras. O número total de pessoas vacinadas no mundo estava na casa dos milhares, talvez menos. Eliminar a varíola do "catálogo dos males" da humanidade em uma escala global era quase inimaginável em 1801. Era uma impossibilidade técnica. A ciência havia progredido a ponto de poder imunizar um indivíduo contra a varíola com o mínimo de risco; mas erradicá-la como doença no mundo todo? Simplesmente não tínhamos as ferramentas para fazer isso acontecer.

Pensar na lacuna entre o sonho inicial de Jefferson e a realidade da erradicação nos permite entender mais claramente as forças que impulsionam as mudanças importantes no mundo. O que tínhamos à nossa disposição nos anos 1970 que Jefferson e Waterhouse e Jenner não tinham em 1801? O que fez a erradicação da varíola passar de uma fantasia vã para o reino das possibilidades?

Um dos fatores-chave foi a instituição da OMS. O projeto de erradicação começou para valer com uma proposta para a eli-

O catálogo de males: Variolação e vacinas 99

minação da varíola na África Ocidental, feita por Donald A. Henderson, então diretor de vigilância sanitária nos Centros de Controle de Doenças em Atlanta. A proposta chamou a atenção da Casa Branca, e em 1965 Henderson foi convidado a se mudar para Genebra a fim de supervisionar um programa mais ambicioso de erradicação global para a OMS. Até o próprio Henderson achou que o projeto terminaria em fracasso, dada a ousadia do objetivo. Mas acabou assumindo a tarefa e orientou o programa até o certificado de erradicação ser assinado, em 1979. Durante a década de vigilância ativa e vacinação, a OMS trabalhou em conjunto com 73 nações e empregou centenas de milhares de profissionais de saúde para supervisionar a vacinação em mais de duas dezenas de países que ainda sofriam com surtos graves de varíola. A ideia de um organismo internacional capaz de organizar a atividade de tantas pessoas em uma geografia tão vasta e em tantas jurisdições distintas teria sido impensável no início do século XIX. A erradicação global dependia tanto da invenção de uma instituição como a OMS quanto da invenção da própria vacina.

O programa de erradicação também dependia de uma visão relativamente nova da microbiologia — ciência que não existia com nenhum sentido sério na época de Jefferson. (O vírus da varíola maior só seria identificado no microscópio mais de um século depois.) Mas, quando Donald A. Henderson começou a formular seus planos de erradicação, os virologistas passaram a acreditar que o vírus só poderia sobreviver e se replicar no corpo dos seres humanos. Na linguagem técnica, ele não tinha nenhum reservatório natural em outras espécies. Muitos vírus que causam doenças em humanos também podem infectar animais — lembre-se da varíola bovina de Jenner. Mas a varíola tinha perdido a capacidade de sobreviver fora dos corpos humanos;

mesmo nossos parentes próximos entre os primatas estão imunes. Esse conhecimento deu aos erradicadores uma vantagem essencial sobre o vírus. Um agente infeccioso tradicional sob ataque por vacinação em massa poderia se abrigar em outra espécie hospedeira — roedores, digamos, ou pássaros —, o que tornaria impossível o controle e a eliminação pelos trabalhadores de campo da OMS. Mas, como a varíola havia abandonado o hospedeiro original que a trouxera até os humanos, o vírus era especialmente vulnerável à campanha de Henderson. Se desse para eliminar a varíola maior da população humana, realmente seria possível eliminá-la do catálogo de males para sempre.

As inovações técnicas também desempenharam papel crucial nos projetos de erradicação. A invenção da agulha bifurcada permitiu que os pesquisadores de campo da OMS usassem o que foi chamado de técnica de vacinação por punção múltipla. Era muito mais fácil de executar e exigia um quarto da quantidade de vacina das técnicas anteriores, atributos essenciais para uma organização que tentava imunizar centenas de milhares de pessoas em todo o mundo. Outro ativo crucial — indisponível para Jefferson e Waterhouse — era uma vacina termoestável, desenvolvida nos anos 1950, que podia ser armazenada por trinta dias sem refrigeração, uma enorme vantagem na distribuição para pequenos vilarejos que geralmente careciam de refrigeração e eletricidade.

A última inovação envolveu o próprio método de vacinação em massa. Em dezembro de 1966, não muito depois de Donald A. Henderson ter assumido o comando do programa de erradicação da varíola da OMS, um epidemiologista chamado William Foege, que trabalhava para um programa do Centro de Controle de Doenças (CDC, na sigla em inglês), se viu lutando

O catálogo de males: Variolação e vacinas

contra um surto na aldeia de Ovirpua, na Libéria. A resposta típica seria imunizar todos os habitantes de Ovirpua (bem como das aldeias vizinhas). Mas o programa do CDC era novo e ainda não havia suprimentos suficientes de vacina. Dados os recursos limitados, Foege foi forçado a improvisar uma solução que conseguisse fazer mais com menos. Como descreveu mais tarde em suas memórias, ele e seus colegas se perguntaram:

Se nós fôssemos o vírus da varíola em busca da imortalidade, o que faríamos para aumentar nossa árvore genealógica? A resposta, claro, era encontrar a pessoa suscetível mais próxima para continuar a reprodução. Então nossa tarefa não era vacinar todos em um determinado intervalo de tempo, mas sim identificar e proteger as pessoas suscetíveis mais próximas antes de o vírus chegar até elas.[19]

Em vez de despejar uma grande quantidade de vacinas em uma região inteira, Foege decidiu criar o que ele chamou de anel de vacinações para isolar os aldeões infectados. Foi um ataque direcionado, destinado a construir uma parede de imunidade em torno do surto. Para surpresa de Foege, funcionou. Em questão de dias o surto terminou. A técnica de "vacinação em anel" de Foege acabou se tornando a base do projeto de erradicação global da OMS. Quando Rahima Banu Begum contraiu varíola na ilha Bhola, em 1975, foi uma barreira de vacinação ao seu redor que pôs fim ao flagelo da varíola maior de uma vez por todas.

O método de vacinação em anel de Foege não estava disponível para Jenner e Waterhouse no início dos anos 1800, entre outras razões, porque ele implicava uma forma específica de pensar sobre a doença. A diferença era, literalmente, uma questão de perspectiva: a maioria das tentativas de combater a doença nos tempos de Jenner centrava-se no próprio corpo humano, com seu misterioso maquinário — veias, pulmões, músculos e todo o resto. Mas o modelo do anel abordou o problema de um ponto de vista diferente. Era possível atacar a doença observando sua distribuição geográfica, conforme ela fosse transmitida de pessoa para pessoa e de comunidade para comunidade. Jenner não conseguiu pensar assim porque a ciência da epidemiologia não existia de forma coerente na sua época. As pessoas acreditavam que as doenças se agrupavam em padrões significativos, e tentaram mapear grosseiramente esses surtos. Mas ainda não tinham transformado esses mapas numa arma usada contra o próprio agente infeccioso. Por um lado, a ideia revolucionária de Foege foi um caso clássico de necessidade como mãe da invenção: com suprimentos limitados de vacinas, ele foi levado a buscar uma solução diferente. Mas a ideia também lhe ocorreu por ter estudado uma disciplina baseada em mais de cem anos de pensamento prático e experimental. Seu raciocínio derivou para a visão panorâmica por ele ser epidemiologista. Essa ciência acabou sendo o último ingrediente-chave que separou Jenner dos erradicadores. Como tantas vezes acontece na história do progresso, uma mudança na maneira como percebemos o problema acaba por oferecer uma solução.

E não só para os erradicadores da varíola. A variolação pode ter resultado em vidas mais longas para os aristocratas britânicos no final dos anos 1700, mas foi a revolução na obtenção de dados da epidemiologia — e não a vacinação — que nos proporcionou o primeiro aumento sustentável da expectativa de vida que alcançou as massas.

3. Estatísticas vitais: Dados e epidemiologia

O RIO LEA NASCE NOS SUBÚRBIOS ao norte de Londres e segue um percurso sinuoso para o sul até chegar ao East End da cidade, onde deságua no Tâmisa, perto de Greenwich e da Isle of Dogs. No início dos anos 1700, o rio era ligado a uma rede de canais que alimentava os estaleiros e indústrias então em crescimento na área. No século seguinte, o Lea tornou-se um dos cursos de água mais poluídos de toda a Grã-Bretanha, utilizado para lavar o que costumavam chamar de as malcheirosas indústrias da cidade.

Em 1866, morava com sua mulher nos arredores do Lea um operário chamado Hedges, no bairro de Bromley-by-Bow. Quase nada se sabe hoje sobre Hedges e a esposa além do triste fato de que, em 27 de junho daquele ano, os dois morreram de cólera.

As mortes em si não eram dignas de nota. Desde que surgira, em 1832, o cólera assolava Londres com ondas epidêmicas que podiam matar milhares de pessoas em questão de semanas. Embora a doença estivesse em declínio nos últimos anos, diversos óbitos por cólera haviam sido relatados nas semanas anteriores, e não era raro que duas pessoas que morassem na mesma casa perdessem a vida por causa da doença no mesmo dia.

Mas a morte do casal Hedges acabou sendo o início de um surto muito maior. Em poucas semanas, os bairros de classe trabalhadora próximos ao rio Lea sofreriam uma das piores epidemias de cólera da história de Londres. Os jornais divulgavam os mesmos relatos de óbitos que têm nos obcecado na era do coronavírus: a aterrorizante trajetória ascendente de crescimento descontrolado. Vinte mortes por cólera foram relatadas no East End na semana encerrada em 14 de julho. Na semana seguinte, foram 308. Em agosto, o número de mortos por semana tinha chegado a quase mil.[1] Havia doze anos que Londres não passava por um grande surto de cólera, porém na segunda semana de agosto as evidências eram irrefutáveis: a cidade estava sitiada.

Assim como vimos na era da covid-19, a primeira linha de defesa contra o surto foram os dados. Os londrinos conseguiram acompanhar a marcha do cólera no East End quase em tempo real, graças principalmente ao trabalho de um homem: o médico e estatístico William Farr. Durante a maior parte da era vitoriana, Farr supervisionou a coleta de estatísticas de saúde pública na Inglaterra e no País de Gales. Você poderia dizer sem exagero que o ambiente de notícias divulgadas durante o auge da pandemia de covid-19 foi inventado por William Farr: um mundo em que os números mais recentes acompanhando a propagação de um vírus — Quantas intubações hoje? Qual é a taxa de crescimento das hospitalizações? — tornaram-se o fluxo de dados mais importante à disposição, transformando as velhas métricas de pesquisas políticas ou cotação da Bolsa em meras reflexões a posteriori.

Farr foi um dos primeiros a pensar sistematicamente em como os dados sobre a distribuição dos surtos no espaço e ao longo do tempo poderiam ser usados para contê-los conforme se desenrolavam — e para minimizar números futuros. O

Estatísticas vitais: Dados e epidemiologia

campo que ele ajudou a criar passou a ser chamado de epidemiologia, mas nos primórdios era conhecido por outro nome: estatísticas vitais. As inovações nesse campo não se assemelham ao nosso modelo tradicional de descobertas médicas. Não eram embaladas na forma de medicamentos milagrosos ou novas tecnologias de imagem. Em sua essência, eram simplesmente novas maneiras de contar, novas maneiras de discernir padrões.

Quando o surto do East End se tornou evidente para as autoridades de saúde — e para os aterrorizados moradores dos bairros sob ataque —, ele parecia a continuação de uma tendência de mortalidade mais abrangente que afligira cidades e bairros industriais durante a maior parte do século. Apesar de as elites da Inglaterra terem conquistado um aumento sem precedentes na expectativa de vida a partir de 1750, em grande parte alimentado pela variolação e pela vacinação, a total falta de progresso na saúde entre as classes menos afortunadas da sociedade foi igualmente significativa no período. A variolação e a vacinação também chegaram até os pobres da zona rural e as classes trabalhadoras industriais, mas as taxas de mortalidade nesses grupos permaneceram constantes, e até aumentaram em alguns lugares. Se você fosse rico, sua expectativa de vida teria crescido em quase trinta anos nesse período. Se fosse pobre, não estaria em melhor situação do que na época de John Graunt.

As tendências de mortalidade nos Estados Unidos na primeira metade do século XIX foram ainda mais impressionantes. Apesar da ampla adoção da vacina, a expectativa geral de vida diminuiu *treze* anos entre 1800 e 1850. As revoluções da ciência iluminista e da industrialização mudaram a vida na Inglaterra e nas ex-colônias no Atlântico, criando novos sistemas econômicos e políticos, fomentando grandes mudanças tecnológicas: fábricas, ferrovias, telégrafos. No entanto, no que diz respeito à expectativa de vida, as sociedades tecnologicamente mais avançadas do mundo pareciam estar seguindo na contramão. Melhorias significativas na mortalidade geral só ocorreriam nas últimas décadas do século XIX, antecedendo a decolagem radical que no século seguinte transformaria a expectativa de vida em escala global.

Esse padrão suscita duas questões fascinantes: as razões pelas quais as taxas de mortalidade nessas sociedades avançadas — que deveriam estar desfrutando dos benefícios da razão iluminista — retrocederam por meio século; e os acontecimentos que levaram à mudança quando a grande saída finalmente começou para valer, elevando a expectativa geral de vida nas últimas décadas. A resposta para ambas as questões viria a estar em cena no surto de 1866 no East End.

A primeira pergunta — por que os pobres que trabalhavam na indústria estavam morrendo? — foi energicamente ponderada e investigada na época. Em certo sentido, pode-se dizer que a moderna ciência da epidemiologia surgiu como uma tentativa de resolver esse mistério. Sem dúvida, o detetive mais influente na investigação do caso foi William Farr. Nascido em 1807 em uma família rural de poucos recursos, Farr foi um aprendiz precoce, que atraiu o apoio de alguns patronos e mentores mais ricos quando adolescente, praticando com um cirurgião local antes de estudar ciência médica em Paris e no University College, em Londres. Por volta dos vinte anos, abriu um consultório na capital inglesa. Mas sua verdadeira paixão

Estatísticas vitais: Dados e epidemiologia

eram as estatísticas vitais: a análise de nascimentos e mortes em uma grande população. De muitas maneiras, a longa e ilustre carreira de Farr marca a culminação da ideia que John Graunt esboçou pela primeira vez em seu *Natural and Political Observations*: entender os macropadrões da mortalidade poderia se tornar uma ferramenta tão eficaz para salvar vidas quanto qualquer intervenção médica tradicional.

Em sua paixão pela estatística e pela reforma social, Farr foi um homem de seu tempo. Várias "sociedades estatísticas" foram formadas em cidades britânicas nos anos 1830, e ele próprio foi um dos primeiros membros da Sociedade Estatística de Londres. Durante o século XVIII, o uso de dados para entender os padrões de vida e morte serviu quase exclusivamente a interesses comerciais, numa ciência desenvolvida em grande parte pelos objetivos mercenários das seguradoras. Mas Farr e alguns de seus colegas viram o potencial das estatísticas vitais como ferramenta de reforma social, um meio de diagnosticar os males da sociedade e lançar luz sobre suas desigualdades.

Depois de publicar alguns artigos analisando dados médicos na revista *The Lancet*, Farr foi contratado em 1837 como "compilador de resumos" pelo Gabinete Oficial de Registros (GRO, na sigla em inglês), órgão governamental recém-criado com a tarefa de registrar nascimentos e mortes na Inglaterra e no País de Gales. Com o incentivo de Farr, o GRO começou a registrar uma gama muito mais ampla de dados em seus relatórios de mortalidade, incluindo causa da morte, ocupação e idade. Em uma carta anexada ao primeiro relatório do GRO, Farr expôs sua ambição para o cargo. "As doenças são mais facilmente prevenidas do que curadas, e o primeiro passo para sua prevenção é a descoberta de suas causas", escreveu.

O Registro mostrará a atuação dessas causas por meio de fatos numéricos e medirá a [...] influência da civilização, da ocupação, da localização, das estações do ano e outros agentes físicos tanto no surgimento de doenças e consequentes óbitos quanto na melhoria da saúde pública.[2]

Farr ajudou a criar um esquema classificatório sistemático das causas de mortes, uma grande melhoria no esquema errático — "pedra nos rins, lunatismo, súbita" — utilizado por Graunt. Ajudou também a organizar o primeiro censo apropriado da população inglesa, realizado em 1841, dando ao GRO outro conjunto crucial de dados que poderia ser usado para entender as condições gerais do país.

Como compilador de resumos, Farr foi responsável por estudar os dados brutos registrados pelo GRO e torná-los significativos: descobriu tendências interessantes nos números, comparou resultados de saúde em diferentes subgrupos da população, criou novas formas de apresentação visual dos dados. Coletar e publicar dados não era apenas uma questão de relatar os fatos, mas sim uma arte exploratória mais sutil: testar e confrontar hipóteses, construir modelos explicativos. Como Farr escreveu em um ensaio publicado no ano em que ingressou no GRO:

Os fatos, por mais numerosos que sejam, não constituem uma ciência. Como inúmeros grãos de areia na beira do mar, fatos únicos parecem isolados, inúteis, sem forma; só quando comparados, quando dispostos em suas relações naturais, quando cristalizados pelo intelecto, constituem as verdades eternas da ciência.[3]

Estatísticas vitais: Dados e epidemiologia

O arranjo específico de fatos em que Farr mais confiava descendia da original "tabela de vida" na brochura de John Graunt, de 1662: um gráfico que divide as taxas de mortalidade de uma determinada população segundo a faixa etária. A comparação das tabelas de vida de comunidades distintas propiciava uma imagem clara das diferenças nas condições da saúde entre elas. Edwin Chadwick, reformador de saúde pública pioneiro na época, propôs um medidor mais simples da saúde comunitária: a idade média de morte. Mas, como Farr ressaltou várias vezes, reduzir os padrões de mortes de uma comunidade a um único número pode ser enganoso, especialmente ao comparar essa observação com a idade média de morte em outra comunidade. Dadas as altas taxas de mortalidade de recém-nascidos e crianças na época, uma cidade que passasse por um período de alta fertilidade, com mais crianças nascendo, paradoxalmente teria uma idade média de morte mais baixa que uma cidade com proporção maior de adultos — mesmo que esta segunda comunidade fosse mais saudável. (Apesar da saúde da comunidade, um número significativo de crianças ainda morreria antes de atingir a idade adulta, o que puxaria para baixo a idade média de mortalidade.) Uma tabela de vida permitia que se visse o que estava acontecendo em uma dada população: o quadro geral e a repartição por idade.

Talvez por conta de seu histórico pessoal — ter crescido na região agrícola de Shropshire e então morar na maior cidade do mundo —, Farr decidiu dedicar um de seus primeiros estudos às diferenças entre os resultados de saúde do campo e os da cidade. No *I Relatório Anual* do GRO, publicado em 1837, ele escreveu uma seção chamada "Doenças da cidade e do campo aberto". Para isso, baseou-se em alguns conjuntos de dados aproximados que reuniu em Londres e em alguns distritos rurais no sudoeste da Inglaterra. Continuou a trabalhar nessa análise em relatórios anuais subsequentes, culminando numa pesquisa inovadora apresentada no *V Relatório Anual*, lançado em 1843. O estudo de Farr foi um marco na emergente ciência da epidemiologia; contando com um conjunto de dados possibilitados por seu trabalho com o Registro Geral e o censo, o estudo também mostrou o uso criativo que Farr fazia de técnicas de apresentação visual de dados.

O estudo de 1843 analisava três comunidades distintas: a Londres metropolitana, a Liverpool industrial e a Surrey rural. Vistas como um tríptico, as imagens transmitiam uma mensagem clara: a densidade determinava o destino.

Em Surrey, o aumento da mortalidade após o nascimento é uma subida suave, uma duna que se eleva da linha d'água. Em comparação, o pico em Liverpool se parece mais com penhascos.

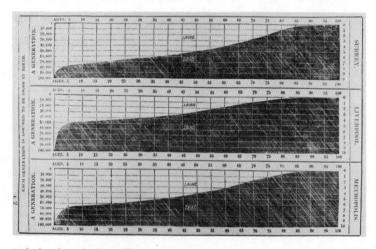

Tabelas de vida de William Farr.

Estatísticas vitais: Dados e epidemiologia

Essa subida íngreme condensava milhares de tragédias individuais em uma imagem vívida e deplorável: na Liverpool industrial, mais da metade de todas as crianças nascidas morria antes de completar quinze anos.

A idade média de morte — tendo em mente suas limitações como observação — era igualmente chocante: os camponeses gozavam de uma expectativa de vida próxima de cinquenta anos, melhoria significativa em relação ao teto de meados dos anos 1830. A média nacional era de 41 anos. Com todo o seu tamanho e riqueza, Londres recuou para a média de 35 anos, exatamente onde estava quando Graunt tentou medi-la pela primeira vez. Mas Liverpool — uma cidade cuja densidade populacional havia explodido de forma espantosa graças à industrialização — foi o verdadeiro susto: em média, os nascidos nessa cidade morriam aos 25 anos, uma das expectativas de vida mais baixas já registradas numa grande população humana.

Os infográficos do *V Relatório Anual* constituíram o primeiro argumento empírico para uma ideia informalmente óbvia para muita gente: as cidades estavam matando as pessoas numa taxa alarmante e crescente. E eram particularmente implacáveis com as crianças pequenas. "Os filhos da tribo idólatra atirados ao fogo em intenção de Moloch dificilmente corriam mais perigo que os filhos nascidos em vários bairros de nossas grandes cidades", advertia Farr. Ecoando a linguagem do catálogo de males de Jefferson, ele escreveu: "Um estudo rigoroso de todas as circunstâncias da vida das crianças pode levar a descobertas importantes e indicar remédios para males cuja magnitude é difícil exagerar".[4]

Essa era a resposta à primeira pergunta. Por que as nações mais avançadas do mundo viam sua expectativa de vida diminuir? Como uma economia que criava mais riqueza que qualquer outro lugar do planeta produzia resultados de saúde tão devastadores? A resposta que Farr propôs com seus dados epidemiológicos foi semelhante à que Karl Marx e Friedrich Engels formularam na mesma época usando a ciência política: as taxas de mortalidade aumentavam porque a característica definidora de "progresso" naquele momento da história era a industrialização, e a industrialização parecia implicar uma contagem de corpos incomumente alta em suas décadas iniciais, onde quer que ela chegasse. O século xx continuaria a mostrar as mesmas tendências no mundo todo sempre que as pessoas abandonavam seu estilo de vida agrário e se aglomeravam em fábricas e favelas urbanas, mesmo onde os comunistas eram os responsáveis por planejar a transição para a economia industrial. Farr e seus colegas simplesmente enxergaram o padrão emergente pela primeira vez.

Visto da perspectiva da *longue durée*, o padrão identificado por Farr nas suas tabelas de vida de Surrey, Londres e Liverpool continha duas mensagens contrastantes, uma de esperança e outra profundamente perturbadora. As populações rurais de Surrey, com expectativa de vida chegando aos cinquenta anos, provavam que as sociedades humanas podiam romper o teto de 35 anos. E, ao mesmo tempo, os penhascos íngremes das taxas de mortalidade infantil de Liverpool deixavam claro que outros tipos de sociedades poderiam cair abaixo de níveis históricos, para taxas observadas somente nos piores surtos de peste na Inglaterra do passado. Os dados contavam uma história incontestável: as cidades industriais estavam matando pessoas num ritmo sem precedentes. A grande questão da época era se esse número de mortos — e todas as outras desgraças que

Estatísticas vitais: Dados e epidemiologia

o acompanhavam — era um subproduto inevitável das cidades industriais e da densidade metropolitana. Ou haveria uma forma de reverter esse movimento?

Do nosso ponto de vista atual, a resposta parece óbvia: as cidades industriais não estavam inevitavelmente fadadas a ser assassinas em massa. Hoje, muitas cidades que comportam populações de dezenas de milhões estão entre as que têm as maiores expectativas de vida do planeta — e as menores taxas de mortalidade infantil. Mas a resposta já era visível no final do século xix. A partir dos anos 1860, as cidades industriais da Inglaterra começaram a passar por um declínio significativo na mortalidade, o qual pela primeira vez permeava toda a população, e não só as comunidades rurais ou a elite aristocrática. Essa diminuição marcou o verdadeiro ponto de origem da grande saída, uma transformação demográfica que se estenderia ao mundo todo no século seguinte. Em retrospectiva, a epidemia de cólera do East End de 1866 acabou não sendo uma continuação das décadas funestas de mortalidade em massa da era industrial: foi o começo do fim. E o avanço mais importante que levou ao primeiro aumento constante na expectativa de vida não veio da medicina ou da saúde. Mais que qualquer outra coisa, o primeiro movimento da grande saída foi um triunfo da coleta de dados.

No relatório de 1843, Farr também voltou sua atenção para outro padrão intrigante nos dados que havia reunido: o que ele chamou de leis de ação das epidemias, agora conhecidas pelos epidemiologistas como leis de Farr. Analisando um surto de varíola em Liverpool, ele dividiu a contagem da mortalidade em dez períodos separados. "A mortalidade aumentou até o quarto período registrado; as mortes no primeiro foram 2513;

no segundo, 3289; no terceiro, 4242; e pode-se perceber à primeira vista que esses números aumentaram quase à taxa de 30%." Mas a taxa de aumento, observou ele, "só sobe para 6% no período seguinte, onde permanece estacionária, como um projétil no alto da curva que está destinado a descrever".[5] A lei de Farr foi a primeira tentativa de formular matematicamente a ascensão e a queda das doenças contagiosas. Todos os modelos que alimentaram a angústia individual e o escrutínio público na pandemia do novo coronavírus — os modelos do Imperial College de Londres que fizeram o primeiro-ministro Boris Johnson desistir da estratégia inicial de imunidade de rebanho; as projeções de covid-19 da Universidade de Washington que muito influenciaram a Casa Branca de Trump —, todas essas previsões descendem das leis de ação esboçadas originalmente por Farr em 1843. Quando falamos sobre achatar a curva, a curva em questão foi desenhada pela primeira vez por William Farr.

SE VOCÊ PEDIR AOS historiadores da medicina para indicar um ponto de virada crucial na relação de Londres com o cólera — e com a batalha mais abrangente contra a mortalidade urbana —, a maioria deles não dirá que foi o final de junho de 1866. O marco muito mais conhecido é o de 8 de setembro de 1854, o dia em que um conselho paroquial do Soho retirou a manivela de uma bomba d'água no número 40 da Broad Street numa tentativa de deter um dos surtos de cólera mais devastadores da história de Londres. A manivela foi removida por insistência do dr. John Snow, que argumentava há mais de quatro anos que o cólera era uma doença causada por fontes

Estatísticas vitais: Dados e epidemiologia

de água contaminada, e não transmitida pelo ar poluído, como afirmava a então prevalecente teoria dos "miasmas". Quando o cólera bateu à sua porta, na última semana de agosto, Snow imediatamente percebeu que a intensa concentração do surto sugeria a existência de um único "ponto de origem" que fazia as pessoas adoecerem, e que um rápido trabalho de investigação determinando a localização dos mortos — e o que eles bebiam — poderia revelar uma fonte específica de água contaminada. A identificação dessa fonte talvez encerrasse o surto e finalmente convencesse as autoridades de que a teoria de Snow da transmissão pela água estava correta. Como parte de sua investigação, ele elaborou um mapa do surto da Broad Street que ficou famoso, representando cada morte na vizinhança com um traço preto colocado na residência associada ao óbito. O mapa merece seu lugar de destaque como uma das obras cartográficas mais influentes da história, tão importante, à sua maneira, quanto os primeiros mapas que conduziram os navegadores ao redor do mundo durante o "intercâmbio colombiano". Naqueles traços pretos espalhados pela malha de ruas do Soho, Snow tentava visualizar algo tão distante da percepção humana quanto a costa das Américas para os europeus antes de 1492: os padrões de transmissão dos agentes microscópicos que causavam o cólera em seres humanos.

Snow há muito suspeitava que a água potável de Londres continha algum tipo de microrganismo desencadeador da violenta diarreia que matava as vítimas de cólera, e passou horas no laboratório de sua casa examinando ao microscópio amostras de água de várias fontes. Mas a tecnologia de fabricação de lentes da época não era suficientemente avançada para permitir que ele visse a bactéria — *Vibrio cholerae* — que agora sabemos ser a causadora da doença. (Ainda se passariam três décadas antes que o microbiologista alemão Robert Koch a identificasse.) Mas Snow reconheceu que havia outras maneiras de enxergar o agente. Em vez do zoom do microscópio, adotou a visão panorâmica, percebendo o agente de forma indireta, por meio da distribuição espacial das mortes que ele causava. Como os gráficos de tabela de vida de Farr sobre Surrey, Londres e Liverpool, Snow formulou uma teoria empírica usando ferramentas de apresentação visual de dados. Mas as tabelas de vida de Farr só sugeriam um problema geral a ser resolvido: alguma coisa na densidade da vida urbana estava matando pessoas em um ritmo alarmante. O mapa de Snow, por sua vez, sugeria uma causa específica — e um remédio específico. Pessoas morriam porque bebiam água contaminada, não porque respiravam gases nocivos. Para que as pessoas parassem de morrer, era preciso sanear o abastecimento de água.

A retirada da manivela da bomba d'água da Broad Street — e o mapa pioneiro de Snow — serve como ponto de referência da revolução vitoriana na saúde pública por dois motivos. Embora essa revolução tenha envolvido uma série de intervenções diferentes, de longe a mais importante foi a descontaminação do abastecimento público de água potável. E a história da manivela da bomba d'água demonstra que intervenções de saúde eficazes podem ser feitas sem se precisar realmente entender — ou mesmo conseguir ver — os mecanismos biológicos que causam as epidemias.

Mas essa história também é um bom marco graças ao seu poder narrativo: um rebelde médico detetive, desafiando as autoridades em meio a um terror inacreditável, cujo método investigativo e empírico acaba transformando nossa compreen-

Estatísticas vitais: Dados e epidemiologia 117

são de uma doença e salvando milhões incontáveis de vidas nas décadas seguintes. No meu caso, tenho uma relação pessoal com a história de Snow, pois há muitos anos escrevi um livro inteiro sobre o surto de 1854.[6] Originalmente, fui atraído por essa história precisamente porque parecia ser uma daquelas narrativas clássicas de "gênios solitários", com Snow no papel principal: a batalha de um forasteiro com os poderes constituídos. Era basicamente como havia sido contada na maioria dos relatos populares até aquele momento.

Mas, assim que comecei minhas pesquisas para o livro, logo percebi que o modelo do gênio solitário distorcia de forma significativa as forças causais que se juntaram para remover a manivela da bomba d'água e derrubar a teoria dos miasmas de forma geral. Condensava uma rede num só indivíduo. William Farr foi inegavelmente um dos membros dessa rede. Snow confiou muito nas técnicas de coleta de dados das quais Farr foi pioneiro nas duas décadas anteriores, mantendo um diálogo intelectual com o estatístico ao longo de suas investigações sobre o cólera. Outro membro da rede foi um vigário local chamado Henry Whitehead. Seguindo os passos da gestão de Cotton Mather como defensor da variolação, Whitehead se envolveu no caso realizando uma investigação amadora paralela à de Snow: primeiro tentou refutar a teoria da fonte contaminada, mas paulatinamente mudou de ideia, a partir dos dados. Acabou se tornando parceiro de Snow, e na verdade foi ele quem identificou o "paciente zero" do caso, uma menina de seis meses — conhecida apenas como Bebê Lewis — que contraiu o cólera no número 40 da Broad Street e contaminou a água do poço com seus dejetos. (O poço era separado da fossa no porão da casa 40 por uma parede de tijolos deteriorados.)

Whitehead também conseguiu reunir dados adicionais sobre as mortes na vizinhança — bem como rastrear os moradores que fugiram do Soho e morreram no interior — graças às suas raízes profundas na comunidade. Pode-se argumentar de forma convincente que, sem as contribuições de Whitehead, a pesquisa de Snow sobre o surto da Broad Street não teria convencido as autoridades de que sua teoria da transmissão pela água estava correta, e a ortodoxia reinante a respeito dos miasmas poderia ter prosseguido por décadas. Como costuma acontecer nas mudanças sociais importantes, a revolução em nosso entendimento sobre a relação entre água e doenças exigiu vários atores de inúmeras especialidades: a plataforma de dados com código aberto de Farr; o trabalho de detetive epidemiológico e as habilidades cartográficas de Snow; a inteligência para o social de Whitehead.

Saber que o cólera resultava de fontes de água contaminadas foi apenas parte da solução. Para realmente fazer algo a respeito da doença, Londres teve de eliminar a bactéria *Vibrio cholerae* de sua água potável, separando os dejetos da cidade do sistema de abastecimento de água. E isso exigiu a construção de uma das maiores conquistas da engenharia no século XIX: a rede de esgoto de Londres.

Supervisionado pelo brilhante e infatigável Joseph Bazalgette, o projeto eliminou a rede inteiramente desordenada de canos de dejetos e drenagem que vinha se acumulando por séculos sob as ruas da cidade, substituindo-a por um sistema organizado de tubulação percorrendo um total de 122 quilômetros, usando 300 milhões de tijolos, incluindo as enormes linhas de interceptação que correm ao longo das duas margens do Tâmisa e evitando que os resíduos da cidade fluíssem en-

Estatísticas vitais: Dados e epidemiologia

costa abaixo para o rio. (Os turistas que passeiam pelos aterros de Victoria ou Chelsea, apreciando o horizonte movimentado de Londres, desfrutam sem saber de uma estrutura construída com o objetivo de manter a água potável da cidade livre da *Vibrio cholerae*.) Espantosamente, as linhas principais do projeto tornaram-se funcionais depois de apenas seis anos de trabalho.

A nota de rodapé interessante para essa história é que William Farr continuou a acreditar na teoria dos miasmas por muito mais tempo do que poderíamos imaginar, considerando os dados que ele mesmo reuniu e seu apetite geral para testar e confrontar suas hipóteses. Ao longo de sua carreira, Farr apegou-se a uma estranha discriminação contra assentamentos humanos em terrenos mais baixos, surgida parcialmente dos dados que reuniu mostrando taxas de mortalidade mais altas próximo às margens do Tâmisa. Farr acreditava que havia gases nocivos que contaminavam o ar nas fronteiras pantanosas entre a terra e a água, e produziu uma série de gráficos engenhosos combinando taxas de mortalidade e mapas topográficos para provar sua teoria. (No final das contas, o nexo causal entre a elevação e a doença estava, mais uma vez, na água potável: quanto mais longe você morasse do Tâmisa, maior a probabilidade de ter água de uma fonte menos contaminada.) A preferência de Farr por terrenos mais elevados acabou se transformando numa forma bizarra de preconceito topográfico, segundo o qual as maiores conquistas da civilização só surgem em culturas que habitam terras mais altas. "O povo criado em litorais pantanosos e margens baixas de rios, onde a pestilência é gerada, vive de forma sórdida, sem liberdade, sem poetas, sem virtude, sem ciência", escreveu ele em um trecho particularmente chocante.

Eles não inventam nem praticam as artes; não têm hospitais, nem castelos, nem moradias dignas de habitar [...]. São conquistados e oprimidos por incursões sucessivas das raças mais fortes e parecem incapazes de qualquer forma de sociedade, exceto aquela em que são escravizados.[7]

A teoria de Farr, da altitude como fator de doenças, fazia pouco sentido tanto médica quanto historicamente: basta pensar em Veneza ou nas grandes civilizações do delta do Nilo para perceber o quanto ele estava enganado. Mas, apesar do estranho domínio que a topografia exerceu sobre seus modelos interpretativos, ele acabou se tornando um defensor da teoria da transmissão do cólera pela água. A conversão de Farr à teoria de Snow seria posta à prova de maneira particularmente radical durante o verão de 1866, quando a equipe de Bazalgette estava terminando o trabalho nos esgotos de Londres.

Contando então já mais de sessenta anos, Farr ainda ajudava a supervisionar a produção dos relatórios anuais do GRO, bem como os *Resultados semanais de nascimentos e mortes* em que Snow se baseou para seus estudos na Broad Street. Examinando os *Resultados* de julho de 1866, Farr notou o estranho aumento nas mortes por cólera no East End. A doença andava quase inerte desde a epidemia de 1854, e os esgotos de Bazalgette estavam em operação, tornando o surto ainda mais intrigante. Um Farr mais jovem poderia ter voltado seu foco imediatamente para os mapas topográficos, calculando onde estavam as mortes em relação ao nível do mar. Mas aos sessenta e poucos anos, ele era um homem diferente, um "miasmista" reformado. Tinha visto em primeira mão Snow desenvolver a teoria da transmissão pela água. Com a taxa de

Estatísticas vitais: Dados e epidemiologia 121

mortalidade aumentando a cada semana, não se preocupou em verificar os números dos dados referentes a altitude; em vez disso, imediatamente começou a investigar as fontes de água potável na vizinhança.

Em meados dos anos 1860, uma porção significativa até mesmo das comunidades da classe trabalhadora era abastecida de água por empresas privadas, que direcionavam os encanamentos para endereços específicos, como fazem hoje as empresas de TV a cabo. Farr decidiu classificar a população que morrera no surto recente não por residência, mas pela empresa que fornecia a água potável. A primeira tentativa grosseira de reunir os dados revelou um padrão claro: um número esmagador de casos era de pessoas abastecidas pela East London Waterworks Company. Em poucos dias, Farr espalhou cartazes por todo o East End, alertando os moradores para não beberem "qualquer água que não tenha sido fervida".

A investigação então se voltou para a empresa abastecedora, que afirmou que sua água era filtrada de modo eficaz nos novos reservatórios cobertos. Um dos principais investigadores do caso tinha lido um livro de memórias sobre o surto da Broad Street de 1854, escrito pelo vigário que ajudou John Snow em suas pesquisas sobre a comunidade. Como Snow já tinha morrido, o investigador considerou que seu ex-parceiro poderia ser útil para rastrear a causa do surto do East End. E foi assim que o reverendo Henry Whitehead se viu mais uma vez fazendo trabalho de detetive, batendo pernas pelas ruas de Londres, caçando um assassino foragido. Em agosto, eles descobriram as linhas de contaminação: um dos reservatórios da East London não tinha sido devidamente isolado do vizinho rio Lea. Analisando os *Resultados semanais* do início daquele verão, os investigadores descobriram as mortes do sr. e da sra. Hedges, que viviam perto do reservatório. Um exame da residência mostrou que o banheiro despejava resíduos diretamente no rio.

O episódio de Snow e da bomba d'água foi corretamente considerado um ponto de referência da epidemiologia moderna e da saúde pública, um daqueles momentos da história em que os seres humanos acionam um novo tipo de interruptor. Mas só algumas das peças-chave estavam no lugar durante a epidemia da Broad Street. Por diversas razões, o surto de 1866 deve ser considerado um marco igualmente importante. Em 1854, os atores estatais eram apenas marginalmente importantes: Snow era um desconhecido e a maioria das autoridades públicas ainda estava nas garras dos miasmas. Sim, Farr elaborava os relatórios de mortalidade, mas os números do setor público eram mais um obstáculo que qualquer outra coisa. Por volta de 1866, entretanto, todo o sistema foi reunido: Bazalgette havia construído suas linhas de interceptação; Farr tinha seus dados; a teoria da transmissão pela água tornara-se um modelo aceito pela maioria daqueles que tomavam decisões em saúde pública. Esse sistema integrado foi capaz de detectar rapidamente um novo surto, contê-lo e implementar mudanças na arquitetura do fornecimento de água existente, impedindo o desenvolvimento de surtos futuros.

O sucesso se provou duradouro. A crise de East London acabou sendo o último surto de cólera registrado na cidade. A *Vibrio cholerae* havia chegado em 1832, após uma longa marcha pela Europa. Por uma ou duas décadas, ameaçou se tornar uma assassina na escala da varíola ou da tuberculose. E depois foi eliminada. Para Londres, pelo menos, o cólera foi retirado do catálogo de males para nunca mais voltar.

Estatísticas vitais: Dados e epidemiologia

FARR E SNOW, com suas diferentes abordagens, deixaram claro que o uso habilidoso de estatísticas vitais criava novas formas de ver as realidades de doenças e da saúde nas populações humanas. As tabelas de vida de Farr expuseram as desigualdades na expectativa de vida que afligiam os centros urbanos; o mapa de Snow revelou o inimigo transmitido pela água que causava o cólera, embora a própria bactéria ainda não fosse visível para a ciência. No final do século XIX, outro pioneiro no uso de dados empregou mapas e epidemiologia experimental para estabelecer um avanço comparável na nossa percepção da saúde humana: o polímata e intelectual afro-americano William E. B. Du Bois.

Hoje Du Bois é mais conhecido como ativista dos direitos civis, fundador da Associação Nacional para o Progresso de Pessoas de Cor (NAACP, na sigla em inglês) e autor do livro seminal *As almas da gente negra*, sobre a experiência afro-americana. Mas sua carreira começou com o estudo de um bairro negro na Filadélfia, publicado em 1899 na forma de um livro intitulado *The Philadelphia Negro*. Embora, corretamente, o livro tenha passado a ser visto como um trabalho inovador de sociologia, antecipando muitas das técnicas usadas pela Escola de Chicago nas décadas subsequentes, ele também merece crédito por ajudar a inventar uma nova maneira de pensar sobre saúde pública, disciplina às vezes denominada epidemiologia social. Du Bois foi o primeiro a demonstrar um fato desalentador que continuou a atormentar os Estados Unidos na era da covid-19: os afro-americanos morriam em taxas mais altas que suas contrapartes brancas, e uma parcela da explicação para essa disparidade estava na forma como o ambiente em que viviam fora moldado pelas forças opressivas do racismo.

Du Bois tinha quase trinta anos quando chegou à Filadélfia, em 1896, para o período de um ano como "assistente de sociologia". Depois de concluir seu doutorado em Harvard — o primeiro afro-americano a obter essa formação —, ele passou dois obstinados anos na Europa fazendo um trabalho de pós-doutorado na Universidade de Berlim. Nos primeiros tempos como aluno de graduação em Harvard, estudara filosofia com luminares como William James e George Santayana. Mas James advertira Du Bois de que a carreira de filósofo era um desafio para qualquer pessoa "sem meios independentes", e o clima político dos anos 1890 o levou cada vez mais a concentrar seu prodigioso intelecto no que era então chamado de "problema do negro". Uma onda de artigos de jornal sensacionalistas e de trabalhos acadêmicos superficiais, com títulos como "Características raciais e tendências do negro americano", abordavam os altos índices de pobreza e crime entre os afro-americanos, ressaltando principalmente supostas deficiências da própria "raça negra". Du Bois começou a pensar que as ferramentas embrionárias da sociologia podiam ser empregadas para examinar os desafios das comunidades afro-americanas com lentes científicas e baseadas em dados, isentas do preconceito explícito que tanto prejudicava os comentários sobre o "problema do negro".

Na Filadélfia, vários progressistas abastados — muitos deles pertencentes à antiga população quaker — vinham observando o aumento do crime e da pobreza no Sétimo Distrito da cidade com uma sensação cada vez mais alarmante. O distrito era formado por uma rede de dezoito quarteirões ao longo do rio Schuylkill. Como o Soho e o East End que Farr e Snow analisaram, a região é hoje uma mistura próspera de restaurantes e

Estatísticas vitais: Dados e epidemiologia

butiques sofisticados e casas reformadas, mas no século xix era uma paisagem desolada de degradação urbana. Ao contrário dos bairros de Londres, no entanto, a crise que se desenvolvia no Sétimo Distrito tinha claras implicações raciais: nas décadas que se seguiram ao fim da Guerra Civil, o bairro se tornou a maior comunidade afro-americana da Filadélfia. "Por tantos [afro-americanos] morarem lá", escreve David L. Lewis, o biógrafo de Du Bois,

> por muitos deles serem muito pobres, por muitos terem chegado recentemente do Sul, por serem responsáveis por tantos crimes e por se destacarem pela cor e a cultura de forma tão flagrante aos olhos de seus vizinhos brancos, a área era a desgraça da respeitável Filadélfia, com sua população personificando as "classes perigosas" que perturbavam o sono da pequena nobreza modernizadora.[8]

Em 1895, ficou claro para a elite da Filadélfia que o Sétimo Distrito — e outros bairros predominantemente afro-americanos da cidade — passava por um ciclo de pobreza e violência, o que no século seguinte viria a ser chamado de crise das "cidades internas". Por acaso, um dos brancos da Filadélfia que moravam perto do Sétimo Distrito era a filantropa progressista Susan Wharton, que passara os dez anos anteriores financiando uma série de instituições de caridade com o objetivo de beneficiar a comunidade afro-americana da cidade. Susan convenceu o reitor da Universidade da Pensilvânia acerca da necessidade de haver um "observador capacitado" para compreender os crescentes problemas do Sétimo Distrito — de preferência um observador afro-americano. Dado seu histórico acadêmico brilhante e seu recente trabalho sociológico na Europa, Du Bois era o homem certo para o trabalho. E assim, no verão de 1896, ele e a esposa se mudaram para um apartamento de um cômodo no número 700 da Lombard Street, no extremo leste do distrito.

SUPERFICIALMENTE, a descrição do que seria o trabalho de Du Bois, tal como delineada pelo corpo docente da Universidade da Pensilvânia, sugeria um modo empírico de investigação:

> Queremos saber precisamente como vive essa classe de pessoas; quais ocupações elas conseguem; de quais são excluídas; quantos de seus filhos vão à escola; para averiguar todos os fatos que irão lançar luz sobre este problema social.[9]

Mas Du Bois entrou no projeto bem ciente de que seus patrocinadores — apesar dos ideais progressistas — ainda se apegavam a tendências racistas quanto à natureza essencial do problema. Mais tarde, ele assim definiria a suposição tácita: "Algo está errado com uma raça que é responsável por tantos crimes". O jovem estudioso decidiu combater esse preconceito com uma prodigiosa exibição do trabalho investigativo sociológico, um estudo da vizinhança ainda mais abrangente e penetrante do que o realizado por John Snow no Soho quarenta anos antes. Ele escreveria mais tarde:

> O problema estava diante de mim. Eu o estudei pessoalmente, e não apenas por procuração. Não mandei pesquisadores de porta em porta. Fui lá eu mesmo [...]. Procurei dados nas bibliotecas da

Filadélfia, em muitos casos tive acesso a bibliotecas particulares de negros [...]. Mapeei o distrito, classificando-o por condições.

Durante meses, Du Bois saía de casa todas as manhãs, "equipado com bengala e luvas", e começava uma exploração de oito horas no Sétimo Distrito, batendo nas portas, entrevistando moradores sobre suas vidas no trabalho e com as famílias, inspecionando as condições das residências. Ao final da pesquisa, havia passado mais de oitocentas horas documentando as condições de vida do bairro, tendo visitado mais de 2 mil famílias em apenas três meses de trabalho. Alguns dos dados que tabulou a partir de seu levantamento seriam depois apresentados, como Snow fizera, na forma de um mapa, com cada parte do distrito codificada por cores para denotar cinco classes de ocupantes, que Du Bois denominou: "as classes degradadas e criminosas", "os pobres", "os trabalhadores", "as classes

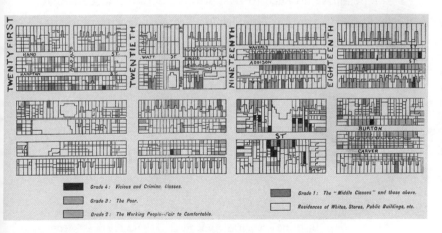

Detalhe do mapa do Sétimo Distrito da Filadélfia elaborado por W. E. B. Du Bois, 1899.

médias" e as residências pertencentes a brancos ou empresas comerciais.

Os códigos de cor foram em si uma revelação para os progressistas da Filadélfia que moravam nos limites do bairro, documentando a existência de uma estrutura de classes distinta *dentro* da comunidade afro-americana, que podia ser claramente vista na distribuição espacial das diferentes categorias no mapa: as classes destituídas e criminosas amontoadas a leste da Seventeenth Street, as famílias mais afluentes prosperando nas fronteiras oeste do bairro, onde se misturavam com vizinhos brancos. Essa apresentação visual e a prosa detalhada que a acompanhava acabaram por conferir ao *The Philadelphia Negro* o merecido lugar como uma das obras seminais e iniciais de sociologia urbana, ao lado dos famosos mapas da pobreza londrina elaborados por Charles Booth nos anos 1880 e dos mapas de Jane Addams da Hull House* de Chicago, compilados um ano antes de Du Bois começar sua pesquisa no Sétimo Distrito. No entanto, a realização de Du Bois com *The Philadelphia Negro* ainda é amplamente subestimada, pois ele também deu um passo significativo para a ciência da análise das disparidades na saúde humana. Como *sociólogo*, Du Bois foi um pioneiro trabalhando na vanguarda de seu campo; como *epidemiologista social*, analisando e explicando a disparidade nos resultados de saúde entre as populações brancas e negras, estava pelo menos meio século à frente de todos os outros.

---

* Hull House: instituição e abrigo fundado em Chicago em 1889 com o objetivo de proporcionar oportunidades sociais e educacionais à classe trabalhadora, inclusive imigrantes recém-chegados da Europa. (N. T.)

Estatísticas vitais: Dados e epidemiologia 129

Repercutindo o grande projeto de *The Philadelphia Negro*, Du Bois começou a combater o preconceito padrão da época: de que havia algo intrínseco à raça negra que causava taxas de mortalidade mais altas em suas comunidades. "Quando se chama a atenção para a alta taxa de mortalidade dessa raça", explicou Du Bois,

> há uma disposição entre muitos de concluir que a taxa é anormal e sem precedentes, e que, como a raça está fadada à extinção precoce, pouco resta a fazer a não ser moralizar as espécies inferiores. Ora, o fato é que, como qualquer estudante de estatística sabe, considerando o atual avanço das massas de negros, a taxa de mortalidade não é maior do que se poderia esperar; ademais, não existe hoje uma nação civilizada que não tenha apresentado nos últimos dois séculos uma taxa de mortalidade igual ou superior à desta raça.[10]

Usando técnicas que teriam impressionado William Farr, Du Bois expôs as evidências estatísticas para as taxas de mortalidade mais altas de afro-americanos no Sétimo Distrito (e na Grande Filadélfia) em mais de uma dúzia de gráficos e tabelas. Em média, os negros morriam a uma taxa cerca de 5% superior à de seus vizinhos brancos. E, apesar de nunca ter calculado as taxas de expectativa de vida da comunidade, Du Bois incluiu vários gráficos no estilo das tabelas de vida de Farr que mostravam uma lacuna chocante entre famílias negras e brancas em termos de mortalidade infantil. Os negros da Filadélfia tinham uma probabilidade duas vezes maior que seus vizinhos brancos de morrer antes dos quinze anos.

Se Du Bois só tivesse documentado essas desigualdades de saúde racial com evidências estatísticas formidáveis, *The*

Philadelphia Negro já teria sido um marco importante no desenvolvimento das "estatísticas vitais" — com base nas tabelas de vida de Farr que expuseram as desigualdades entre a cidade e o campo. Mas ele sabia que precisava fazer mais do que apenas documentar a diferença, em vista dos preconceitos raciais da época. Mais importante, ele teve de *explicar* a diferença para demonstrar que não era apenas uma consequência inevitável de o Sétimo Distrito ser habitado por uma "espécie inferior". Aqui, Du Bois trouxe o social para a epidemiologia social, usando sua exaustiva pesquisa das condições do bairro para revelar as causas ambientais que levavam a tais disparidades espantosas na saúde. E relacionou essas condições físicas a forças maiores de discriminação — o que hoje chamaríamos de racismo sistêmico — em ação na cidade.

Ele escreveu:

Em termos gerais, os negros como classe habitam as partes mais insalubres da cidade, e as piores casas dessas partes [...]. Das 2441 famílias, só 334 tinham acesso a banheiros e vasos sanitários, ou 13,7%. Mesmo essas 334 famílias têm acomodações ruins na maioria dos casos. Muitos dividem o uso de um banheiro com uma ou mais famílias. As banheiras em geral não têm água quente e muitas vezes nenhum encanamento. Essa situação se deve em grande medida ao fato de o Sétimo Distrito pertencer à área mais antiga da Filadélfia, construída quando as casinhas das latrinas eram restritas aos quintais e não havia espaço para banheiros nos lares pequenos. Isso não era tão insalubre quando as casas não eram tão densamente habitadas e ainda havia grandes quintais nos fundos. Hoje, no entanto, os quintais foram ocupados por cortiços, e os maus resultados sanitários transparecem na taxa de mortalidade dos hospitais.[11]

Estatísticas vitais: Dados e epidemiologia

As visitas pessoais de Du Bois também proporcionaram um ponto de vista singular para compreender a escala do problema de superlotação do Sétimo Distrito. Em sua pesquisa, ele documentou dois apartamentos onde dez pessoas dividiam um único quarto, e mais de cem casos em que os apartamentos eram ocupados por quatro ou mais moradores por quarto. Ele explicou como a realidade econômica e o preconceito arraigado da cidade tornaram inevitável que os afro-americanos vivessem em ambientes tão insalubres.

O fato inegável de a maioria dos brancos da Filadélfia preferir não morar perto de negros limita muito o negro na escolha de uma casa, particularmente na escolha de uma casa barata. Além disso, sabendo da oferta limitada, os corretores de imóveis em geral aumentam o aluguel em um ou dois dólares para inquilinos negros, isso se não os recusarem terminantemente [...]. No mundo econômico, a massa de negros presta serviço aos ricos — trabalhando em casas particulares, hotéis, grandes lojas etc. Para manter o emprego, eles precisam viver nas proximidades [...]. Assim, fica claro que a natureza do trabalho do negro o obriga a se aglomerar no centro da cidade, muito mais que no caso da massa de trabalhadores brancos.

O fato de tantos afro-americanos morrerem precocemente de doenças contagiosas como a tuberculose não era resultado de alguma propensão inerente à doença na "raça negra", como Du Bois explicita; era consequência indireta da maneira como a sociedade foi organizada canalizando os afro-americanos para os espaços mais insalubres de toda a cidade. Não seria possível resolver a crise de saúde do Sétimo Distrito simplesmente exigindo que os afro-americanos adotassem estilos de vida mais saudáveis; para que esses resultados de saúde melhorassem, todo o sistema precisava mudar.

A exemplo das incursões originais de Farr e Snow nas estatísticas vitais, as inovações na análise de dados introduzidas por Du Bois continuam a desempenhar um papel essencial na nossa batalha contra as ameaças à saúde do século XXI. Os afro-americanos continuam atrás dos americanos brancos em expectativa de vida e mortalidade infantil; a covid-19 teve um impacto desproporcional nas comunidades negras dos Estados Unidos, em parte porque essas comunidades continuam morando em residências de alta densidade, onde doenças respiratórias podem se espalhar facilmente. As iniquidades de saúde reveladas por esse tipo de epidemiologia social geraram um novo campo de pesquisa, que estuda a maneira como a pobreza e a discriminação causam problemas de saúde a longo prazo, em grande parte por meio do efeito deletério do estresse crônico no corpo. Farr e Snow usaram dados para demonstrar como a infraestrutura física da cidade industrial cultivava doenças; Du Bois reuniu um conjunto de dados comparável e o relacionou à questão mais ampla do próprio preconceito.

ANOS DEPOIS DO ESTUDO em conjunto do surto de cólera de 1854, Henry Whitehead escreveu que Snow uma vez lhe dissera:

> Eu e você podemos não viver para ver esse dia, e meu nome estará esquecido quando chegarmos lá; mas haverá um tempo em que grandes surtos de cólera serão coisas do passado; e é o

Estatísticas vitais: Dados e epidemiologia

conhecimento da forma como a doença se propaga que fará com que desapareçam.

Snow estava totalmente correto em sua profecia sobre o declínio das epidemias de cólera, embora estivesse errado sobre o esquecimento de seu nome. Hoje, em Londres, uma réplica da bomba d'água — com uma pequena placa comemorando a descoberta — encontra-se na calçada onde ficava o número 40 da Broad Street, ao lado de um pub de esquina agora conhecido como The John Snow. Os profissionais de saúde pública fazem peregrinações regulares ao local; alguns assinam um livro de visitas no pub. Mas é impressionante considerar esse memorial da bomba d'água à luz de outros pontos turísticos de Londres. Muitos dos maiores memoriais públicos das grandes cidades são dedicados a heróis e eventos militares: pense em Lord Nelson imponente na Trafalgar Square, ou no monumento da Guerra Civil na Grand Army Plaza, perto de onde moro, no Brooklyn. Mas o memorial da bomba d'água é um dos poucos monumentos urbanos que já vi dedicado a um avanço na saúde pública. E, claro, está em escala e quase totalmente invisível, a menos que você chegue bem perto; quem passar pelo outro lado da rua talvez nem chegue a notá-lo. As pesquisas de Du Bois têm um memorial de tamanho comparável: uma placa no Sétimo Distrito dizendo que o "pesquisador, educador e ativista afro-americano" vivia na vizinhança "enquanto coletava dados para seu clássico estudo *The Philadelphia Negro*".

Há algo errado no número e na escala dessas proporções dos memoriais de guerra em comparação com a bomba d'água na Broad Street ou a placa de Du Bois no Sétimo Distrito. Para ser claro, as vidas perdidas na Batalha de Trafalgar ou durante a

Guerra Civil Americana merecem os memoriais que têm. Mas a bomba d'água, de certa forma, nos lembra um tipo diferente de história: é um monumento às vidas *salvas*, às centenas de milhares ou milhões de pessoas que não morreram de cólera, em parte porque um médico local observou na vizinhança um padrão nos dados de mortalidade e mudou nossa compreensão acerca das doenças epidêmicas. (E porque um estatístico e um padre ajudaram a tornar esse padrão visível.) A história dos últimos dois séculos está repleta de triunfos comparáveis a esse, de avanços que moldaram nossa existência cotidiana de maneira inestimável, particularmente em grandes áreas metropolitanas, onde doenças epidêmicas ainda eram uma realidade diária poucas gerações atrás. Por que não comemorar esses triunfos de forma tão visível quanto celebramos as vitórias militares?

A natureza desigual do número desses monumentos se reflete em um desequilíbrio ainda mais material: a diferença de financiamento entre as instituições de saúde pública e as Forças Armadas. Os Estados Unidos gastam cerca de 8 bilhões de dólares por ano com a instituição que deriva diretamente do trabalho pioneiro de Farr e de Snow: os CDC. Em comparação, os militares americanos gastam quase o dobro desse valor só em sistemas de defesa situados no espaço. O gasto total com a defesa nacional é de quase 1 trilhão de dólares. Enquanto escrevo, o número de americanos que morreram de covid-19 em seis meses é mais da metade do total de mortos do país em todas as guerras do século XX. A pandemia deixou claro que enfrentamos ameaças muito maiores de micróbios que de nossos antagonistas humanos. E o grande número de vidas salvas graças a estatísticas vitais e intervenções de saúde pública

Estatísticas vitais: Dados e epidemiologia

a elas relacionadas nos lembra que são organizações como a OMS ou os CDC que historicamente têm feito o trabalho mais importante para nos manter seguros.

Existe um problema de percepção intrínseco à avaliação desse trabalho, que não se manifesta nos ícones visíveis da modernidade: fábricas, arranha-céus, foguetes. Os progressos tiveram origem em outro lugar, literalmente fora da nossa vista: na redução de microrganismos invisíveis na nossa água potável, em canos de esgoto construídos abaixo do solo, em publicações obscuras de dados tabulados. O fato de as conquistas serem difíceis de ver — e, portanto, sub-representadas nos nossos memoriais e em nossos gastos governamentais — não deve ser uma desculpa para manter nosso foco nos caças a jato e nas armas nucleares. Ao contrário, deveria nos inspirar a corrigir essa perspectiva.

4. Um leite mais seguro:
Pasteurização e cloração

EM MAIO DE 1858, não muito depois de John Snow ter descoberto a origem da epidemia de cólera naquele poço do Soho, um jornalista progressista do Brooklyn chamado Frank Leslie publicou uma reportagem denunciando outro assassino brutal que atormentava as ruas de uma grande metrópole. O artigo não teve dúvidas ao estabelecer a escala do crime que estava documentando: certas figuras malévolas eram responsáveis pela morte de incontáveis crianças, o que Leslie chamou de "chacina de inocentes". "Para o assassino da meia-noite", trovejou, "nós temos a corda e a forca; para o ladrão, a penitenciária; mas para aqueles que assassinam nossos filhos aos milhares não temos censura ou castigo."[1]

Isso foi na época das *Gangues de Nova York*, e por isso se poderia presumir que Leslie estivesse denunciando o submundo do crime. Suas frequentes referências ao "veneno líquido" poderiam ter sugerido que o texto defendia a abstinência, como muitos publicados durante aquele período lamentando a destruição social perpetrada pelo álcool. Mas os assassinos em massa que ele realmente tinha em mira talvez pareçam um tanto incongruentes para o leitor moderno. Leslie não protestava contra mafiosos ou traficantes de drogas. Ele denunciava os produtores de leite.

Um leite mais seguro: Pasteurização e cloração   137

O leite está tão associado à saúde e à pureza no mundo moderno que é difícil imaginar que tenha sido, não muito tempo atrás, um dos principais responsáveis pela mortalidade infantil, potencialmente tão letal quanto o abastecimento de água contaminada que disseminou o cólera em tantas cidades do mundo. Em meados do século xix, enquanto Nova York passava por um crescimento populacional descontrolado, a taxa de mortalidade infantil se aproximava de 50%, quase comparável à carnificina documentada por Farr na área industrial de Liverpool. No início do século, na maioria das grandes cidades americanas, um quarto de todas as mortes relatadas era de crianças com menos de cinco anos, número ainda chocante para os padrões modernos. Mas, na década de 1840, mais da metade de todas as mortes em Nova York era de bebês e crianças pequenas. Algo na cidade de fato "chacinava inocentes", como disse Leslie — e aparentemente em um ritmo acelerado. Algumas dessas mortes eram atribuídas a doenças transmitidas pela água, em particular o cólera, concentradas em terríveis epidemias que sitiaram a cidade em 1832 e 1849. Mas, em outros anos, a principal causa de morte parece ter sido o leite contaminado. E embora as vítimas fossem sobretudo crianças, muitos adultos também constavam entre os óbitos. Em 1850, após lançar a pedra fundamental do Monumento a Washington, o décimo segundo presidente dos Estados Unidos, Zachary Taylor, morreu no cargo depois de beber o que muitos acreditam ter sido um copo de leite contaminado.

Beber leite animal — prática tão antiga quanto a própria domesticação de animais — sempre apresentou riscos à saúde, seja por infecções transmitidas pelo próprio animal, seja pela deterioração do leite. Mas uma confluência de eventos nas primeiras décadas do século XIX tornou o leite de vaca muito mais mortal do que em tempos anteriores. Graças às suas raízes holandesas, a ilha de Manhattan tinha uma longa tradição de produção de leite para os nova-iorquinos, organizada no extremo sul da ilha e em fazendas espalhadas pelas áreas ainda rurais no norte de Manhattan e no Brooklyn. Porém, à medida que a cidade colonizou rapidamente essas regiões durante o século XIX, as terras agrícolas tradicionais desapareceram. Em uma época sem refrigeração, nos meses de verão o leite azedava se fosse trazido de pastagens distantes, de Nova Jersey ou do interior do estado. Produtores de laticínios empreendedores reconheciam que seria possível manter grandes rebanhos de gado na cidade desde que encontrassem uma forma de alimentá-los sem ter acesso às pastagens abertas da época holandesa da ilha. Eles logo estabeleceram uma parceria aparentemente engenhosa com destilarias vizinhas. O processo de extrair álcool para fazer uísque a partir de grãos gerava produtos residuais que tinham vários nomes, todos igualmente pouco apetitosos: "lavagem", "mosto" ou "refugo". Em vez de descartar o excesso de resíduos, as destilarias podiam vendê-lo aos produtores de leite, que assim não precisariam alimentar suas vacas com grãos ou gramíneas mais caros. Vacas que viviam de uma dieta de refugo de uísque produziam um leite azulado e pouco atraente, mas que ao menos podia ser entregue fresco à crescente população de Manhattan.

O mercado de leite de vaca também aumentou com a mudança nos modelos de produção introduzidos pela industrialização. Com mais mulheres ingressando no mercado de trabalho, amamentar crianças pequenas depois dos primeiros meses da infância tornou-se cada vez mais difícil. Um especialista em

Um leite mais seguro: Pasteurização e cloração 139

saúde opinou que "as exigências da vida moderna, com suas demandas sobre a força psíquica e o tempo da mãe, além de outros fatores menos reconhecidos, tornaram impossível para a raça humana oferecer a seus descendentes o sustento pretendido pela natureza".[2] Com uma demanda crescente por leite de vaca e uma parceria simbiótica com as destilarias, que reduzia os custos, bairros inteiros da cidade de Nova York logo foram invadidos por produtores industriais de leite, com milhares de vacas amontoadas em baias, alojadas em áreas totalmente urbanas em Manhattan e no Brooklyn. As vacas ficavam presas em um só estábulo por toda a vida, e o refugo cozido das destilarias era despejado num cocho à frente delas. Alimentar as vacas exclusivamente com refugo — os produtores de laticínios nem mesmo davam água aos animais, pensando que havia líquido suficiente nos dejetos da destilaria — provocava feridas ulceradas e fazia com que as caudas caíssem. Muitas vacas perdiam os dentes. Contudo, por mais horrível que fosse, o processo conseguia produzir grandes quantidades de leite barato, que os produtores adulteravam com giz, farinha e ovos para tornar mais parecido com o "Leite Puro do Campo" — a propaganda enganosa que usavam para descrever o produto. A combinação da publicidade com os preços baixos — apenas seis centavos por litro — logo fez com que as classes trabalhadoras de Manhattan e de outras cidades do país aderissem ao leite de refugo. E, quase de imediato, crianças começaram a morrer em um ritmo assustador.

A HISTÓRIA DE COMO transformamos o leite de assassino em massa em símbolo de saúde e nutrição nos dá uma lição prática sobre como muitas vezes entendemos mal — ou simplificamos até tornarmos irreconhecíveis — os fatores que proporcionam as melhorias de longo prazo da saúde humana. Para começar, a maioria de nós sofre de uma espécie de amnésia histórica quando se trata de ameaças surpreendentemente recentes, como o leite de refugo ou a água potável contaminada que John Snow e William Farr ajudaram a purificar. A maioria dos nova-iorquinos hoje não tem noção de que, apenas três ou quatro gerações atrás, seus antepassados que moravam na cidade tinham uma boa chance de morrer na infância ao beber um copo de leite. Não esquecemos as taxas de baixas dos conflitos militares do período — sobretudo a Guerra Civil — porque esses eventos concentraram os óbitos em episódios de violência repentina. Mas as perdas constantes e crescentes de crianças que morriam uma a uma nas periferias da cidade industrial não ficam fixadas na nossa memória histórica.

Mesmo quando conseguimos lembrar como o leite era mortal no século XIX, nossa justificativa padrão para o que eliminou essa maldição também distorce a história real. Condensamos uma rede complexa de agentes em um único cientista heroico. Nesse caso, o cientista é tão proeminente que seu nome está impresso na grande maioria das caixas de leite vendidas hoje: Louis Pasteur. O leite já foi mortal; agora é seguro. Como isso aconteceu? Peça para as pessoas responderem a essa pergunta e elas invariavelmente dirão que a pasteurização foi a responsável pela mudança. Transformamos o leite, de veneno líquido em alimento básico para a vida, graças à química.

Essa explicação é não só errada como lamentavelmente incompleta. Uma medida simples de por que está incompleta é quanto tempo levou para a ideia de Pasteur realmente ter um

Um leite mais seguro: Pasteurização e cloração 141

impacto significativo sobre a segurança ao bebermos leite. Em 1854, aos 32 anos, Pasteur conseguiu um emprego na Universidade de Lille, no nordeste da França, perto da fronteira franco-belga. Estimulado por conversas com vinicultores e administradores de destilarias na região, ficou interessado na questão de por que certos alimentos e líquidos estragavam. Conhecendo a tendência à deterioração, ele inicialmente concentrou suas investigações no leite, mas acabou voltando-se para a cerveja e o vinho. Ao examinar amostras de álcool de beterraba estragado ao microscópio, conseguiu detectar não somente os organismos de levedura responsáveis pela fermentação, mas também uma entidade em forma de bastonete — agora chamada de *Acetobacter aceti* — que converte etanol em ácido acético, o ingrediente que dá sabor azedo ao vinagre. Essas observações iniciais convenceram Pasteur de que as misteriosas mudanças da fermentação e da deterioração não eram o resultado de geração espontânea — simples reações químicas entre enzimas —, mas sim o subproduto de micróbios vivos. Essa sacada acabaria por ajudar a fornecer os fundamentos da teoria microbiana das doenças, mas também levou Pasteur a experimentar diferentes técnicas para matar esses micróbios antes que pudessem causar qualquer dano. Em 1865, então professor da Universidade de Paris, ele descobriu a técnica que acabaria por levar seu nome: ao ser aquecido a cerca de 55°C, o vinho não estragava nem tinha o sabor alterado de maneira detectável.[3]

Hoje, todo o leite pasteurizado é produzido usando a técnica básica que Pasteur identificou em 1865. (As temperaturas foram ajustadas ao longo dos anos e são um pouco mais altas que as empregadas por ele no vinho.) Contudo, mesmo nos Estados

Unidos, a pasteurização só se tornou prática padrão na indústria de leite em 1915, cinquenta anos depois de Pasteur ter desenvolvido a técnica. O intervalo entre a descoberta e a implementação pode muito bem ter custado milhões de vidas em todo o mundo. O atraso aconteceu porque o progresso não é apenas o resultado de descobertas científicas. Também requer outras forças: jornalismo investigativo, ativismo, política. A ciência sozinha não pode melhorar o mundo. Também é preciso lutar.

EM MUITOS RELATOS a respeito dos progressos da era moderna, há uma tendência a atribuir mais ênfase aos avanços científicos ou técnicos e a ignorar em grande parte os agitadores, os jornalistas investigativos e as coalizões políticas que contribuíram para as melhorias da saúde pública nos últimos dois séculos. A batalha contra o cólera nos dá um bom estudo de caso desse aspecto negligenciado da mudança positiva: John Snow era, tecnicamente falando, um médico que se tornou famoso por seu trabalho como epidemiologista. Mas decerto a história da bomba d'água da Broad Street mostra que Snow também teve de lutar por suas ideias na arena política, fazendo uma petição ao conselho paroquial e ao conselho municipal de saúde para mudar a visão que tinham do cólera. Os triunfos sobre as doenças transmitidas pela água no século XIX foram tanto resultado de movimentos sociais quanto triunfos da ciência iluminista. Essa é uma das razões pelas quais uma figura como Henry Whitehead foi capaz de desempenhar papel tão importante apesar de não ter nenhuma formação médica ou científica. Ele tinha capital social na comunidade, o que acabou ajudando a mudar a opinião das autoridades.

Em uma crítica acurada do trabalho de Thomas McKeown sobre o declínio da mortalidade, o historiador Simon Szreter, de Cambridge, defendeu a importância do que chamou de intervenção social entre 1850 e a eclosão da Primeira Guerra Mundial. Sim, argumentou Szreter, era verdade que doenças como o cólera haviam diminuído durante esse período, apesar de nenhum medicamento ter sido descoberto para tratá-las adequadamente. Drogas milagrosas não curaram o cólera. Esgotos, sim. E os esgotos foram projetos financiados pelo governo que só surgiram porque ativistas como Snow e Bazalgette — e seus adeptos na imprensa popular — defenderam sua construção:

O declínio da mortalidade, que começou a ser perceptível nas estatísticas agregadas nacionais nos anos 1870, deveu-se mais aos sucessos obtidos pelo movimento em prol da saúde pública negociado política e ideologicamente do que a qualquer outro fator positivamente identificável. Isso só foi alcançado como resultado de inúmeras e não enaltecidas escaramuças locais entre funcionários da saúde em geral mal pagos, muitas vezes sem segurança no cargo, e seus aliados locais — outros funcionários sanitários, apontadores distritais de nascimentos e mortes, talvez a imprensa da cidade e ocasionalmente alguns membros dos próprios conselhos locais — em oposição aos representantes parcimoniosos da maioria dos contribuintes. São precisamente a importância e a necessidade dessa lenta e obstinada campanha, travada nas prefeituras e nos fóruns locais de debate em todo o país no último quarto do século XIX, que têm faltado em nossos relatos acerca do declínio da mortalidade.[4]

A batalha por um leite seguro ilustra de modo ainda mais convincente a aplicação das intervenções sociais mencionadas por Szerter. A primeira saraivada dessa batalha veio no início dos anos 1840, quando os estabelecimentos de leite de refugo proliferavam por toda a cidade de Nova York, na forma de um livro publicado por um comerciante de alimentos secos chamado Robert Milham Hartley. Como um dos fundadores do movimento pró-abstinência de Nova York, Hartley estava predisposto a detectar as influências perniciosas das cervejarias e destilarias na cidade. Ao mesmo tempo, seu trabalho missionário como membro da Igreja presbiteriana lhe proporcionava um contato direto com as terríveis condições de vida na região de Five Points. Evidências informais desse trabalho missionário indicaram um aumento preocupante da morte de crianças, o que ele confirmou com um estudo meticuloso dos relatórios de mortalidade da cidade. Hartley iniciou uma investigação pessoal sobre os produtores de laticínios, finalmente publicando um livro de 350 páginas com o barroco título de *An Historical, Scientific, and Practical Essay on Milk: As an Article of Human Sustenance; with a Consideration of the Effects Consequent Upon the Present Unnatural Methods of Producing it for the Supply of Large Cities* [Um ensaio histórico, científico e prático sobre o leite: como um artigo de sustento humano; com uma consideração acerca dos efeitos consequentes sobre os atuais métodos não naturais de produção para o abastecimento de grandes cidades]. O livro combinava uma análise de dados semelhante à dos relatórios anuais de William Farr — inclusive com um estudo comparativo das taxas de mortalidade infantil em cidades americanas e europeias — com vívidos relatos jornalísticos das condições escandalosas das indústrias de laticínios de refugo:

Um leite mais seguro: Pasteurização e cloração 145

Um dos mais reconhecidos desses agigantados estabelecimentos leiteiros metropolitanos, ou melhor, a maior coleção de leite de refugo, pois há muitos proprietários, é aquele ligado às destilarias de grãos de Johnson, que estão situadas nos subúrbios do oeste da cidade, perto do terminal, e entre a Fifteenth e a Sixteenth Street, em Nova York. A área ocupada pelo empreendimento abrange a maior parte de duas praças, estendendo-se desde abaixo da Ninth Avenue até o rio Hudson, provavelmente a uma distância de mil pés [300 metros]. Durante o inverno, cerca de 2 mil vacas são mantidas nas construções, mas no verão o número é consideravelmente reduzido. O alimento das vacas, claro, é refugo, que é retirado em grandes tanques, elevado a cerca de dez ou quinze pés [3 ou 4,5 metros], e daí conduzido em estreitas calhas de madeira quadradas e distribuído para os diferentes currais, onde é depositado em cochos triangulares, rudemente construídos pela junção de duas tábuas.[5]

Na contagem final, Hartley concluiu que "cerca de 10 mil vacas na cidade de Nova York e vizinhança estão desumanamente condenadas a subsistir do resíduo ou lama deste grão, que passou por uma alteração química, e exalam um cheiro de destilaria".

O *Ensaio sobre o leite* era uma acusação contundente a toda a indústria de laticínios, mas por algum motivo não conseguiu influenciar a opinião pública nem inspirar qualquer intervenção do governo. Parte disso se deve ao fato de o governo não dispor de órgãos reguladores adequados para lidar com a crise do leite de refugo, que seriam criados somente no século xx (ver capítulo 5). Mas parte do fracasso de Hartley parece ter sido causada por sua posição no movimento pró-abstinência.

A cidade estava no meio de uma década de bebedeira e sem paciência para o sermão de um missionário abstêmio denunciando as destilarias de West Village.

No final, foi a denúncia épica de Frank Leslie sobre o veneno líquido do leite de refugo, publicada uma década e meia depois do ensaio de Hartley, que conseguiu provocar uma reforma significativa. O tom dos dois textos é semelhante em muitos aspectos: justa indignação intercalada com descrições quase lascivas das atrocidades da indústria de laticínios. Escreveu Leslie sobre os empresários do leite de refugo:

> Embora seu tráfico seja literalmente de vida humana, o governo parece impotente ou não quer interferir [...]. Será que essas manufaturas de caldos do inferno terão mais tempo de existência entre nós? Devemos aceitar docilmente que uma classe de homens enriqueça às custas de nossas perdas e dos vazios que seu veneno cria em todas as nossas famílias?[6]

Mas Leslie travou sua batalha usando mais do que apenas palavras. Com formação de ilustrador, salpicou o relatório investigativo de imagens chocantes retratando a imundície das produtoras de leite de refugo. (Outros desenhos foram feitos pelo lendário ilustrador Thomas Nast.) Uma das imagens mostrava uma vaca doente, incapaz de ficar de pé, suspensa no ar por tiras, com a cabeça caída como se mal estivesse desperta. Apesar dessas chocantes condições físicas, um funcionário da indústria está sentado num banquinho, ocupado em extrair leite dos úberes ulcerosos do animal.

A primeira grande tacada de Leslie fora produzir anúncios para P. T. Barnum, showman e empresário do ramo de en-

Um leite mais seguro: Pasteurização e cloração 147

tretenimento, e foi como um repórter sensacionalista com a verve mordaz de Barnum na publicidade que ele abordou seu trabalho. Publicou anúncios em jornais rivais promovendo seus relatos especiais com manchetes que soavam como as chamadas provocativas dos noticiários: VOCÊ SABE QUE TIPO DE LEITE ESTÁ TOMANDO? Não demorou muito para a reportagem investigativa de Leslie se tornar matéria jornalística em si. O *New York Times* escreveu sobre sua cruzada:

> A situação parecia inabalável até Frank Leslie encontrar em sua porta uma mistura nojenta de leite e pus como se fosse leite, o que levou seu jornal ilustrado a uma crise convulsiva. Decidido a descobrir o pior da terrível história, ele analisou o espécime e em seguida despachou sua tropa de repórteres e artistas para o quartel-general do veneno [...]. Produziu imagens que retratam toda a verdade, e tão chocantes que até a palavra leite, ou a visão de produtos em que entra como componente importante, revira o estômago. A cidade inteira está nauseada.[7]

O relato do *New York Times* sobre as origens da investigação é mais mito que realidade: a inspiração original de Leslie para sua denúncia não foi uma garrafa de leite estragado encontrada na porta, mas sim um relatório encomendado pelo Conselho Comunal do Brooklyn um ano antes, que documentou o abuso desenfreado de animais nas produtoras de leite de refugo. Mas, sejam quais forem as origens, seu talento para a propaganda — e os fatos realmente chocantes do caso — resultou em medidas importantes. Pressionado pelo jornalismo de Leslie, o Conselho abriu uma investigação sobre as produtoras de leite de refugo, logo aprovando uma regulação apressada que propunha apenas mudanças modestas, sem dúvida porque os membros do Conselho receberam propinas da indústria do leite. Leslie respondeu três dias depois com uma ilustração satírica de autoria de Thomas Nast mostrando um político recebendo suborno de um magnata do leite, enquanto seus colegas literalmente caiavam as vacas moribundas para fazê-las parecer mais saudáveis. A indignação popular impossibilitou que o Conselho deixasse de tomar uma atitude mais firme, e em 1862 foi aprovada uma lei que pôs fim à era do leite de refugo. A maioria dos produtores de leite urbanos fechou; os que continuaram no negócio desistiram de sua sórdida associação com as destilarias. O leite de Nova York perdeu aquela estranha coloração azulada.

Ainda assim, muitos riscos à saúde decorrentes do consumo de leite permaneceram. Com mais leite transportado de fazendas

"A nova fonte da democracia. Leite de refugo para quem tem sede de mamata." Caricatura. Currier and Ives, 1872.

Um leite mais seguro: Pasteurização e cloração 149

no interior do estado, a deterioração continuou a ser um sério risco, particularmente nos meses de verão. E uma parcela significativa das vacas produtoras de leite — mesmo as que viviam em fazendas leiteiras adequadas — sofria de tuberculose bovina. O leite não processado dessas vacas poderia transmitir a bactéria da tuberculose aos seres humanos. Outras doenças potencialmente fatais também foram associadas ao leite, inclusive difteria, febre tifoide e escarlatina. A campanha de Frank Leslie mostrou que a opinião pública podia ser mobilizada para reformar a indústria do leite. Mas o leite de refugo era apenas parte do problema.

Nos anos 1880, o surgimento da teoria microbiana das doenças — cujas sementes foram plantadas nas primeiras pesquisas de Pasteur sobre a deterioração do leite e do vinho — deixou claro que muitos dos crimes mais mortais do século eram causados por formas de vida microbianas, então recentemente visíveis graças aos avanços na fabricação de lentes que possibilitaram a construção de microscópios mais potentes. Em 1882, o arquirrival de Pasteur, Robert Koch, identificou a bactéria da tuberculose, refutando uma crença antiquíssima de que a doença era hereditária; dois anos depois ele identificou a bactéria do cólera, que havia escapado das investigações microscópicas de John Snow décadas antes. A ciência estava decidida: pessoas morriam por tomar leite porque o leite continha criaturas invisíveis que causavam doenças. Mas esse consenso deixou outro problema sem solução: como eliminar essas criaturas do suprimento de leite?

Uma parte crucial da solução viria da inovação tecnológica. Na primeira metade do século XIX, o obstinado empresário Frederic Tudor construiu em Boston um imenso negócio de venda internacional de gelo, produto que seria usado diretamente pelos consumidores em suas bebidas e sorvetes, mas também pela indústria de alimentos para refrigerar o sistema de transporte, sobretudo para conservar a carne das Grandes Planícies que alimentava as cidades em crescimento no nordeste do país. Tudor utilizou métodos de baixa tecnologia para criar gelo — com equipes extraindo o produto dos lagos congelados da Nova Inglaterra —, mas sua vasta fortuna foi um sinal para os inventores de vários lugares de que havia dinheiro a ser ganho ao tornar as coisas frias. No fim da Guerra Civil, foram desenvolvidos vários projetos funcionais de refrigeração mecânica, e no final do século as garrafas de leite podiam ser armazenadas e despachadas em ambientes com temperatura controlada, reduzindo muito os riscos de deterioração. A refrigeração acabou sendo uma daquelas tecnologias subjacentes que não parecem se relacionar diretamente à medicina mas que melhoram a saúde pública e a longevidade em várias frentes. Sua capacidade de prolongar a vida útil de alimentos perecíveis teve um tremendo impacto na provisão de alimentos no século XX e ajudou a transformar o leite de veneno líquido em fonte confiável de nutrição. Mas a refrigeração também teve um impacto importante nas vacinas, muitas das quais perdem a potência se não forem mantidas numa estreita faixa de temperaturas pouco acima de zero. A invenção das redes de abastecimento em "cadeia de frio" possibilitou a vacinação em massa em muitos climas quentes do mundo todo, onde doenças como a varíola continuaram endêmicas durante grande parte do século XX.

Um leite mais seguro: Pasteurização e cloração

Mas a refrigeração era apenas uma solução parcial. Uma caixa de leite contaminada com tuberculose bovina ainda podia ser mortal, mesmo que tivesse passado toda a sua existência numa geladeira. Para alguns reformadores do leite, a solução óbvia era seguir o manual que funcionara para se livrar dos laticínios feitos de refugo: atacar o problema na origem. Haviam sido desenvolvidos testes para determinar se as vacas tinham tuberculose bovina ou outras doenças; novos microscópios permitiam aos cientistas analisar o leite para saber a quantidade de bactérias que ele continha. Armados com essas novas ferramentas, os inspetores do leite visitavam os produtores, verificavam as condições de higiene e sabiam se as vacas estavam livres de doenças. O leite vindo de produtores que passassem nessas inspeções seria "certificado", dando aos consumidores a confiança de que o produto que compravam era seguro para beber.

Mas a prática da certificação continha seu próprio conjunto de problemas. As vacas com tuberculose bovina teriam de ser abatidas, e estimativas grosseiras sugeriam que cerca de metade do gado leiteiro no país era portador da doença. Compreensivelmente, os produtores rurais de laticínios não gostaram de inspetores urbanos aparecendo nas fazendas com um misterioso teste para detectar a tuberculose e anunciando que vacas que pareciam perfeitamente saudáveis precisavam ser abatidas. Os políticos que representavam os distritos agrícolas lutaram contra essa intromissão. E até a criação da Food and Drug Administration (FDA), em 1906, não havia nenhum órgão federal capaz de fazer cumprir os regulamentos.

Graças a Louis Pasteur, no entanto, os testes com tuberculina e as inspeções de laticínios deixaram de ser as únicas

152 Longevidade

ferramentas disponíveis para os defensores da segurança do leite. A refrigeração podia impedir que o leite azedasse, porém um rápido aquecimento a certa temperatura matava os micróbios perigosos do leite, mesmo os que causam tuberculose nos seres humanos. Mais uma vez, porém, a ciência não foi suficiente por si só para criar mudanças significativas. O leite pasteurizado foi considerado menos saboroso que o normal; acreditava-se também que o processo retirava os elementos nutritivos do leite — crença ressurgida no século XXI entre os adeptos do "leite natural". Os produtores de laticínios resistiram à pasteurização, não só pelo custo adicional ao processo de produção, mas também por estarem convencidos — com boas razões — de que os consumidores não comprariam leite pasteurizado.

Como acontece tantas vezes na história moderna da expectativa de vida humana, o ponto de inflexão implantando o processo inovador que salvava vidas em massa não teve um médico ou cientista no papel de liderança. A pasteurização como ideia surgiu da mente de um químico. Mas, nos Estados Unidos, quem faria diferença seria um personagem muito menos provável: um empresário de loja de departamentos.

NASCIDO NA BAVIERA em 1848, aos oito anos Nathan Straus emigrou com a família para o sul dos Estados Unidos, onde seu pai tinha estabelecido uma lucrativa mercearia. A mudança acabou acontecendo em péssima ocasião. Levada à beira da miséria abjeta pela Guerra Civil, a família foi para Nova York quando o filho já chegava à idade adulta. Em Manhattan, o clã Straus formou sua base sólida. Nathan começou sua carreira

Um leite mais seguro: Pasteurização e cloração

trabalhando para a fábrica de utensílios de louça e de vidro do pai; ele e os irmãos vendiam as panelas e os pratos produzidos para as novas lojas de departamentos que irromperam no mundo do comércio e da moda nos anos 1870. No início de 1873, eles alugaram um espaço no subsolo de uma das lojas da Macy's, na Fourteenth Street, para expor seus artigos de porcelana, vidro e cerâmica. O espaço logo se tornou uma das atrações mais populares da loja. Pouco mais de uma década depois, os irmãos Straus já tinham comprado a Macy's, junto com uma importante loja de produtos secos do Brooklyn, a Abraham & Straus.

Talvez pelo fato de sua própria família ter quase morrido de fome por um empobrecimento repentino, Nathan Straus usou boa parte de seu tempo e seus recursos tentando melhorar as condições de vida dos sem-teto e dos trabalhadores pobres da cidade de Nova York. Construiu abrigos que acolhiam mais de 50 mil pessoas e distribuiu carvão durante o inverno brutal e a crise econômica de 1892-3. Abriu uma lanchonete na Abraham & Straus que oferecia refeições gratuitas para os funcionários, num dos primeiros programas desse tipo. Straus há muito se preocupava com as taxas de mortalidade infantil na cidade — já tinha perdido dois filhos por doenças. Conversas com outro emigrado alemão, o médico e político radical Abraham Jacobi, introduziram-no à técnica da pasteurização, que finalmente estava sendo aplicada ao leite, quase um quarto de século depois de Pasteur descobrir o processo. Alguma coisa repercutiu em Straus — dadas as complexidades da pobreza urbana, a pasteurização proporcionava uma intervenção comparativamente simples que poderia representar uma grande diferença para manter as crianças vivas.

Straus percebeu que mudar a atitude do público em relação ao leite pasteurizado era fundamental. Em 1892, ele criou um laboratório onde o leite esterilizado podia ser produzido em grande escala. No ano seguinte, começou a abrir o que chamou de armazéns de leite em bairros de baixa renda da cidade, vendendo esse alimento abaixo do custo para os nova-iorquinos pobres. O primeiro armazém situava-se em um píer na orla do Lower East Side; registros sugerem que Straus distribuiu 34 400 garrafas de leite naquele primeiro ano. No verão de 1894, ele já tinha quatro armazéns espalhados pela cidade.[8] O *New York Times* publicou uma reportagem sobre os novos estabelecimentos com o título "Leite puro para os pobres". Na matéria, Straus foi citado dizendo:

> O sucesso do armazém de leite no verão passado me levou a ampliar as instalações. O único problema é que os pobres ainda não entendem bem o valor do leite esterilizado como remédio para as doenças das crianças e como preventivo. Reduzi o preço do leite esterilizado para cinco centavos o litro, que está abaixo do preço de custo. É possível que eu consiga reduzir o preço ainda mais.[9]

Nomeado comissário de saúde da cidade em 1897, Straus soube das taxas de mortalidade devastadoras em um orfanato em Randall's Island, no East River. Nos três anos anteriores, 1509 das 3900 crianças alojadas no orfanato haviam morrido — uma taxa de mortalidade ainda maior que as taxas funestas de comunidades de baixa renda na periferia da cidade. Straus desconfiou que o gado leiteiro criado na ilha para fornecer leite fresco aos órfãos era o culpado. Percebeu que o isolamento geográfico do orfanato propiciaria um experimento natural

Um leite mais seguro: Pasteurização e cloração 155

para provar a eficácia do leite pasteurizado, não muito diferente do experimento natural realizado por John Snow no surto de cólera de 1854. Ele financiou uma indústria de pasteurização em Randall's Island, que passou a fornecer leite esterilizado aos órfãos. Nada mais foi alterado na dieta ou nas condições de vida das crianças. Quase de imediato, a taxa de mortalidade caiu 14%.[10]

Animado com os resultados dessas intervenções iniciais, Straus lançou uma grande campanha para proibir o leite não pasteurizado, que foi ferozmente contestada pela indústria leiteira e seus representantes nas assembleias legislativas de todo o país. A pasteurização tornou-se uma luta política. Citando um médico inglês em um comício em 1907, Straus disse a uma multidão de manifestantes: "O uso imprudente de leite cru e não pasteurizado é quase um crime nacional".[11] A defesa de Straus atraiu a atenção do presidente Theodore Roosevelt, que ordenou um estudo sobre os benefícios da pasteurização para a saúde. Vinte especialistas do governo chegaram à conclusão retumbante de que "a pasteurização evita muitas doenças e salva muitas vidas". Em 1909, Chicago se tornou a primeira grande cidade americana a exigir a pasteurização do leite. O comissário municipal de saúde citou especificamente as demonstrações do "filantropo Nathan Straus" ao defender o caso do leite esterilizado. Nova York fez o mesmo em 1914. No início dos anos 1920, três décadas depois de Nathan Straus ter aberto seu primeiro armazém de leite no Lower East Side, o leite não pasteurizado foi proibido em quase todas as grandes cidades dos Estados Unidos.[12]

Longevidade

É DIFÍCIL ESTIMAR exatamente o impacto da pasteurização na expectativa de vida porque os dados de mortalidade se misturam com outro avanço importante no mesmo período — uma descoberta que também se utilizou da química para reduzir a ameaça de um líquido de uso diário. A partir das primeiras décadas do século xx, seres humanos em cidades de todo o mundo começaram a consumir quantidades microscópicas de cloro na água potável. Em doses maiores, o cloro é um veneno. Porém, em doses muito pequenas, é inofensivo para os seres humanos mas letal para as bactérias que causam doenças como o cólera. Graças aos mesmos avanços na microscopia e na fabricação de lentes que permitiram a contagem de bactérias no leite, os cientistas agora podiam perceber e medir a quantidade de vida microbiana em um determinado suprimento de água potável, o que possibilitou, no final do século xix, testar a eficácia de diferentes produtos químicos, principalmente o cloro, na eliminação desses agentes perigosos. Depois de realizar vários desses experimentos, um médico pioneiro chamado John Leal adicionou secretamente essa substância química aos reservatórios públicos de Jersey City — ato audacioso, que causou tantos problemas que Leal quase foi mandado para a prisão. Para um não cientista, parecia absolutamente insano introduzir um produto químico venenoso no suprimento principal de água potável de uma cidade de 50 mil habitantes. Mas, a longo prazo, a jogada ousada de Leal acabou sendo um salva-vidas em escala surpreendente.[13]

De 1900 a 1930, as taxas de mortalidade infantil nos Estados Unidos caíram 62%, uma das quedas mais impressionantes na história da mensuração desse fator tão importante. Para cada cem seres humanos nascidos na cidade de Nova York durante

Um leite mais seguro: Pasteurização e cloração 157

a maior parte do século XIX, apenas sessenta chegavam à idade adulta. Hoje, 99 deles se tornam adultos. Os gradientes continuam assombrando a cidade: certas áreas de baixa renda têm taxa de mortalidade infantil duas vezes maior que outras. Mas, em comparação com todas as sociedades humanas conhecidas antes de 1900, mesmo essas comunidades de baixa renda são incrivelmente eficientes em manter os bebês vivos. A mudança é tão pronunciada que requer uma casa decimal extra. Nancy Howell estimou que o povo !Kung tinha uma taxa de mortalidade infantil de cerca de 20%; antes de Frank Leslie e Nathan Straus começarem suas campanhas publicitárias, os recém-nascidos na Manhattan de *Gangues de Nova York* apresentavam níveis de mortalidade semelhantes. Hoje, nos bairros de pior desempenho de Nova York, a taxa de mortalidade infantil é de 0,6%. A média da cidade é de 0,4%.[14]

Quanto disso pode ser atribuído à pasteurização e à cloração, esses dois grandes triunfos da química? No início dos anos 2000, David Cutler e Grant Miller, professores de Harvard, descobriram uma abordagem engenhosa para analisar o efeito do cloro nas taxas de mortalidade. Como essas técnicas de filtragem foram introduzidas de forma escalonada, com algumas cidades adotando-as antes de outras, a comparação das taxas de mortalidade antes e depois da cloração entre as cidades forneceu aos pesquisadores uma espécie de experimento natural. Fazendo uma análise comparativa de diferentes cidades, Cutler e Miller determinaram que as técnicas de filtragem como a cloração foram responsáveis por mais de dois terços dessa melhora radical.[15] O estudo tornou-se uma espécie de clássico entre os pesquisadores de saúde pública, embora nos últimos anos tentativas de replicar seus dados indiquem que o impacto sobre a mortalidade geral não foi tão drástico, em parte porque a pasteurização também desempenhou um papel importante.

Independentemente de como analisarmos os dados, fica evidente que milhões de recém-nascidos chegaram à idade adulta graças a processos químicos regulamentados pelo governo e aos insurgentes que lutaram por essa causa. Quando se pede às pessoas que relacionem as grandes inovações do início do século xx, elas invariavelmente citam aviões, automóveis, o rádio, a televisão — não o leite pasteurizado ou a água com cloro. Mas pense em todo o inimaginável sofrimento evitado por essas duas intervenções: todos os pais que não enterraram seus filhos, todos os bebês que cresceram e tiveram seus próprios filhos.

Quais foram os ingredientes por trás de um progresso tão impressionante? Inegavelmente, temos os suspeitos de sempre: cientistas brilhantes como Koch e Pasteur, apoiados pelas inovações técnicas da microscopia. Mas os agitadores também foram essenciais. O escândalo do leite de refugo e a luta pelo leite pasteurizado foram tanto eventos de mídia quanto triunfos da ciência iluminista. Para tornar nosso leite seguro, precisávamos de um químico usando o método científico para inventar uma técnica que eliminasse os contaminantes. Mas também precisávamos de pessoas dispostas a fazer barulho.

Em 1908, em pleno calor da batalha sobre a primeira proposta de decreto proibindo o leite não esterilizado, Nathan Straus foi convidado a fazer um discurso na Universidade de Heidelberg, voltando ao país de onde sua família saíra havia mais de cinquenta anos. Na palestra, mencionou as razões por que havia se envolvido tanto na causa da pasteurização, aludindo brevemente ao trauma que a perda de um filho (ou,

Um leite mais seguro: Pasteurização e cloração   159

no caso de Straus, dois filhos) inflige a um pai. "Não preciso entrar aqui nas razões pessoais e privadas que me induziram a me envolver neste trabalho", disse ao público. "É suficiente falar que foi minha própria e triste experiência que me tornou tão determinado a salvar a vida dos filhos de outras pessoas." E então se voltou para os métodos que havia empregado em sua luta.

> Sempre considerei, apenas, qual seria a melhor e mais rápida forma de esclarecer o mundo de um modo prático. Para conseguir isso, procurei a ajuda da imprensa, e foi pela sua sempre pronta cooperação que o meu trabalho e os resultados dele foram conhecidos e divulgados. Somente por meio da divulgação as vantagens da pasteurização do leite podem ser reconhecidas em todos os lugares.[16]

Só depois de meio século ou mais essa redução da mortalidade infantil chegaria ao mundo em desenvolvimento. Mas, quando finalmente chegou, ele logo recuperou o tempo perdido. Na Índia, a taxa de mortalidade infantil caiu de 14% para 3% entre 1970 e os dias atuais. Técnicas como pasteurização e cloração tiveram seu papel nesse declínio. Mas o efeito pode ter sido eclipsado por outro avanço que reduziu muito o risco de doenças transmitidas pela água, especialmente o cólera. Na verdade, essa descoberta também contou com uma estratégia híbrida de líquidos quimicamente tratados com relações públicas criativas.

O cólera mata por desidratação aguda e desequilíbrio eletrolítico — causados por graves diarreias — os que têm o azar

160 *Longevidade*

de ingerir a bactéria. Em alguns casos extremos, sabe-se de vítimas do cólera que perderam até 30% do peso corporal com os fluidos eliminados, em questão de horas. Já nos anos 1830, os médicos observaram que tratar os pacientes com fluidos intravenosos podia mantê-los vivos por tempo suficiente para que a doença seguisse seu curso; nos anos 1920, o tratamento de vítimas do cólera com soros intravenosos se tornou uma prática padrão em hospitais. Mas, a essa altura, o cólera tinha se tornado uma doença basicamente relegada ao mundo em desenvolvimento, onde havia escassez de hospitais, clínicas e profissionais médicos. Por isso, montar uma estrutura para administrar soro intravenoso nos doentes não era intervenção viável durante um surto de cólera que afetasse centenas de milhares de pessoas em Bangladesh ou em Lagos. Aglomerados em cidades em crescimento, sem sistemas modernos de saneamento e sem acesso a equipamentos intravenosos, milhões de pessoas — a maioria delas crianças pequenas — morreram de cólera nas primeiras seis décadas do século xx.

A magnitude dessas perdas foi uma tragédia global, mas tornou-se ainda mais trágica porque existia um tratamento relativamente simples para desidratação grave, que poderia ser realizado por profissionais não médicos e sem necessidade de hospitalização. Agora conhecida como terapia de reidratação oral, ou TRO, o tratamento é quase absurdamente simples: basta beber muita água, complementada com açúcar e sais. (Nos Estados Unidos, o tratamento costuma ser associado à marca Pedialyte.) Já em 1953, um médico indiano chamado Hemendra Nath Chatterjee improvisou uma versão dessa terapia ao tratar de pacientes durante um surto em Calcutá. Sem necessidade de nenhum procedimento intravenoso caro e complicado. Tudo

Um leite mais seguro: Pasteurização e cloração

de que se precisava era um método para garantir que a água fosse esterilizada; bastava fervê-la antes de beber. Os resultados da terapia de Chatterjee foram tão promissores — todos os 186 pacientes tratados com esse método sobreviveram à doença — que ele publicou seus resultados na The Lancet.[17] Outras abordagens semelhantes foram desenvolvidas ao longo da década seguinte nas Filipinas e no Iraque, sempre por médicos como Chatterjee, lutando para lidar com um surto explosivo sem acesso a equipamentos de alta tecnologia de um hospital moderno. E, no entanto, todas essas versões da TRO foram ignoradas por estabelecimentos médicos, assim como um século antes os teóricos dos miasmas ignoraram a herética teoria da transmissão pela água de John Snow.

Em 1971, a Guerra de Libertação de Bangladesh resultou numa enxurrada de refugiados na Índia, inflando cidades como Bangaon e Calcutá, localizadas do outro lado do que se tornaria a fronteira entre a Índia e Bangladesh quando este país foi formalmente reconhecido, após a independência. Em pouco tempo, um surto violento de cólera surgiu nos lotados campos de refugiados nos arredores de Bangaon. Dilip Mahalanabis, um médico formado pela Johns Hopkins e pesquisador do cólera, suspendeu seu programa de pesquisa de laboratório num hospital de Calcutá e foi imediatamente para a linha de frente do surto. Mahalanabis lembrou mais tarde a extensão da crise: "O governo não estava preparado para os grandes números. Houve muitas mortes por cólera, muitas histórias de terror. Quando cheguei, fiquei realmente chocado".[18] A cena mais impressionante foi a que presenciou em um hospital de Bangaon: dois quartos lotados de parede a parede com vítimas do cólera no auge da doença, deitadas umas ao lado as outras no chão, coberto por uma camada de vômito e fezes líquidas.

Mahalanabis logo percebeu que os protocolos de injeção de soro existentes não funcionariam. Somente dois membros de sua equipe sabiam como administrar fluidos intravenosos. "Para tratar essas pessoas com solução salina intravenosa você literalmente precisaria se ajoelhar nas fezes e no vômito", explicou mais tarde. "Quarenta e oito horas depois de chegar lá, percebi que estávamos perdendo a batalha."[19]

Foi então que Mahalanabis decidiu agitar as coisas. Contrariando a prática padrão, ele e sua equipe recorreram a uma versão improvisada da terapia de reidratação oral. Administrou a solução diretamente aos pacientes com os quais tinha contato, assim como àqueles esparramados no chão do hospital de Bangaon. Sob sua supervisão, mais de 3 mil pacientes nos campos de refugiados foram tratados com TRO. A estratégia se provou um sucesso surpreendente: as taxas de mortalidade caíram imensamente, de 30% para 3%, usando um método de tratamento muito mais simples.

Inspirados pelo sucesso, Mahalanabis e seus colegas adotaram uma abordagem do tipo "ensine um homem a pescar", com pesquisadores de campo demonstrando como era fácil, mesmo para não especialistas, administrar a terapia por conta própria. "Preparamos panfletos explicando como misturar sal e glicose e os distribuímos ao longo da fronteira", lembrou Mahalanabis mais tarde. "A informação também foi transmitida por uma estação de rádio clandestina de Bangladesh."[20] Ferva água, acrescente esses ingredientes e obrigue seu filho, seu primo ou seu vizinho a tomar. Esses eram os únicos recursos necessários. Por que não deixar os amadores entrarem em ação?

Um leite mais seguro: Pasteurização e cloração 163

Em 1980, quase uma década após o fim da Guerra de Libertação, uma organização sem fins lucrativos de Bangladesh conhecida como Brac elaborou um plano engenhoso para divulgar a técnica TRO entre pequenos vilarejos de toda a jovem nação. Uma equipe de catorze mulheres, acompanhada por um cozinheiro e um único supervisor do sexo masculino, viajou de aldeia em aldeia demonstrando como administrar uma solução salina oral usando apenas água, açúcar e sal. O programa-piloto gerou resultados encorajadores, e o governo de Bangladesh o replicou em escala nacional, empregando milhares de trabalhadores de campo. O médico e escritor Atul Gawande afirmou sobre o projeto:

> Persuadir os aldeões a fazer a solução com as próprias mãos e explicar as mensagens em suas próprias palavras, enquanto um treinador os observava e orientava, foi muito mais proveitoso do que qualquer anúncio de serviço público ou vídeo instrutivo. Com o tempo, as mudanças puderam ser mantidas com o rádio e a televisão, e o crescimento da demanda levou ao desenvolvimento de um próspero mercado de pacotes manufaturados de sal para reidratação oral.[21]

Mortes por cólera e outras doenças intestinais despencaram, e uma pesquisa sugeriu que 90% das crianças com casos graves de diarreia em Bangladesh são agora tratadas com TRO.

O triunfo de Bangladesh foi replicado em todo o mundo. A TRO é agora um elemento-chave do programa da Unicef para garantir a sobrevivência infantil no hemisfério Sul e está incluída na lista de medicamentos essenciais da OMS. A revista *The Lancet* chamou-o de "potencialmente o avanço médico mais importante do século xx". Calcula-se que cerca de 50 milhões de pessoas tenham morrido de cólera no século xix. Nas primeiras décadas do século xxi, foram menos de 50 mil pessoas, em um planeta com uma população dez vezes maior. Esse importante salto deveu-se em parte aos detetives de dados do século xix, aos engenheiros de esgoto e à água clorada de John Leal. Mas a tro também desempenhou um papel crucial, sobretudo na reta final.

Por que a tro demorou tanto para penetrar a vertente principal do pensamento médico? Em parte, por uma espécie de viés institucional: as grandes descobertas não deveriam vir de médicos que trabalhavam nessa área em países como a Índia ou o Iraque. "Nos anos 1950, o paradigma fisiológico sob o qual os médicos ocidentais operavam era que a terapia intravenosa era superior a todas as outras", escreve o historiador da medicina Joshua Nalibow Ruxin em um estudo definitivo acerca da história da tro.

> Assim, um pesquisador que leu o estudo de Chatterjee pode ter pensado que o conceito era interessante, mas que a medicina ocidental tinha superado qualquer solução simplista (e, portanto, inferior) para o cólera. A terapia intravenosa parecia mais científica, havia um aparelho, e o médico podia ter um controle rigoroso sobre a ingestão do paciente. A terapia oral parecia primitiva e menos controlada.[22]

A tro também chegou tão tarde porque o fenômeno no qual se apoiava não foi realmente compreendido cientificamente até meados dos anos 1960, quando vários pesquisadores trabalhando em laboratórios no mundo todo afinal determinaram

Um leite mais seguro: Pasteurização e cloração

o mecanismo específico pelo qual a bactéria do cólera induzia a perda maciça de fluidos. Também descobriram que a glicose pode facilitar a absorção de fluidos pelo intestino delgado. Era mais fácil promover um tratamento cuja mecânica subjacente tivesse o aval de estudos científicos, mesmo que as evidências em favor da TRO já estivessem disponíveis há duas décadas.

Há uma simetria interessante entre a história da pasteurização e a adoção dolorosamente lenta da TRO. O ponto de inflexão para ambos os avanços surgiu a partir de crises de saúde — todas aquelas crianças morrendo no orfanato de Randall's Island e nos campos de refugiados de Bangladesh. Os autores confiaram em estratégias inventivas para divulgar o que defendiam: os armazéns de leite de Straus, os panfletos de Mahalanabis. E, nos dois casos, houve muita demora em implementar o avanço original. Tanto a pasteurização do leite quanto a TRO poderiam ter se tornado práticas convencionais uma geração ou mais antes de terem sido adotadas. Em ambos os casos, podemos comemorar a conquista e nos maravilhar com todas as vidas — especialmente as vidas de crianças pequenas — que foram salvas por contribuições tão extraordinárias. Mas também devemos fazer as perguntas difíceis: por que demoraram tanto? E qual seria o ponto cego equivalente com que ainda vivemos?

5. Para além do efeito placebo: Regulamentação e testagem de medicamentos

POR QUE ALGUMAS INOVAÇÕES DEMORAM mais do que deveriam para acontecer? Por razões compreensíveis, a história do progresso social e intelectual costuma ser apresentada como uma escada com degraus claramente definidos, cada ideia transformadora fornecendo o ponto de apoio para a seguinte. As raras ocasiões em que uma ideia parece saltar um degrau ou dois — como Charles Babbage ao inventar o computador programável nos anos 1830 — são as exceções que comprovam a regra do progresso linear. Temos um termo para ideias desse tipo: elas estão "à frente de seu tempo". Mas não nos demoramos muito examinando os retardatários, as estranhas lacunas no registro fóssil, quando uma boa ideia que era claramente imaginável em determinado ponto da história de certo modo ficou fora de alcance. As ideias que estavam, por alguma razão, *atrás* do seu tempo. Ninguém precisa se perguntar por que o sequenciamento de genes não foi inventado no final do século XIX — tanto as ferramentas quanto os conceitos para imaginar tal avanço simplesmente não existiam naquela época. Mas nós *deveríamos* nos perguntar por que algo como a terapia de reidratação oral não se enraizou cinquenta anos antes de se tornar prática comum. A ideia estava bem dentro dos limites do entendimento científico vigente naquele período. Mas, por algum motivo, não fomos capazes de ver.

Para além do efeito placebo: Regulamentação e testagem de medicamentos 167

A história da tecnologia apresenta muitos desses retardatários intrigantes. As máquinas de escrever, por exemplo, só foram criadas nos anos 1860, quinhentos anos depois de Gutenberg ter inventado a imprensa. As bicicletas só se tornaram comercialmente viáveis no mesmo período, poucas décadas antes da invenção do automóvel. Muitas civilizações avançadas deixaram de criar a roda, apesar de sua simplicidade e clara utilidade. Todas essas ideias poderiam ter se tornado parte da realidade tecnológica muito antes do que o fizeram; não faltava à escada nenhum ponto de apoio óbvio, conceitual ou mecânico, que nos impedisse de avançar. Mesmo assim, por alguma razão, levamos séculos para dar esse passo.

Há adventos tardios equivalentes em um nível macro, desenvolvimentos mais genéricos que poderiam ter sido alcançados mas por alguma estranha razão demoraram para surgir. Um desses retardatários — como revela o trabalho de Thomas McKeown — é a própria disciplina médica.

Se você fosse um farmacêutico em 1900 querendo estocar em suas prateleiras remédios para várias doenças — gota, talvez, ou indigestão —, provavelmente consultaria o extenso catálogo da Parke, Davis & Company, agora Parke-Davis, uma das empresas farmacêuticas mais bem-sucedidas e bem-conceituadas dos Estados Unidos. Nas páginas desse catálogo, teria encontrado produtos como Damiana et Phosphorus cum Nux, que combinava um arbusto psicodélico e estricnina para criar um produto projetado para "restaurar a vida sexual". Outro elixir, com o nome de Extratos de Fluido Medicinal Concentrado de Duffield, continha beladona, arsênico e mercúrio. A cocaína era vendida na forma injetável, bem como em pó e em cigarros. O catálogo anunciava orgulhosamente que a droga "[tomaria] o lugar da comida, tornaria o covarde corajoso, o silencioso eloquente e [...] o sofredor insensível à dor". Como escreve o historiador da medicina William Rosen: "Praticamente todas as páginas do catálogo de medicamentos da Parke, Davis incluíam algum composto tão perigoso quanto a dinamite, embora muito menos útil".[1]

Medicamentos recomendados no Catálogo Parke, Davis & Company, 1907.

Para além do efeito placebo: Regulamentação e testagem de medicamentos   169

Esse era o lamentável estado da medicina no início do novo século. A eletricidade fora domada e era utilizada para iluminar as ruas de Manhattan; a raça humana estava prestes a desvendar o mistério do voo; sinais de rádio eram transmitidos pelo éter. Mas, no que dizia respeito à medicina, uma das empresas farmacêuticas mais valiosas do mundo ainda vendia falsas curas à base de mercúrio e arsênico.

É provável que as intervenções de saúde *pessoais* — ao contrário das públicas, como esgotos e sistema de filtragem da água — não tenham tido um efeito significativo na expectativa de vida humana até 1950. É verdade que as vacinas salvaram muitas vidas no século anterior, mas os demais campos da medicina mal haviam avançado além do envenenamento por mercúrio usado para tratar o rei Jorge. Somando-se tudo — vidas prolongadas versus vidas encurtadas —, a profissão médica mal conseguiu empatar. O historiador John Barry observa que

a edição de 1889 do Manual de Informação Médica Merck recomendava cem tratamentos para bronquite, cada um com seus fervorosos defensores, mas o editor vigente do manual reconhece que "nenhum deles funcionava". O manual também recomendava, entre outras coisas, champanhe, estricnina e nitroglicerina para enjoo.

Oliver Wendell Holmes disse a famosa frase: "Acredito firmemente que, se todo o material médico [drogas medicinais], tal como usado atualmente, pudesse ser depositado no fundo do mar, seria melhor para a humanidade — e pior para os peixes".[2] Holmes escreveu essas linhas em 1860, mas elas eram quase igualmente aplicáveis a toda a medicina do início do século xx.

Hoje, claro, pensamos na medicina como um dos pilares do progresso moderno, ao lado de smartphones e carros elétricos. Os antibióticos tratam muitas das doenças que matavam a geração de nossos bisavós; novas imunoterapias milagrosas estão curando câncer; os medicamentos antirretrovirais agora podem de fato impedir a progressão da aids. Mas essas drogas milagrosas são na verdade uma invenção incrivelmente recente. Apenas oitenta anos atrás, antes da eclosão da Segunda Guerra Mundial, a esmagadora maioria dos remédios no mercado era inútil, se não fosse prejudicial de fato. Há algo estranhamente assíncrono no lamentável estado da medicina na primeira metade do século xx. O que estava tolhendo essa ciência quando tantos outros campos subiam a escada do progresso?

Vários fatores importantes explicam o advento tardio da medicina. Um dos mais dramáticos, contudo, é que não havia proibição legal da venda de remédios inúteis. Na verdade, toda a indústria farmacêutica estava quase totalmente desregulamentada nas primeiras décadas do século xx. Em termos técnicos, havia uma organização conhecida como Bureau of Chemistry, criada em 1901 para supervisionar o setor. Mas essa versão inicial do que se tornaria a FDA americana era ineficaz em termos de sua capacidade de garantir que os clientes recebessem tratamentos médicos eficazes. Sua única responsabilidade era garantir que os ingredientes químicos listados no frasco estivessem realmente presentes no medicamento. Se você quisesse colocar mercúrio ou cocaína na sua droga milagrosa, a agência não veria nenhum problema nisso, desde que constasse no rótulo.

Foi necessária uma tragédia nacional para mudar esse absurdo estado de coisas. No início dos anos 1930, a empresa far-

Para além do efeito placebo: Regulamentação e testagem de medicamentos   171

macêutica alemã Bayer AG desenvolveu uma nova classe de medicamentos chamada sulfanilamidas, ou medicamentos com "sulfa", uma precursora menos eficaz dos antibióticos modernos. Em poucos anos, o mercado foi inundado por imitações. Infelizmente, a sulfanilamida não era solúvel em álcool ou água, por isso as drogas existentes que incluíam a sulfa vinham na forma de pílulas que eram particularmente difíceis para as crianças engolirem. Percebendo uma oportunidade de mercado, um homem de 27 anos nascido no Tennessee, chamado Samuel Evans Massengill, largou a faculdade de medicina para abrir sua própria empresa farmacêutica com o objetivo de produzir uma variante da sulfa mais fácil de ingerir. Em 1937, o químico responsável Harold Watkins, da recém-formada S. E. Massengill Company, teve a ideia de dissolver a droga em dietilenoglicol, adicionando aroma de framboesa a fim de tornar a mistura mais palatável para as crianças. A empresa lançou o composto no mercado com a marca Elixir de Sulfanilamida, despachando 240 galões do medicamento para farmácias dos Estados Unidos e prometendo a cura para estreptococos nas gargantas infantis.[3]

Embora a sulfa tenha de fato efeitos antibacterianos significativos, e o sabor de framboesa tornasse o remédio mais palatável, o dietilenoglicol é tóxico para os seres humanos. Em poucas semanas, seis mortes por insuficiência renal foram relatadas em Tulsa, Oklahoma, todas elas ligadas ao "elixir". Os óbitos desencadearam uma busca frenética em todo o país: os fiscais da agência de alimentos e remédios examinavam registros de farmácias, alertavam os médicos e qualquer pessoa que tivesse comprado a droga a destruí-la imediatamente. Mas a FDA não tinha uma equipe com conhecimento farmacológico suficiente para determinar o que tornava aquilo tão letal. Assim, terceirizou o trabalho investigativo para um químico sul--africano da Universidade de Chicago chamado Eugene Geiling. Em poucas semanas, Geiling fez sua equipe de alunos de pós-graduação testar todos os ingredientes do elixir num pequeno bestiário do laboratório: cães, ratos e coelhos. Ele logo identificou como culpado o dietilenoglicol — um parente químico próximo do anticongelante.

Essa foi uma combinação inspiradora de trabalho de campo e análise de laboratório. Mas chegou tarde demais para muitas famílias americanas. Quando a FDA recuperou o último frasco, 71 adultos e 34 crianças haviam morrido por consumirem o elixir. Muitos mais foram hospitalizados com problemas renais graves, salvando-se por pouco da morte.

Surpreende que naquele momento da história dos Estados Unidos o governo ainda não tivesse um gabinete de alto nível para supervisionar diretamente a saúde do país. (O Departamento de Saúde, Educação e Bem-Estar só foi criado em 1953.) Assim, o gerenciamento dessa crise mortal das drogas coube a Henry Wallace, então secretário da Agricultura. Levado ao Congresso para explicar como o elixir letal havia chegado às mãos dos consumidores, Wallace explicou como a FDA realizara sua supervisão. "Antes de ser posto no mercado, o elixir foi testado quanto ao sabor, mas não quanto ao seu efeito sobre a vida humana", relatou o secretário aos congressistas. "A Lei de Alimentos e Medicamentos existente não exige que novas drogas sejam testadas antes de serem colocadas à venda."[4] Os analistas da FDA confirmaram que o Elixir de Sulfanilamida tinha gosto de framboesa, conforme anunciado. Simplesmente não se preocuparam em investigar se isso causava insuficiência renal.

Para além do efeito placebo: Regulamentação e testagem de medicamentos   173

TRAGÉDIAS COMO ESSA inevitavelmente produzem uma busca por vilões e bodes expiatórios, os malfeitores responsáveis pela morte de crianças inocentes. Sem dúvida, parte da culpa pela tragédia recaiu sobre Harold Watkins e a S. E. Massengill Company. A empresa foi multada em 24 600 dólares por vender o veneno a consumidores desavisados, apesar de negar publicamente a culpa de Watkins. "Temos atendido a uma demanda profissional legítima e nunca poderíamos prever os resultados inesperados", declarou. "Não creio que tenha havido qualquer responsabilidade de nossa parte."[5] Harold Watkins, o químico, não conseguiu ignorar sua culpa na tragédia com tanta facilidade. Suicidou-se antes que a investigação da FDA terminasse.

No entanto, é muito simples reduzir o caso do Elixir de Sulfanilamida às ações de alguns indivíduos malévolos. Essas 105 mortes também foram resultado de falhas regulatórias e de mercado. O problema não se limitava somente a um químico desonesto e um empresário imprudente: também envolvia todo o sistema de como os medicamentos eram criados e vendidos. As empresas farmacêuticas não tinham incentivos legais para inventar elixires que realmente *funcionassem*, dada a supervisão limitada da FDA. Contanto que suas listas de ingredientes estivessem corretas, tinham carta branca para vender qualquer poção milagrosa. Mesmo quando um desses ingredientes era um veneno conhecido, que matou mais de cem pessoas, a pena foi apenas um tapinha na mão financeiro.

Pode-se pensar que o próprio mercado forneceria incentivos adequados para as empresas farmacêuticas produzirem medicamentos eficazes. Os elixires que de fato curavam as doenças que prometiam curar venderiam mais do que aqueles baseados na falsa ciência. Mas os mecanismos de mercado por trás dos remédios eram complicados por dois fatores que não se aplicam à maioria dos outros produtos de consumo. O primeiro é o efeito placebo. Em média, os seres humanos tendem a ver melhores resultados de saúde quando lhes dizem que estão tomando algo útil, mesmo que o medicamento ingerido seja uma pílula de açúcar. Ainda não se sabe com certeza como os placebos funcionam, mas seu efeito é real. Não há efeito placebo equivalente para, digamos, televisores ou sapatos. Se você abrir um negócio vendendo televisores falsos, 20% de seus clientes não vão imaginar falsos programas de televisão quando instalarem seus aparelhos na sala de estar. Mas uma empresa farmacêutica que vende elixires falsos obterá resultados positivos de uma parte significativa de seus clientes.

A outra razão pela qual os incentivos de mercado falham com a medicina é o fato de os seres humanos terem suas próprias farmácias internas na forma do sistema imune. Na maioria das vezes em que as pessoas ficam doentes, elas melhoram por conta própria — graças ao brilhante sistema de defesa de leucócitos, fagócitos e linfócitos que reconhece e combate ameaças ou ferimentos e repara os danos. Contanto que seu elixir mágico não causasse insuficiência renal, você poderia vender o composto aos consumidores, e na maioria das vezes eles realmente teriam resultado. A garganta inflamada melhoraria ou a febre baixaria — não pela ingestão da fórmula milagrosa de algum charlatão, mas porque o sistema imune estava fazendo o seu trabalho, silenciosa e invisivelmente. Do ponto de vista do paciente, no entanto, a fórmula milagrosa mereceria todo o crédito.

Mas o efeito placebo e o sistema imune não funcionaram com o dietilenoglicol. As mortes causadas pelo elixir de Harold Watkins

Para além do efeito placebo: Regulamentação e testagem de medicamentos   175

acabaram desencadeando uma espécie de resposta imunológica do governo. O testemunho de Henry Wallace revelou o quanto a FDA era realmente impotente quando se tratava de regulamentar uma reforma farmacêutica. Cidadãos indignados pressionaram por mudanças, e em 1938 Franklin Roosevelt sancionou a Lei Federal de Alimentos, Medicamentos e Cosméticos. Pela primeira vez, a FDA foi autorizada a verificar a segurança de todos as medicações vendidas nos Estados Unidos. Enfim os reguladores poderiam investigar para além do sabor de framboesa e chegar ao problema mais urgente de saber se a droga em questão poderia matar.

UM ANO ANTES DA eclosão da crise do Elixir de Sulfanilamida, Eugene Geiling, o farmacologista da Universidade de Chicago que mais tarde identificaria as toxinas no elixir, recebeu de Frances Oldham, precoce estudante canadense, um pedido para trabalhar em seu laboratório. Frances Oldham tinha 21 anos, concluíra o ensino médio aos quinze e se formara em farmacologia na Universidade McGill. A carta e o currículo brilhante impressionaram tanto Geiling que ele respondeu pelo Correio Aéreo Especial. "Se você puder estar em Chicago até 1º de março, pode contar com o auxílio de pesquisa por quatro meses e depois com uma bolsa de estudos para fazer doutorado", escreveu. "Mande uma resposta imediatamente."

Havia apenas um problema. Geiling tinha endereçado a carta ao "Sr. Oldham", mas Frances Oldham era uma mulher — numa época em que praticamente não se conheciam mulheres bioquímicas. "Geiling era muito conservador e antiquado", escreveu ela mais tarde, "e realmente não gostava muito de mulheres cientistas." Ela pensou em mandar uma resposta esclarecendo a confusão. "Aqui minha consciência mexeu um pouco comigo", lembrou. "Eu sabia que os homens eram a mercadoria preferida naquela época. Será que eu deveria escrever explicando que Frances com 'e' é mulher e com 'i' é homem?" Ela fez a pergunta a seu orientador na McGill, que descartou suas preocupações. "Não seja ridícula", falou. "Aceite o trabalho, assine seu nome, coloque 'senhorita' entre colchetes e pronto!"

A decisão foi um ponto de inflexão para Frances Oldham. "Até hoje não sei se teria dado aquele primeiro grande passo se meu nome fosse Elizabeth ou Mary Jane", escreveu em suas memórias.[6]

Uma de suas atribuições iniciais foi observar ratos durante os testes em animais com o Elixir de Sulfanilamida. A experiência deixou uma impressão indelével na jovem cientista: a convicção de que tragédias em massa desse tipo — verdadeiras traições ao juramento de Hipócrates — poderiam ser evitadas com análises de laboratório empíricas e uma supervisão regulatória correta.

Décadas mais tarde, Oldham desempenharia papel crucial em outro marco da legislação, também desencadeado por uma tragédia em massa. Em agosto de 1960 ela — agora conhecida por seu nome de casada, Frances Oldham Kelsey — conseguiu um emprego na FDA como uma dos três únicos inspetores médicos encarregados de avaliar as requisições de licença de novos medicamentos. A supervisão da FDA sobre a indústria farmacêutica havia se expandido desde os dias do Elixir de Sulfanilamida, mas uma série de limitações significativas continuou a prejudicar a capacidade da agência de manter seguro o suprimento de remédios. A FDA tinha apenas sessenta dias para aprovar ou rejeitar um novo medicamento; se os inspe-

Para além do efeito placebo: Regulamentação e testagem de medicamentos 177

tores médicos deixassem de dar o parecer durante esse período, o fabricante estava livre para lançá-lo no mercado. O mais surpreendente é que o fabricante não tinha obrigação de apresentar provas de que o remédio realmente *funcionava*. Se a FDA estivesse convencida de que uma nova droga não era perigosa, a agência permitiria à empresa farmacêutica colocá-la no mercado. Os fabricantes poderiam misturar um coquetel aleatório de ingredientes e chamá-lo de cura para a artrite, e, desde que não contivesse nenhuma toxina conhecida, vender barris cheios para clientes desavisados.

Em um estranho eco de suas experiências como jovem assistente de pesquisa mais de duas décadas antes, Frances Oldham Kelsey se viu no meio de uma épica crise de saúde semanas depois de começar em seu novo emprego na FDA. Alguns anos antes de ela se mudar para a agência, uma empresa alemã começara a vender um remédio para dormir e ansiolítico com o nome comercial de Contergan. Posteriormente, ele foi comercializado como tratamento para enjoos matinais. O ingrediente ativo do medicamento — uma droga imunomoduladora chamada talidomida — parecia ter poderes milagrosos: deixava as pessoas sonolentas e relaxadas como outros sedativos recém-lançados no mercado, mas, ao contrário deles, os testes sugeriram ser impossível ter uma overdose. Em 1960, o remédio foi licenciado para uso em mais de quarenta países ao redor do mundo.

Foi quando um pedido de produção e venda de talidomida — comercializada nos Estados Unidos como Kevadon — chegou à mesa de Frances Oldham Kelsey.

Como a substância fora aprovada para uso em toda a Europa, a empresa americana que licenciou o medicamento, a Richardson-

-Merrell, apresentou um pedido um tanto superficial de nova aplicação da droga (NDA, na sigla em inglês). Como revisora médica, o trabalho de Kelsey era analisar os ensaios clínicos e outras evidências de apoio que a empresa apresentara para demonstrar a segurança do medicamento. No caso do Kevadon, a Richardson-Merrell só havia mandado testemunhos de médicos, não estudos empíricos. A farmacologista da FDA também teve algumas dúvidas sobre a maneira como o remédio era absorvido, não mencionada na NDA. Kelsey decidiu declarar o pedido incompleto, dando à FDA mais alguns meses para analisá-lo.

Pouco depois de tomar essa decisão, ela leu um artigo no *The British Medical Journal* documentando casos de neurite — um tipo de lesão nervosa, potencialmente irreversível — associados ao uso da talidomida. O representante da Richardson-Merrell afirmou não saber nada sobre esses relatórios, e após uma viagem à Europa para investigar ele informou a Kelsey que o efeito colateral "não era particularmente sério e talvez estivesse associado a uma dieta inadequada". A empresa logo adotou uma nova estratégia com a FDA, enfatizando como era mais fácil sofrer uma overdose de outras pílulas para dormir, como barbitúricos, que já haviam sido aprovadas. "Se tivesse tomado talidomida, Marilyn Monroe ainda estaria viva", argumentava a empresa.[7] Mas Frances Oldham Kelsey não se intimidou. Os estudos que mostraram danos nos nervos a deixaram curiosa sobre o efeito da droga em um feto em crescimento, visto que muitas mulheres tomavam o medicamento como tratamento para os enjoos matinais.

O palpite provou-se tragicamente perspicaz. Sem saber dos estudos de Kelsey, obstetras alemães já tinham começado a relatar um aumento incomum de crianças nascidas com mem-

Para além do efeito placebo: Regulamentação e testagem de medicamentos   179

bros gravemente malformados, condição conhecida como focomelia. Metade dos recém-nascidos morreu. Mais uma vez, teve início uma corrida frenética para identificar o culpado. No outono de 1961, com o pedido do Kevadon ainda sob análise graças às objeções de Frances, as autoridades europeias vincularam de forma convincente a talidomida à onda de defeitos de nascença. Em março de 1962, a Richardson-Merrell retirou formalmente seu pedido. Mais de 10 mil crianças nasceram no mundo todo com focomelia causada pela talidomida, e um número incalculável morreu no útero. Poucos casos foram relatados nos Estados Unidos. Os americanos foram poupados da tragédia da talidomida graças às observações perspicazes de Frances Oldham Kelsey e seus colegas da FDA. Em uma cerimônia no Rose Garden, o presidente Kennedy concedeu a ela o President's Award for Distinguished Federal Civilian Service. "Considerei que estava aceitando a medalha em nome de muitos outros funcionários federais", escreveu Kelsey em suas memórias. "Foi realmente um esforço de equipe."

Normalmente não ouvimos falar muito sobre burocratas heroicos, pois parte do poder de uma burocracia eficaz como a da FDA está na forma como seus conhecimentos e sua experiência se distribuem por milhares de pessoas, cada qual fazendo silenciosamente seu trabalho de revisão de registros clínicos, entrevistando os candidatos, tentando compreender o problema em questão com o máximo de rigor possível. Esse tipo de sistema raramente produz figuras de proa icônicas como os CEOS ou celebridades da televisão ou atletas profissionais que ganham destaque em outras organizações. E, como sua atividade não se presta naturalmente a narrativas épicas de realizações individuais, o valor desse trabalho costuma ser subestimado pelo público em geral.

O presidente John F. Kennedy entrega o President's Award for Distinguished Federal Civilian Service à dra. Frances Oldham Kelsey, 1962. (WDC Photos/ Alamy Stock Photo)

Sim, burocracias podem sufocar inovações. Sim, alguns regulamentos podem ultrapassar a data de validade. Precisamos de mecanismos melhores para desbastar códigos desatualizados. Porém, no que diz respeito à medicina, os benefícios da supervisão governamental se mostraram fundamentais no número de vidas salvas quando os chamados burocratas foram autorizados a realmente investigar a segurança dos medicamentos usados

Para além do efeito placebo: Regulamentação e testagem de medicamentos   181

pelos americanos. Esses benefícios têm números reais que os validam — as 105 pessoas que perderam a vida com o Elixir de Sulfanilamida teriam sobrevivido se a FDA tivesse feito os testes mais simples da droga em animais; e milhares de americanos poderiam nunca ter nascido ou ter vindo ao mundo com terríveis deformações fisiológicas se Frances Oldham Kelsey tivesse começado seu trabalho sessenta dias mais tarde.

Como a crise precedente do Elixir de Sulfanilamida, o escândalo da talidomida imediatamente abriu as portas para uma nova legislação que os ativistas vinham tentando promover há anos sem sucesso. Poucos meses depois de a substância ser retirada do mercado, o Congresso aprovou as históricas emendas Kefauver-Harris, que aumentaram radicalmente as exigências quanto às propostas de novos medicamentos. As emendas introduziram muitas mudanças no código regulatório, porém a mais surpreendente determinava que, pela primeira vez, as empresas farmacêuticas seriam obrigadas a fornecer provas de *eficácia*, não só de segurança. Não bastava que as grandes farmacêuticas provassem que não estavam envenenando seus consumidores. Agora, finalmente, teriam de realmente fornecer evidências de que os estavam curando.

Nesse caso, a cronologia parece absurda à primeira vista. Como é possível termos começado a pedir às empresas farmacêuticas os resultados de evidências empíricas apenas meio século atrás? Mas a verdade é que a questão da eficácia era mais difícil de esclarecer quando Frances Oldham chegou ao laboratório da Universidade de Chicago. Em 1937, a FDA não poderia pedir uma prova razoável de eficácia porque o mundo da medicina experimental não tinha uma forma padronizada de estabelecer sucessos ou fracassos. Mas isso se tornou possível quando ela compareceu ao seu primeiro dia de trabalho na FDA, em 1962. Algo fundamental mudou no quarto de século que separou as duas crises. Os seres humanos adquiriram um novo superpoder. Não era um superpoder que parecesse impressionante nas reportagens de TV, como dividir o átomo ou enviar astronautas ao espaço. Foi um avanço médico, mas que não envolvia seringas ou substâncias químicas. Estava mais próximo das tabelas de vida de Farr: um avanço na forma como analisamos os dados. O nome formal da inovação era ensaio controlado randomizado duplo-cego, geralmente abreviado para ECR. De todos os adventos tardios da história intelectual e tecnológica — como a bicicleta e as máquinas de escrever —, o ECR pode muito bem ser o mais intrigante e o mais importante.

HÁ POUCAS REVOLUÇÕES METODOLÓGICAS na história da ciência tão significativas quanto a invenção do ECR. (Apenas a formulação do próprio método científico no século XVII — elabolar hipóteses, testá-las, refiná-las a partir dos resultados dos testes — parece mais abrangente.) A exemplo dos métodos empíricos desenvolvidos por Francis Bacon e outros protocientistas do Iluminismo, o ECR é uma técnica surpreendentemente simples — tão simples, na verdade, que leva a perguntar por que demorou tanto para ser descoberta. Os principais ingredientes de um ECR são visíveis no próprio termo: randomizado, duplo-cego e controlado. Digamos que você esteja testando um novo medicamento que em tese cura infecções de garganta. Primeiro, você reúne um grande número de pessoas que estão com dor de garganta e as divide aleatoriamente em dois grupos. Um grupo — conhecido como grupo experimental — receberá o

Para além do efeito placebo: Regulamentação e testagem de medicamentos 183

medicamento a testar; o outro receberá um placebo. O grupo do placebo é o grupo de controle: uma espécie de parâmetro com o qual se pode medir a eficácia do medicamento. O grupo de controle mede quanto tempo leva para a infecção de garganta ser curada naturalmente pelo sistema imune do corpo. Se o medicamento em questão funcionar de fato, o grupo que o recebeu terá melhoras mais rapidamente que o grupo de controle. Se não houver diferença no resultado entre os dois — ou se o grupo experimental começar a morrer de insuficiência renal —, é possível saber que há um problema no remédio testado. É crucial, em um verdadeiro experimento duplo-cego, que nem as pessoas que administram o experimento nem seus participantes saibam qual sujeito está em qual grupo. Não dispor desse conhecimento evita que vieses sutis se insinuem no estudo. Quando os dados tiverem sido reunidos, realiza-se a análise estatística para determinar se um grupo se saiu significativamente melhor ou pior que o outro. De maneira geral, o padrão é demonstrar que a margem de erro é inferior a 5% devido ao acaso. Em outras palavras, se você fizesse o estudo cem vezes, mais de 95% dos testes mostrariam que o tratamento produziu resultados positivos no grupo experimental.

Juntando todos esses elementos, é possível ter um sistema para separar as curas por charlatanismo das curas verdadeiras, o que evita os inúmeros perigos que há muito atormentavam a ciência médica: evidências anedóticas, falsos positivos, confirmações preconcebidas e assim por diante. Quando, em 1962, começou a exigir dos fabricantes de medicamentos comprovações de eficácia, a FDA pôde fazer a demanda porque então havia um sistema — o ECR — capaz de fornecer esse tipo de prova de maneira segura.

O ECR surgiu como uma convergência de vários afluentes intelectuais diferentes. Já em 1747, o médico escocês James Lind realizou um proto-ECR a bordo do HMS *Salisbury*, numa tentativa de determinar um remédio eficaz para o escorbuto, que naquela época era a principal causa de morte entre a comunidade náutica. O experimento de Lind identificou doze marinheiros com sintomas da doença e os dividiu em seis pares, dando a cada par um suplemento dietético diferente: cidra, ácido sulfúrico diluído, vinagre, água do mar, frutas cítricas ou um purgante comum. Apesar de não ter incluído um grupo de controle adequado, que ingerisse um placebo, ele tentou manter invariáveis todos os outros fatores ambientais para os indivíduos: dando a todos a mesma dieta (com exceção dos suplementos) e garantindo que fossem expostos às mesmas condições de vida a bordo do navio. O experimento de Lind determinou corretamente que o suplemento de frutas cítricas foi o único a ter efeito positivo no combate à doença.

Sob muitos aspectos, o estudo de Lind estava longe da forma moderna do ECR. Para começar, faltavam placebos e o duplo-cego, e não havia participantes suficientes no estudo para torná-lo estatisticamente representativo. A importância da randomização só se tornaria evidente no início do século XX, quando o estatístico britânico Ronald A. Fisher começou a explorar o conceito no contexto de estudos agrícolas como forma de testar a eficácia do tratamento em diferentes lotes de terra. "A randomização realizada de maneira adequada", argumentou Fisher em *The Design of Experiments*, de 1935, "alivia o experimentador da ansiedade de considerar e estimar a magnitude das inúmeras causas pelas quais seus dados podem ser distorcidos".[8]

Para além do efeito placebo: Regulamentação e testagem de medicamentos 185

O trabalho de Fisher sobre randomização e plano de experimento nos anos 1930 chamou a atenção do epidemiologista e estatístico Austin Bradford Hill, que percebeu no método de Fisher uma técnica que poderia ser extremamente útil em estudos médicos. Mais tarde Hill ecoaria a descrição de Fisher acerca dos poderes de randomização ao escrever que a técnica

> garante que nem nossas idiossincrasias pessoais (nossos gostos ou aversões aplicados de forma consciente ou inconsciente) nem nossa falta de julgamento equilibrado tenham entrado na formação dos diferentes grupos de tratamento — com a alocação fora de nosso controle, os grupos tornam-se, consequentemente, imparciais.[9]

Hill reconheceu que a chave para o planejamento de experimentos bem-sucedidos não era apenas a capacidade do pesquisador de produzir medicamentos promissores para testagem, mas também eliminar sua influência sobre os resultados do experimento, as contaminações sutis que tantas vezes distorciam os dados.

Quando jovem, Hill contraiu tuberculose enquanto servia como piloto no Mediterrâneo, e por isso fez todo sentido que o primeiro estudo de referência supervisionado por ele fosse sobre um novo tratamento para a tuberculose, com o antibiótico experimental estreptomicina. Quando os resultados foram publicados no *The British Medical Journal*, em 1948, o título somente aludia ao conteúdo do estudo: "Tratamento da tuberculose pulmonar com estreptomicina". Mas a verdadeira relevância da pesquisa está em sua forma. Ela é atualmente considerada o primeiro ECR genuíno já realizado. Os antibióticos, como veremos no próximo capítulo, acabaram sendo os motores que afinal transformaram o mundo da medicina em uma clara força positiva em termos de expectativa de vida. Provavelmente não é coincidência que as primeiras drogas milagrosas e os primeiros ECRs autênticos tenham sido desenvolvidos com alguns anos de diferença entre si. Os dois desenvolvimentos se complementaram: a descoberta dos antibióticos finalmente deu aos pesquisadores um medicamento que valia a pena testar, e os ensaios controlados randomizados proporcionaram uma maneira rápida e confiável de separar os antibióticos promissores dos insucessos.

O estudo randômico e controlado de Hill sobre a eficácia da estreptomicina foi um marco na história dos projetos experimentais. Seu efeito indireto sobre os resultados da área da saúde — graças aos inúmeros ensaios controlados randomizados que se seguiriam — teria lhe rendido um lugar no panteão da história da medicina, mesmo que ele nunca mais tivesse publicado outro artigo. Mas Austin Bradford Hill estava só começando. Seu próximo estudo teria um impacto direto sobre milhões de vidas em todo o planeta.

Em algum momento durante o caos da Segunda Guerra Mundial, enquanto a blitz aterrorizava Londres, as autoridades de saúde pública da Inglaterra começaram a detectar um sinal sinistro nos relatórios de mortalidade compilados pelos registros gerais. Enquanto milhares morriam em incursões de bombardeiros e nas linhas de frente na Europa continental, outro tipo de assassino se tornava cada vez mais mortífero entre a população em geral: o câncer de pulmão. O aumento

Para além do efeito placebo: Regulamentação e testagem de medicamentos 187

de mortes foi verdadeiramente alarmante. No final da guerra, o Conselho de Pesquisas Médicas estimou que a mortalidade por carcinoma pulmonar havia aumentado *quinze* vezes desde 1922. O cigarro era uma das causas suspeitas, mas muitas pessoas apontaram outros fatores ambientais: o escapamento dos automóveis, o uso de alcatrão nas estradas e outras formas de poluição industrial.

Poucos meses antes de Austin Bradford Hill publicar seu estudo sobre tuberculose, o Conselho de Pesquisas Médicas abordou-o e a outro famoso epidemiologista chamado Richard Doll, pedindo para investigarem a crise de câncer de pulmão. Hoje, claro, até alunos do ensino fundamental estão cientes da relação entre o cigarro e o câncer de pulmão — mesmo que alguns continuem a ignorá-la —, mas no final dos anos 1940 a ligação não era nada clara. "Eu mesmo não esperava descobrir que fumar era um grande problema", recordaria mais tarde Richard Doll. "Se tivesse de apostar naquela época, poria meu dinheiro em algo relacionado a estradas e automóveis."

Hill e Doll desenvolveram um experimento brilhante para testar a hipótese da relação entre o fumo e o aumento de casos de câncer de pulmão. A estrutura era uma espécie de versão invertida de um teste tradicional de drogas. O grupo experimental não ingeriu um medicamento experimental e não houve placebo. Nesse caso, o grupo experimental foi formado por pessoas com câncer de pulmão. Hill e Doll visitaram vinte hospitais diferentes de Londres para encontrar um grupo estatisticamente representativo de pacientes com a doença. Recrutaram dois grupos de controle distintos em cada hospital: pacientes que sofriam de alguma outra forma de câncer e pacientes sem câncer. Os pesquisadores tentaram comparar cada membro do grupo "experimental" — isto é, o grupo com câncer de pulmão — com um paciente do grupo de controle mais ou menos com a mesma idade e classe econômica, e que morasse no mesmo bairro ou cidade. Com essas variáveis equivalentes em cada grupo, Hill e Doll garantiram que nenhum fator interveniente contaminasse os resultados. Imagine, por exemplo, que o aumento de câncer de pulmão fosse causado pela fuligem industrial nas fábricas de Lancashire. Um experimento que não controlasse o local de residência ou a situação econômica (operário de fábrica versus balconista, digamos) não conseguiria detectar esse vínculo causal. Porém, ao reunir um grupo experimental e um grupo de controle com grandes semelhanças entre si em termos demográficos, eles puderam investigar se havia alguma diferença significativa entre os dois grupos em termos do hábito de fumar.

No final, 709 pessoas com câncer de pulmão foram entrevistadas sobre seu histórico de tabagismo, e o mesmo número no grupo controle. Hill e Doll criaram várias tabelas que analisavam essas histórias em diferentes dimensões: a média de cigarros fumados por dia; a quantidade total de tabaco consumida ao longo da vida; a idade em que o sujeito começou a fumar. Quando os números foram tabulados, os resultados eram esmagadores. "Qualquer que seja a medida adotada para mensurar o ato de fumar", escreveram Hill e Doll, "obtém-se o mesmo resultado, ou seja, uma relação significativa e clara entre tabagismo e carcinoma do pulmão."[10] No fim do artigo que publicaram, os dois faziam uma tentativa aproximada de avaliar o impacto do tabagismo pesado sobre a probabilidade

Para além do efeito placebo: Regulamentação e testagem de medicamentos 189

de desenvolver câncer de pulmão. Segundo suas estimativas, uma pessoa que fumava mais de um maço por dia tinha uma probabilidade cinquenta vezes maior de ter câncer de pulmão que um não fumante. O número era estarrecedor para a época, mas agora sabemos que se tratava de uma subavaliação grosseira do risco. Na verdade, fumantes inveterados têm uma probabilidade *quinhentas* vezes maior de ter câncer no pulmão que os não fumantes.[11]

Apesar da evidência esmagadora demonstrada pelo estudo e do rigor do projeto experimental, o artigo que publicaram em 1950 — "Tabagismo e carcinoma de pulmão" — foi inicialmente repudiado pela medicina da época. Anos mais tarde, perguntaram a Doll por que tantas autoridades ignoraram as evidências óbvias que ele e Hill haviam acumulado. "Um dos problemas que encontramos ao tentar convencer a comunidade científica", explicou,

> foi que o pensamento naquela época era dominado pela descoberta de bactérias como a da difteria e da febre tifoide e o bacilo da tuberculose, que foram a base para os grandes avanços da medicina nas últimas décadas do século XIX. Quando chegava a hora de tirar conclusões de um estudo epidemiológico, os cientistas tendiam a usar as regras empregadas para mostrar que uma doença infecciosa era causada por um germe específico.[12]

Em certo sentido, o establishment médico estava cegado por seus sucessos na identificação das causas de outras doenças. Embora um número esmagador de pacientes com câncer de pulmão fosse de fumantes inveterados, muitas pessoas que não fumavam também tinham a doença. Usando o antigo paradigma, os não fumantes eram como um paciente com cólera que nunca tivesse ingerido a bactéria *Vibrio cholerae*. "Mas, claro, ninguém estava dizendo que [fumar] era *a* causa; o que estávamos dizendo é que é *uma* causa", explicou Doll. "As pessoas não percebiam que essas doenças crônicas podem ter múltiplas causas."

Isso não deteve Hill e Doll, que começaram a realizar outro experimento abordando a questão do tabagismo de um ângulo diferente. Decidiram ver se poderiam *prever* casos de câncer de pulmão analisando o uso de cigarro e os resultados na saúde ao longo de muitos anos. Dessa vez eles utilizaram os próprios médicos como sujeitos, enviando questionários a mais de 50 mil médicos no Reino Unido, entrevistando-os sobre seus hábitos tabagistas e monitorando sua saúde ao longo do tempo. "Nosso planejamento era para um estudo de cinco anos", lembrou Doll mais tarde. "Mas em dois anos e meio já tínhamos 37 mortes por câncer de pulmão e nenhuma morte entre os não fumantes." Os dois publicaram seus resultados no início de 1954, no que agora é considerado um momento decisivo na compreensão do estabelecimento científico da relação causal entre tabagismo e câncer.

Nesse artigo de 1954, a estrutura do experimento era menos importante que a escolha incomum dos sujeitos da pesquisa. A opção inicial dos pesquisadores de entrevistar médicos deveu-se ao fato de ser mais fácil acompanhá-los para monitorar sua saúde e o uso de cigarro nos anos seguintes. Mas a decisão acabou rendendo benefícios adicionais. "Foi uma sorte ter escolhido médicos, sob vários pontos de vista", observou Doll. "Um deles foi que os profissionais médicos deste país se convenceram das descobertas mais rapidamente do que em

Para além do efeito placebo: Regulamentação e testagem de medicamentos 191

qualquer outro setor. Eles disseram: 'Meu Deus! Fumar mata médicos, deve ser muito sério'."

Exatamente dez anos após a publicação do segundo estudo de Hill e Doll sobre a relação entre câncer e tabagismo, Luther Terry, médico e ministro da Saúde dos Estados Unidos, publicou o famoso *Relatório sobre as consequências do tabagismo para a saúde*, declarando oficialmente que o cigarro representava uma ameaça significativa à saúde. (Depois de tragar nervosamente um cigarro a caminho do anúncio, Terry foi questionado durante a coletiva de imprensa se era fumante. "Não", respondeu. Quando indagado quanto tempo fazia desde que havia parado de fumar, respondeu: "Vinte minutos".) Estudos subsequentes modelados a partir do trabalho pioneiro de Hill e Doll identificaram outras ameaças à saúde representadas pelo fumo, incluindo doenças cardiovasculares, atualmente a principal causa de morte nos Estados Unidos. Agências reguladoras governamentais do mundo todo adicionaram rótulos de advertência aos produtos com tabaco; restrições de publicidade foram estabelecidas; o cigarro passou a ser altamente tributado. Quando Hill e Doll entrevistaram seus primeiros pacientes nos hospitais de Londres, mais de 50% da população do Reino Unido era de fumantes ativos. Hoje, são apenas 16%. Estima-se que parar de fumar antes dos 35 anos aumente sua expectativa de vida em até nove anos.

A parceria entre ECR e a regulamentação governamental — com o experimento revelando ameaças que os governos banem ou restringem — levou a uma revolução silenciosa, mas profunda, para a saúde de milhões de pessoas em todo o mundo. Os compostos usados na produção de corantes e da borracha causavam câncer na bexiga e foram eliminados;

o câncer de pele gerado pela exposição ao alcatrão de operários trabalhando em ruas e estradas foi bastante reduzido; o amianto foi proibido depois que estudos o relacionaram ao raro e mortal mesotelioma cancerígeno. Essa revolução não foi iniciada por avanços tecnológicos espetaculares ou manifestantes nas ruas, mas por diferentes tipos de agentes: experimentos de pesquisadores engenhosos, regulamentações governamentais. Foi uma revolução no tipo de perguntas que fazíamos e na maneira formal como começamos a respondê-las. Esse novo elixir é seguro? Realmente cura as pessoas? Cigarros são perigosos? Como podemos ter certeza?

6. O fungo que mudou o mundo: Antibióticos

QUALQUER PESSOA QUE TENHA TIDO algum interesse passageiro pela história da ciência e da medicina provavelmente já se deparou com o relato lendário da descoberta do primeiro antibiótico de verdade, a penicilina. Essa é uma história que se tornou quase tão conhecida quanto a da maçã de Newton e a teoria da gravidade, em parte por compartilhar a mesma estrutura de um acidente fortuito e um súbito golpe de intuição. Em um dia qualquer de setembro de 1928, o cientista escocês Alexander Fleming acidentalmente deixa uma placa de Petri contendo a bactéria *Staphylococcus* exposta ao ambiente ao lado de uma janela aberta e sai para duas semanas de férias. Quando volta ao laboratório, em 28 de setembro, descobre que um fungo verde-azulado contaminou a cultura de estafilococos. Antes de jogar tudo fora, Fleming nota algo estranho: o mofo parece ter inibido o crescimento da bactéria. Com sua curiosidade aguçada, ele examina a placa de cultura mais detalhadamente e observa que o fungo parece estar liberando algum tipo de substância que desencadeia a desintegração de elementos orgânicos das bactérias — rompendo suas membranas celulares e efetivamente as destruindo. Trata-se de uma espécie de Santo Graal: um matador de bactérias. Fleming chama aquilo de penicilina. Dezessete anos depois, quando a verdadeira magnitude de sua descoberta se tornou clara, Fleming recebeu o prêmio Nobel de medicina.

A história de Fleming circulou muito, em parte por servir de justificativa para qualquer desleixado com uma mesa de trabalho bagunçada. Se Fleming tivesse sido um pouco mais organizado, é quase certo que jamais teria recebido aquele Nobel. (Na verdade, há uma longa tradição de desordem criativa na história das inovações: os raios X foram descobertos graças a um ambiente de trabalho igualmente desorganizado.) Mas, como tantos registros de descobertas genuínas, a história da placa de Petri e da janela aberta é um resumo bem condensado da narrativa verdadeira de como a penicilina — e os antibióticos que vieram logo depois — transformou o mundo. Na verdade, o triunfo da penicilina é uma das grandes histórias de colaboração multidisciplinar internacional. É a história de uma rede, não de um gênio excêntrico.

Fleming fazia parte dessa rede, mas era só uma parte. Aparentemente, ele não compreendeu de todo o verdadeiro potencial daquilo em que havia tropeçado. Deixou de realizar o experimento mais básico que testaria a eficácia do fungo para matar os *Staphylococci* fora da placa de Petri. "Para demonstrar o efeito curativo da penicilina, Fleming só precisava injetar 0,5 mililitro do fluido da sua cultura em um camundongo de 20 gramas infectado com alguns estreptococos ou pneumococos", observou um contemporâneo dele. "Não fez essa experiência óbvia pela simples razão de não ter pensado nela."[1]

Foi um descuido chocante, de fato, considerando-se a importância do que estava em jogo. Os seres humanos vinham travando uma luta de vida ou morte contra doenças bacterianas pelo menos desde o início da civilização. Escavações em túmulos egípcios revelaram esqueletos datando de 6 mil anos atrás com sinais das deformidades causadas pela tuberculose

O *fungo que mudou o mundo: Antibióticos*   195

vertebral. Hipócrates tratou pacientes que estavam claramente infectados com a bactéria da tuberculose. Durante grande parte do século xix, a doença foi responsável por um quarto de todas as mortes. A longo prazo, pode ter sido a mais mortal de todas as doenças infecciosas. Infecções bacterianas causadas por simples cortes ou arranhões — ou por procedimentos médicos — também provocaram muitas mortes. Algumas estimativas sugerem que dois terços dos óbitos na Guerra Civil Americana foram resultado de sepse e outras infecções adquiridas em hospitais militares. A ameaça de infecção foi um dos principais motivos pelos quais as intervenções médicas tiveram um histórico tão ruim no aumento da expectativa de vida até o começo do século xx. Mesmo que os médicos tivessem capacidade técnica para salvar uma vida, poderiam inadvertidamente causar sua morte por infecções bacterianas.

Eram essas as extraordinárias expectativas envolvidas na descoberta da penicilina por Fleming. Uma droga que fosse capaz de atacar diretamente esse velho inimigo poderia inaugurar uma verdadeira revolução na medicina. E, enquanto Fleming sentava sobre sua descoberta ao longo da década de 1930, a questão tornou-se ainda mais importante com os primeiros sinais do que viria a ser a Segunda Guerra Mundial. No fim, foi a carnificina de um conflito militar global que transformou a descoberta de Fleming em um verdadeiro salva-vidas.

Existem literalmente milhares de histórias a serem contadas sobre o impacto dos antibióticos na Segunda Guerra Mundial, para cada uma das muitas vidas salvas pela penicilina e para as vidas perdidas porque a droga milagrosa não estava disponível. Mas considere esta aqui como uma amostra representativa: em 27 de maio de 1942, o oficial nazista Reinhard Heydrich estava sendo transportado pelos subúrbios de Praga em um Mercedes conversível, a caminho de um encontro com Hitler em Berlim. (Heydrich foi o principal organizador dos ataques da Noite dos Cristais, entre outras atrocidades.) Uma equipe de assassinos tchecos treinados pelos britânicos estava à espreita em uma curva fechada do caminho. Quando o carro de Heydrich diminuiu a velocidade para fazer a curva, um dos assassinos apontou uma metralhadora, mas a arma travou. O outro lançou na Mercedes uma granada, que caiu perto da parte traseira do veículo e causou alguns danos. A princípio, aquilo pareceu um golpe de sorte para os nazistas, em vista da vulnerabilidade da exposição de Heydrich. O alemão foi ferido, mas não mortalmente. Depois de uma cirurgia para remover o baço, os médicos estavam otimistas de que a recuperação fosse total. Mas parte dos ferimentos de Heydrich envolvia estilhaços e crina de cavalo dos assentos do Mercedes. Algum organismo microscópico entrou em sua corrente sanguínea pelos ferimentos menores e começou a se replicar. Poucas horas depois do prognóstico otimista dos médicos, o paciente começou a sofrer de envenamento do sangue.[2]

Heydrich morreu em 4 de junho, uma semana após o ataque. Conseguiu sobreviver à violência explosiva das metralhadoras e granadas, mas foi morto por uma ameaça invisível: a bactéria que infectou seus ferimentos.

Por acaso, Heydrich morreu quase no momento exato em que cientistas britânicos e americanos — apoiados por militares dos Estados Unidos — estavam produzindo pela primeira vez uma penicilina estável o suficiente para curar uma infecção

O fungo que mudou o mundo: Antibióticos 197

como a que lhe tirou a vida. Nos últimos anos da guerra, os Aliados tinham penicilina em grandes quantidades, enquanto as potências do Eixo não a tinham desenvolvido. Isso deu aos Aliados uma vantagem sutil, porém concreta. A bomba atômica pode ter acabado com a guerra na Ásia, mas é possível dizer que a penicilina desempenhou um papel fundamental para garantir a vitória na Europa. Ela foi uma conquista defensiva: em parte, os Aliados ganharam a guerra não criando maneiras de matar mais inimigos, mas descobrindo uma nova forma de evitar que seus soldados morressem. Foi uma batalha travada nos hospitais, não nas linhas de frente. Mas ainda assim representou uma conquista importante. Como isso aconteceu?

Parte dessa explicação decerto envolve o próprio Fleming. Embora seja verdade que tenha deixado de fazer algo importante na sua pesquisa, o fato de ter sido ele a descobrir originalmente a penicilina não foi apenas um feliz acidente. Fleming tinha o tipo de intelecto que busca desenvolvimentos interessantes em ambientes caóticos. Era um jogador ávido, tanto no ofício quanto no lazer. Fosse qual fosse sua diversão — golfe, sinuca ou baralho —, estava sempre inventando novas regras no processo, às vezes no meio do jogo. Quando pediam que falasse sobre seu trabalho, costumava descrevê-lo de forma aparentemente depreciativa: "Eu brinco com micróbios".[3] Mas falava a sério. Uma cabeça menos atraída pelas combinações surpreendentes implícitas em todos os jogos teria dado uma olhada naquela placa de Petri mofada e a descartado como lixo, um experimento estragado. Mas Fleming considerou aquilo interessante. Essa é uma forma comum pela qual novas ideias surgem no mundo: alguém vê um sinal onde outros instintivamente veriam só um ruído.

A relação lúdica de Fleming com sua pesquisa já era evidente no início da carreira. Como aluno da Faculdade de Medicina do Hospital St. Mary, de Londres, ele criou elaboradas pinturas usando bactérias como pigmentos, técnica baseada em seu conhecimento das diferentes cores exibidas pelas bactérias à medida que crescem. Essas obras de arte microbianas podem parecer frívolas, mas durante esse período — a primeira década do século xx — explorar a conexão entre bactérias e cor era na verdade um terreno incrivelmente fértil para a pesquisa científica, e acabaria por fornecer uma base essencial para a revolução dos antibióticos. As descobertas surgiram, também, de um campo aparentemente não correlacionado: a moda.

Até os anos 1870, as empresas químicas mais avançadas do mundo faziam a maior parte de seus negócios fabricando corantes. "Os corantes eram de longe o maior e mais lucrativo processo químico conhecido, muito mais lucrativo do que, digamos, a medicina", observa William Rosen, historiador da medicina.[4] Corantes à base de vegetais davam cor aos tecidos há milhares de anos, mas os avanços da química no século xix abriram uma nova e tentadora possibilidade: a criação de cores que tingiam os tecidos usando materiais sintéticos. Como esses corantes podiam ser produzidos em escala industrial, logo atraíram a atenção de empresários que buscavam capitalizar as novas técnicas de produção. Muitas empresas criadas nesse período tinham sede na Alemanha, inclusive o conglomerado que mais tarde ficou conhecido como ig Farben. A empresa gerou uma ampla gama de descobertas químicas — inclusive o poliuretano e, mais reconhecidamente, o veneno Zyklon b, usado nas câmaras de gás nazistas —, sendo desmantelada após a Segunda Guerra Mundial. Mas suas raízes eram evidentes

O fungo que mudou o mundo: Antibióticos

no nome: *Farbe* é a palavra alemã para "cor", e o verbo *färben* significa "tingir".

A onda de interesse por corantes sintéticos levou toda uma geração de pesquisadores a explorar inovações na coloração de tecidos, culminando no trabalho de Paul Ehrlich, que desenvolveu uma série de técnicas que podiam adicionar cor a células individuais com base em sua identidade, tornando possível distinguir entre diferentes tipos de células sanguíneas. Eventualmente, essas técnicas de coloração foram aplicadas para distinguir as chamadas bactérias gram-positivas das gram-negativas, diferença que se tornaria crucial para o desenvolvimento de antibióticos nos anos 1940.

Alguns acidentes fortuitos acontecem às vezes num laboratório, quando uma placa de Petri se contamina, e às vezes em uma escala diferente, quando um campo de pesquisa, sem perceber, fornece ferramentas que podem ser usadas em um campo totalmente diferente. Em parte, nós desenvolvemos a capacidade de perceber bactérias que de outra forma seriam invisíveis porque cientistas como Robert Koch usaram novos microscópios em experimentos projetados especificamente para explorar o mundo microbiano. Mas também desenvolvemos esses novos poderes porque havia dinheiro a ser ganho vendendo roupas de cores vivas.

HÁ MAIS UM ELEMENTO no papel de Alexander Fleming na revolução dos antibióticos que vale a pena mencionar: ele estava trabalhando com a comunidade médica britânica nos anos 1920 e 1930, convivendo com algumas das mentes mais brilhantes da pesquisa médica desse período. Se tivesse descoberto a penicilina no estilo de Mendel, em algum mosteiro remoto, a inovação poderia muito bem não ter chegado a lugar nenhum, dado o estranho desinteresse de Fleming por fazer um teste rigoroso acerca de sua utilidade. Mas Fleming fazia parte de uma rede mais ampla, o que significava que seu trabalho provavelmente atrairia a atenção de outros pesquisadores, com outras especialidades. Para que a penicilina passasse de um acidente fortuito a uma verdadeira droga milagrosa, três coisas precisaram acontecer: alguém teve que determinar se ela funcionava de fato como medicamento; alguém teve que descobrir como produzi-la em grande escala; e então foi necessário desenvolver um mercado para apoiar essa produção em grande escala.

Essas três peças-chave se juntaram em um tempo incrivelmente curto, mais ou menos entre 1939 e 1942, um período de caos impressionante na política global. No final dos anos 1930, dois cientistas de Oxford — o australiano Howard Florey e o refugiado judeu alemão Ernst Boris Chain — toparam com um artigo há muito negligenciado, publicado por Fleming em 1929, sobre sua descoberta da penicilina. Florey era o diretor da Escola de Patologia Sir William Dunn, em Oxford, instituto fundado poucas décadas antes para estudar os patógenos e seus efeitos sobre o sistema imune dos seres humanos. Florey viu potencial naquele misterioso fungo, mas achou que seria muito difícil reproduzir o composto numa forma estável o bastante para ser usado como medicamento. Chain, no entanto, enxergou essa instabilidade como um desafio. Porém, antes que pudessem trabalhar na estabilização da droga, ainda longe de testá-la em animais, tiveram que descobrir uma maneira de produzir quantidades suficientes do fungo para fazer experimentos de laboratório. Felizmente para Florey e Chain,

O fungo que mudou o mundo: Antibióticos 201

um membro júnior da equipe da Escola de Patologia, Norman Heatley, era um brilhante técnico de laboratório e um verdadeiro polímata, formado em biologia e bioquímica, mas também, nas palavras de um dos biógrafos de Florey,

> com conhecimentos técnicos de óptica, vidros e metalurgia, encanamento, carpintaria e de qualquer trabalho elétrico que fosse necessário. E sabia improvisar — usando as peças mais improváveis de utensílios domésticos ou de laboratório para realizar a tarefa com a menor perda de tempo possível.[5]

Após um período feérico de tentativa e erro, Heatley projetou um maquinismo bizarro montado a partir de diversos equipamentos de laboratório e coisas avulsas, incluindo uma campainha reciclada, arame de enfardar, latas de biscoitos, comadres e uma agulha de costura usada para criar orifícios precisos em vidro quente. Rosen descreve a engenhoca de Heatley:

> Três frascos — de caldo, éter e ácido — são mantidos de cabeça para baixo em uma moldura até a tampa de vidro do frasco com o caldo ser movida para o lado; o líquido flui para uma serpentina de vidro imersa em gelo. Uma vez resfriado, o líquido acidificado se mistura com o ácido do frasco número 3 e é pulverizado em gotículas que chegam em um dos seis tubos de separação paralelos. Enquanto isso, a tampa do frasco número 2, contendo éter, é movida para o lado, liberando éter no fundo de toda a mistura. O filtrado no tubo de separação é pulverizado em um tubo de éter que sobe em um tubo de quatro pés [1,20 metro] de comprimento. Como a penicilina tem uma afinidade química com o éter,

ela se transfere para aquele tubo, libertando-se dos componentes remanescentes do caldo original para ser drenada. Em seguida, a solução de penicilina mais éter (e posteriormente acetato) é introduzida em outro tubo, com água levemente alcalina. A mistura de penicilina com água — cerca de 20% do volume do caldo filtrado que iniciou a coisa toda — foi retirada.[6]

O dispositivo de Heatley fazia o ambiente de trabalho de Alexander Fleming parecer organizado, mas funcionou: a engenhoca conseguia transformar doze litros de "caldo" mofado em dois litros de penicilina funcional em apenas uma hora.

Em 25 de maio de 1940, Florey realizou o primeiro teste real da eficácia da penicilina. Deliberadamente contaminou oito camundongos com a bactéria responsável por infecções na garganta e outras doenças ainda mais debilitantes. Em seguida aplicou penicilina em quatro deles — em doses diferentes — e não deu nada aos quatro restantes. Não foi um ECR dos mais adequados, mas os resultados foram tão surpreendentes que Florey percebeu que estava no caminho certo. Os quatro camundongos do grupo de controle morreram. Todos os que tomaram penicilina sobreviveram.

Quando novos experimentos e as técnicas de laboratório permitiram à equipe da Escola de Patologia Sir William Dunn produzir versões ainda mais puras da droga, eles decidiram testar a penicilina em um paciente humano. Florey mandou um jovem pesquisador localizar alguém disposto a — ou desesperado o suficiente para — participar do experimento. Charles Fletcher sabia exatamente onde procurar. "Todo hospital tinha uma enfermaria séptica", escreveu mais tarde. O principal tratamento para infecções agudas era sim-

O fungo que mudou o mundo: Antibióticos

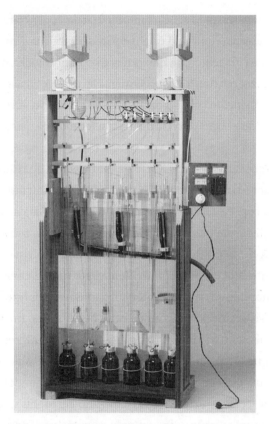

Réplica do aparelho para extração e purificação contínua de penicilina, recriada pelo dr. Norman Heatley para o Museu de Ciência do Reino Unido, 1986.

plesmente a aplicação de bandagens. "Não havia mais nada", observou Fletcher. "Cerca de metade dos pacientes que chegavam a essas enfermarias morria."[7]

Fletcher logo identificou um caso ideal para teste num hospital próximo de Oxford: um paciente cuja condição é um registro para nós, hoje, do tipo grotesco de infecção que podia advir de um simples arranhão na era anterior à descoberta dos antibióticos. Um policial chamado Albert Alexander feriu o rosto em um espinho de rosa enquanto cuidava do jardim. Naquele momento parecia um pequeno incômodo, mas sob a ferida a bactéria *Staphylococcus* que vivia na terra do jardim começou a se replicar. A infecção alastrou-se pelo corpo todo. O homem já tinha perdido o olho esquerdo por causa da bactéria. Fletcher escreveu mais tarde: "Ele estava com muita dor, desesperado e em péssimo estado". Na noite seguinte à visita a Alexander no hospital, Heatley escreveu em seu diário: "Ele exsudava pus por toda parte".[8] Sem uma droga milagrosa para combater a infecção, com certeza morreria em questão de semanas, se não de dias.

Florey e seus colegas da Escola de Patologia decidiram que Albert Alexander se encaixava no projeto para o teste com a droga. Em 12 de fevereiro de 1941, ele recebeu 200 miligramas de penicilina. A cada três horas após a dose inicial, recebia 100 miligramas adicionais. Diante de um paciente nessas condições críticas, um hospital moderno o teria tratado com mais que o dobro daquela dosagem. Mas Florey estava tentando avaliar os níveis adequados para a droga; afinal, aquele era o primeiro ser humano a ser submetido ao tratamento.[9] Ninguém sabia que quantidade seria útil ou que quantidade seria letal.

A suposição bem-informada de Florey acabou se revelando correta. Em poucas horas, Alexander começou a se recuperar. Era como assistir a um filme de terror de trás para a frente: um homem cujo corpo visivelmente se desintegrava de repente mudava de direção. Sua temperatura voltou ao normal; pela primeira vez em dias ele conseguia enxergar com o olho que lhe restara. O pus que escorria de seu couro cabeludo desapareceu totalmente.

O fungo que mudou o mundo: Antibióticos 205

Enquanto observavam a melhora da condição de Alexander, Florey e seus colegas de pesquisa reconheceram que assistiam a algo genuinamente novo. "Chain pulava de entusiamo", escreveria Fletcher sobre aquele dia importante. "Florey [era] reservado e quieto, mas mesmo assim ficou bastante emocionado com aquele histórico clínico." Pela primeira vez na longa dança coevolutiva entre bactérias e seres humanos estes últimos tinham desenvolvido uma técnica confiável para matar as primeiras sem ser lavar as mãos ou purificar os sistemas de água, mas criando um novo composto que podia ser ingerido por pessoas infectadas e distribuído pela corrente sanguínea para atacar os micróbios assassinos. As vacinas combatiam os patógenos ativando nosso sistema imune. A saúde pública conseguiu isso construindo sistemas imunológicos externos. A penicilina era um novo truque: fabricar um composto com seus próprios poderes de matar patógenos.

Ainda assim, apesar de toda a genialidade da equipe da Escola de Patologia Sir William Dunn, eles ainda não haviam resolvido o problema de escala. Na verdade, a quantidade de penicilina era tão limitada que eles reciclaram o composto excretado na urina de Alexander. Após duas semanas de tratamento, o medicamento acabou. A condição do paciente piorou imediatamente, e em 15 de março ele morreu — vítima do arranhão do espinho de uma rosa. Sua notável recuperação, embora temporária, deixou claro que a penicilina podia curar as pessoas de infecções bacterianas mortais. Faltava descobrir se seria possível produzir o suficiente para fazer alguma diferença.

206 *Longevidade*

PARA RESOLVER o problema de escala, Howard Florey recorreu aos americanos. Escreveu a Warren Weaver, o visionário chefe da Fundação Rockefeller, explicando o novo e promissor remédio da Escola de Patologia. Weaver reconheceu a importância da descoberta e providenciou para que a penicilina, bem como Florey e Heatley, fossem levados aos Estados Unidos a fim de prosseguir ali suas pesquisas, longe da Inglaterra abalada por bombardeios aéreos. Em uma cena saída do filme *Casablanca*, Florey e Heatley pegaram o Clipper da PanAm partindo de Lisboa no dia 1º de julho, carregando uma pasta lacrada com uma porção significativa do estoque mundial de penicilina.

Assim que chegou, a equipe começou o trabalho numa instalação do Laboratório de Pesquisas da Região Norte do Departamento de Agricultura dos Estados Unidos, em Peoria, Illinois. Quase de imediato, o projeto atraiu o apoio dos militares americanos, compreensivelmente ansiosos para encontrar uma droga milagrosa que protegesse as tropas das infecções que haviam matado tantos soldados em conflitos anteriores. Em pouco tempo, várias empresas farmacêuticas locais — inclusive a Merck e a Pfizer — também se juntaram ao projeto, devido à capacidade de produção em massa que tinham. Para Florey e Heatley, Peoria pode ter parecido um posto avançado remoto para um projeto que até então prosperara nas densas redes intelectuais de Londres e Oxford, mas a instalação acabou se revelando o cenário ideal. Os cientistas agrícolas tinham grande experiência com fungos e outros organismos que viviam no solo. E a localização central tinha uma vantagem importante: a proximidade do milho. Os pesquisadores do Departamento de Agricultura estavam estudando o poder de fermentação na maceração do milho, um subproduto residual expelido na

O fungo que mudou o mundo: Antibióticos 207

produção de maisena. O mofo acabou se mostrando abundante nos tonéis do milho macerado.

A equipe decidiu lidar com o problema de escala por dois ângulos. Continuou com a abordagem técnica laboratorial desenvolvida de forma tão brilhante por Heatley em Oxford, construindo novas engenhocas para maximizar a produção original do mofo, agora impregnado com o subproduto da maceração de milho. Mas também imaginaram que poderia haver outras variedades de penicilina na natureza passíveis de crescimento mais célere. Os agrônomos de Iowa sabiam que o solo comum estava repleto tanto de bactérias, como a *Staphylococcus* que matara Albert Alexander, quanto de organismos, como o mofo original de Fleming, que tinham desenvolvido defesas para manter as ameaças bacterianas sob controle. Os pesquisadores podiam perder meses tentando tornar mais eficaz a produção de mofo nas engenhocas de Heatley, e talvez houvesse um organismo muito mais propício à produção em massa em algum lugar daquele solo.

E foi assim que o governo dos Estados Unidos acabou lançando uma das maiores operações "agulha no palheiro" da história do mundo, só que nesse caso a agulha a ser encontrada era um fungo talvez invisível a olho nu, e o palheiro era qualquer lugar do planeta onde houvesse solo fértil. Enquanto os soldados aliados lutavam as icônicas batalhas da Segunda Guerra Mundial, dezenas de soldados diversos seguiam silenciosamente outra missão pelo mundo, uma missão que parecia mais próxima de um recreio no jardim de infância que de uma ação militar: literalmente cavavam a terra e coletavam amostras de solo a serem enviadas para análise nos laboratórios americanos. Uma dessas expedições localizou um organismo que se tornaria a base da estreptomicina, agora um dos antibióticos mais usados no mundo e base do pioneiro ECR de Austin Bradford Hill em 1948. Nos anos imediatamente após o fim da guerra, empresas farmacêuticas como a Pfizer realizariam missões exploratórias em massa para coletar amostras de solo em todos os cantos do planeta. Como um químico da Pfizer recordaria, a empresa "obteve amostras de solo de cemitérios; tínhamos balões no ar [que] colhiam amostras de solo transportadas pelo vento; extraímos terra do fundo de escavações de minas [...], do fundo do mar".[10] Foram ao todo 135 mil amostras distintas.

Em Peoria, a equipe do Laboratório de Pesquisas conduzia sua busca por fontes alternativas de penicilina. Durante os meses de verão de 1942, os frequentadores das mercearias locais começaram a notar uma presença estranha nos corredores de produtos frescos: uma jovem examinava atentamente as frutas em exposição, escolhia e comprava as visivelmente passadas. Para os comerciantes e balconistas devia parecer uma cliente excêntrica, mas na verdade ela estava numa missão ultrassecreta, parte da vida ou morte de milhões de soldados aliados lutando na guerra. Seu nome era Mary Hunt, bacteriologista do laboratório de Peoria, incumbida da tarefa de localizar mofos promissores que pudessem substituir as variedades existentes que estavam sendo usadas. (Seus hábitos de compras incomuns acabaram lhe valendo o apelido de Moldy Mary, ou Mary Mofo.) Um dos mofos de Mary — que crescia em um melão particularmente pouco apetitoso — acabou sendo muito mais produtivo que as variedades originais que Heatley e a equipe da Escola de Patologia de Dunn tinham testado.[11] Graças à descoberta original de Alexander Fleming, a nar-

O fungo que mudou o mundo: Antibióticos 209

rativa sobre a penicilina é comumente apresentada como o caso de alguém que tropeça numa nova ideia por acaso e é perspicaz o bastante para ver algo curioso na nova combinação. Mas o triunfo da penicilina também é a história de uma busca organizada, não só de uma descoberta acidental. Mary Hunt investigava aqueles melões estragados por achar que eles poderiam conter um mofo matador e porque toda uma equipe de cientistas tinha se convencido de que tal descoberta poderia ser útil no esforço de guerra.

Eles estavam certos, todos eles. Quase todas as variedades de penicilina em uso até hoje descendem da colônia bacteriana encontrada por Mary Hunt naquele melão.

Auxiliados pelas técnicas avançadas de produção das empresas farmacêuticas, os Estados Unidos logo começaram a produzir uma penicilina estável em quantidade suficiente para ser distribuída em hospitais militares no mundo todo. Quando as tropas aliadas desembarcaram nas praias da Normandia, em 6 de junho de 1944, levavam penicilina junto com as armas.

Como acontece tantas vezes com inovações importantes, não podemos dizer com certeza exatamente quando a penicilina foi inventada. A resposta a essa pergunta é um intervalo, não um ponto numa linha do tempo. Só podemos afirmar que a milagrosa droga dos antibióticos não existia em nenhum sentido real antes de 1928, e que em meados de 1944 era uma força concreta no mundo, salvando milhares de vidas por semana e proporcionando aos Aliados uma discreta porém importante vantagem sobre os poderes do Eixo. O início dessa revolução foi de fato marcado por um professor distraído num laboratório bagunçado, mas há muitos casos semelhantes na história das inovações, mesmo nos avanços da medicina. O que tornou a revolução da penicilina tão diferente foi a rapidez com que o vislumbre em um laboratório bagunçado conseguiu chegar à produção em massa, em grande parte graças ao poder crescente dos militares americanos e das empresas farmacêuticas privadas. O composto em si foi parte do que precisou ser descoberto e refinado para trazer a penicilina ao mundo, mas foi muito importante termos criado novos caminhos para desenvolver e aplicar a descoberta: do laboratório de Fleming para a Escola de Patologia de Dunn e o laboratório em Peoria e então as praias da Normandia.

Levando-se tudo em conta, qual foi o impacto dessa revolução? A descoberta da penicilina e dos antibióticos que a sucederam (quase todos desenvolvidos nas duas décadas após o primeiro êxito de Florey e Heatley em um teste, em 1942) salvou centenas de milhões, senão bilhões de vidas em todo o mundo. Antes de Fleming deixar aquela placa de Petri exposta aos elementos, a tuberculose era a terceira causa de morte mais comum nos Estados Unidos; hoje não está nem entre as cinquenta principais. O poder mágico dos antibióticos de evitar infecções também abriu a porta para novos tratamentos. Procedimentos cirúrgicos radicais, como transplantes de órgãos, extremamente vulneráveis a infecções, com risco de vida, se tornaram muito mais seguros, ganhando um lugar na vertente principal da prática médica. A revolução dos antibióticos também marcou um momento divisor de águas na história da medicina. Graças a essas drogas milagrosas, a disciplina finalmente se livrou das restrições sombrias da tese de

O fungo que mudou o mundo: Antibióticos 211

McKeown. Embora diversos novos medicamentos antes da penicilina tenham melhorado os resultados da saúde — a "bala de prata" de Paul Ehrlich para tratamento da sífilis, a arsfenamina [com nome comercial de Salvarsan], bem como injeções de insulina para diabéticos e as sulfas dos anos 1930 —, os antibióticos ofereciam uma linha de defesa sem precedentes contra doenças infecciosas. A partir dos anos do pós-guerra, a expectativa de vida humana não foi prolongada apenas pelas instituições de saúde pública e pelo leite pasteurizado, mas também por pílulas que finalmente propiciavam algo mais útil que um mero efeito placebo. Os hospitais não são mais lugares aonde vamos para morrer, que só nos oferecem curativos e certo consolo. Cirurgias de rotina raramente resultam em infecções com risco de vida. Nas décadas subsequentes, os antibióticos foram acompanhados por novas formas de tratamento: as estatinas e os inibidores de enzima conversora de angiotensina (ECA) usados para tratar doenças cardíacas; um novo regime de imunoterapias que prometem curar para sempre certas formas de câncer. O modelo de descoberta fortuita de drogas que definiu a busca pela primeira geração de antibióticos — todos aqueles mofos extraídos de amostras de solo do mundo todo — tem sido cada vez mais substituído por uma nova abordagem, às vezes chamada de "desenvolvimento racional de drogas", em que novos compostos são projetados usando computadores, com base em nosso conhecimento dos receptores moleculares na superfície de um vírus ou de outros agentes de doença. (O coquetel para a aids que salvou tantos milhões de vidas nas últimas duas décadas foi um dos primeiros triunfos do método do desenvolvimento racional.) As curas prometidas pelos charlatães continuam no mercado, mas a maioria dos itens à venda por empresas farmacêuticas de renome realmente funciona conforme anunciado. Demorou mais do que poderíamos imaginar, mas os curandeiros de hoje, armados com penicilina e seus muitos descendentes, finalmente desenvolveram a capacidade de curar doenças, não só de preveni-las.

A descoberta e o uso generalizado da penicilina são um lembrete de que cruzamos disciplinas pela mesma razão por que cruzamos variedades de trigo: para se tornarem mais férteis e resistentes. O que foi preciso para percorrer a nossa linha do tempo da penicilina de 1928 a 1942? Um espaço de trabalho caótico, cientistas que estudavam o solo, uma mercearia, um tonel de resíduos da maceração de milho e todo um aparato militar. E também químicos e engenheiros industriais. E todos esses atores dependeram de sacadas e tecnologia originadas dos fabricantes de lentes, da indústria de tecidos e de fazendeiros do século XIX. Quando se considera assim toda essa rede, quase parece uma das engenhocas excêntricas de Norman Heatley, uma combinação de elementos improváveis. Não é uma narrativa tão simples quanto o clichê clássico de um gênio ao microscópio, porém é um relato mais preciso de como algo tão transformador como a penicilina se torna parte da vida cotidiana.

POR RAZÕES COMPREENSÍVEIS, a história das inovações — médicas ou outras — tende a ser organizada em torno de avanços importantes e singulares: a penicilina, a vacina contra a varíola. Mas às vezes também é instrutivo investigar por que um avanço específico *não surgiu* em determinada sociedade.

O fungo que mudou o mundo: Antibióticos 213

Por que razão os nazistas não foram capazes de desenvolver uma bomba atômica — e as potenciais consequências caso eles tivessem conseguido — é uma questão que tem sido encarada muitas vezes ao longo dos anos. Mas igualmente interessante é por que razão eles não conseguiram desenvolver a penicilina.

Um fator talvez tenha sido o investimento alemão na classe de medicamentos conhecida como sulfonamidas, o primeiro predecessor dos antibióticos, que matou tantos americanos no incidente de 1937. As sulfas foram originalmente desenvolvidas no início dos anos 1930, no conglomerado químico e farmacêutico alemão IG Farben. Remédios à base de sulfa conseguiam combater a infecção bacteriana — as tropas aliadas levavam pacotes da substância antes do advento da penicilina —, mas bactérias têm facilidade para desenvolver resistência à sulfa, e os próprios medicamentos podem ser tóxicos. O fato de os alemães já estarem comprometidos com a produção em massa de sulfonamidas — talvez motivados por certo orgulho nacionalista por sua descoberta — pode tê-los tornado menos propensos a pesquisar outras alternativas. Tal como aconteceu com a bomba atômica, a evasão de cérebros de cientistas, muitos deles judeus, que fugiram durante os preparativos para a guerra, deu aos Aliados uma vantagem adicional, mais evidentemente na figura de Ernst Boris Chain. Muitos dos químicos que continuaram na Alemanha estavam mais focados no desenvolvimento de gases letais para levar a cabo a Solução Final do que em medicamentos para salvar vidas.

Um fator adicional, sem dúvida, foi o sigilo que cercou o projeto do lado americano. Embora o trabalho original de Fleming — junto com algumas descobertas de Oxford — fosse assunto de conhecimento público, na época em que a equipe começou a fazer progressos significativos no laboratório de Peoria, o governo dos Estados Unidos já reconhecera a vantagem estratégica que a droga milagrosa poderia ter contra os nazistas. Doze dias depois de Pearl Harbor, o presidente Roosevelt estabeleceu um gabinete de emergência para tempos de guerra conhecido como Office of Censorship, com a tarefa de monitorar — e quando necessário, impedir — o fluxo de informações para os inimigos do país. Em atividades subsequentes, uma das ações mais celebradas do gabinete envolveu seu apoio ultrassecreto ao Projeto Manhattan. Mas no dia seguinte à criação do gabinete por Roosevelt a equipe em Peoria já foi avisada de que "qualquer informação relevante para a produção e o uso [de penicilina] deve ser estritamente confidencial".[12]

O regime nazista fez algumas tentativas de produzir a droga em grande escala. Uma pequena equipe de cientistas da fábrica de corantes da Hoechst começou a investigar a droga em 1942, mas o projeto ficou muito aquém dos desenvolvimentos do laboratório de Peoria. A Hoechst só conseguiu passar da produção de pequenos lotes em laboratório para a produção na fábrica no final de 1944. Hitler e seus correligionários parecem ter reconhecido o benefício potencial da droga; um telegrama de Berlim para a Hoechst em março de 1945 exigia uma estimativa de quantas toneladas de penicilina eles poderiam produzir por dia. Mesmo nessa fase, o pedido era delirante; as fábricas de produtos químicos da Hoechst não estavam nem perto desse nível de capacidade produtiva. E, poucos dias após a chegada do telegrama, a fábrica de corantes foi tomada por soldados aliados, pondo fim à busca tardia dos nazistas pela droga milagrosa.

O fungo que mudou o mundo: Antibióticos   215

Há uma curiosa nota de rodapé na história da penicilina e da Segunda Guerra Mundial. Em 20 de julho de 1944, um mês e meio após o desembarque das forças aliadas na Normandia, uma bomba plantada numa sala de conferências do quartel-general militar da Toca do Lobo quase matou o Führer. A explosão causou cortes, escoriações e queimaduras em Hitler; muitos dos ferimentos continham lascas de madeira da mesa da sala de conferências que o protegeu da carga total da explosão. Reconhecendo o risco de infecção que matara Reinhard Heydrich dois anos antes em Praga, o médico de Hitler, Theodor Morell, tratou seus ferimentos com um pó misterioso. Em seus diários, Morell se referiu a Hitler como "Paciente A"; suas anotações, feitas na noite de 20 de julho, são as seguintes:

Paciente A: colírio administrado, conjuntivite no olho direito. 13h15: pulso 72. 20h: pulso 100, regular, forte, pressão arterial 165-170. Lesões tratadas com pó de penicilina.[13]

Onde Morell conseguiu essa penicilina? Os laboratórios da Hoechst mal haviam começado a produção em pequena escala em julho de 1944, e não estava claro se as drogas produzidas naquele estágio eram eficazes. Mas Morell teve acesso a outro suprimento da substância milagrosa, algumas ampolas encontradas com soldados americanos capturados e repassadas a Morell por um cirurgião alemão. Depois do atentado de 20 de julho, outro médico implorou a Morell que usasse alguns dos antibióticos roubados para tratar um nazista que fora gravemente ferido na explosão. Morell recusou, provavelmente reservando seu suprimento de penicilina de alta eficácia para o Führer. Não podemos senão especular sobre o curso dos eventos se Hitler tivesse desenvolvido o mesmo tipo de infecção fatal que tirou a vida de Heydrich. Quase certamente a guerra teria terminado meses antes. Mas, sejam quais forem as implicações, a anotação do diário do dr. Morell sugere uma reviravolta irônica na história da rede internacional que disponibilizou a penicilina para as massas. Fleming, Florey, Chain, Heatley, Mary Hunt — todos desempenharam um papel fundamental ao ajudar os Aliados a triunfar sobre a Alemanha nazista. Mas também podem ter salvado a vida de Hitler.

7. Ovos quebrados e trenós a jato: Segurança automotiva e industrial

EM 31 DE AGOSTO DE 1869, a cientista e aristocrata irlandesa Mary Ward foi fazer um passeio de automóvel com o marido e a prima pelas estradas secundárias do condado de Offaly, no interior da Irlanda. Estavam viajando em um veículo experimental movido a vapor, um predecessor do automóvel. (Os filhos de seu primo tinham construído o protótipo do carro a vapor.) Era típico de Mary Ward nadar em águas perigosas como essa. Apesar das convenções de gênero da época, ela desenvolveu uma carreira de astrônoma e escritora de textos científicos; era particularmente adepta dos microscópios que haviam surgido nesse período, equipados por novas lentes de vidro que estavam prestes a revelar todo um ecossistema oculto de micróbios. Também era uma artista talentosa. Ela publicou vários livros com elaboradas ilustrações do que havia descoberto em suas pesquisas microscópicas.

Mary Ward havia percorrido um caminho notável nos anos anteriores àquele dia de agosto de 1869. Se tivesse vivido até uma idade avançada e morrido durante o sono, seria lembrada por suas realizações como cientista — e divulgadora da ciência — em uma época em que tais conquistas eram árduas para uma mulher. Infelizmente, ela é lembrada sobretudo pelo modo como sua vida exemplar teve fim.

218   *Longevidade*

O olhar moderno não ficaria impressionado com o pesado carro a vapor em que Mary e seus companheiros viajavam. A tecnologia era conhecida como locomoção rodoviária, no jargão da época. Aquilo parecia a miniatura de um trem, semelhante a um centauro atrelado a uma carruagem (sem cavalos). O motorista e os passageiros se sentavam na frente e controlavam as rodas com uma alavanca. Por mais estranho que nos pareça agora, o dispositivo seguia uma lógica compreensível, dada a tecnologia que o precedera. A locomoção a vapor revolucionara as viagens ferroviárias. A próxima fronteira com certeza seria o sistema viário existente. E, assim, toda uma geração de engenheiros instalou motores a vapor miniaturizados em trens de força e começou a correr pelo campo.

Correr pode ser um exagero. A velocidade máxima desses veículos ficava na faixa de dezesseis quilômetros por hora, e a maioria dos regulamentos locais que conseguiam acompanhar a tecnologia proibia os motoristas de ultrapassar os cinco quilômetros por hora. Mas aquelas locomotivas rodoviárias eram pesadas o suficiente para constituir uma ameaça, mesmo em baixa velocidade. Testemunhos subsequentes estimaram que o veículo que transportava Mary Ward estava a menos de seis quilômetros por hora naquele dia de agosto de 1869. Mas, quando o grupo virou uma esquina angulosa perto de uma igreja na cidade de Parsonstown, um solavanco repentino ejetou Mary do veículo. As rodas traseiras esmagaram seu pescoço. Quando seu marido e os outros passageiros saltaram do carro, ela sangrava pelo ouvido, pela boca e pelo nariz, e convulsionava. Em poucos minutos estava morta.

No dia seguinte, o jornal local publicou um relato triste de sua morte. "A mais profunda tristeza invade a cidade", dizia,

Ovos quebrados e trenós a jato: Segurança automotiva e industrial 219

"e expressamos nossos sentimentos para com o marido e a família da elegante e talentosa senhora que tão cedo partiu para a eternidade".[1] Breves notícias sobre o acidente apareceram em jornais por toda a Inglaterra e a Irlanda, com manchetes como "Acidente fatal para uma dama" e "A terrível morte de uma dama". Os leitores dessas notícias não tinham ideia de que o acidente de Mary Ward seria o primeiro em uma lista inimaginavelmente longa de fatalidades com o mesmo culpado implícito. O legista declarou como causa da morte uma fratura do pescoço, e posteriormente um júri definiu o óbito como acidental. Mas atribuir o falecimento de Mary a uma fratura do pescoço era como atribuir uma morte por cólera à desidratação. Tecnicamente era válido, mas o verdadeiro vilão estava em outro lugar. Mary Ward foi morta por uma máquina. Acredita-se que tenha sido a primeira pessoa a sucumbir num acidente automobilístico.

Dadas as categorias disponíveis para os relatórios de mortalidade durante esse período, a morte de Mary Ward provavelmente foi incluída na lista de acidentes. Mas logo as autoridades de saúde pública tiveram de introduzir uma nova e mais específica classe na taxonomia: mortes provocadas por automóveis. No momento em que a medicina afinal amadurecia e se tornava uma prática genuinamente salvadora de vidas, em meados do século xx, uma nova ameaça autoimposta surgiu para encurtar nossa existência. Na época em que Henry Ford inventava o Modelo T, a tuberculose era a terceira causa de morte nos Estados Unidos. Mas na época em que os antibióticos chegaram às massas, no início dos anos 1950, a tuberculose fora substituída na lista por uma ameaça construída pelo homem: o automóvel.

A MAIOR PARTE DA história da duplicação de nossa expectativa de vida vem do triunfo sobre ameaças que enfrentamos por milênios: vírus assassinos, infecções bacterianas, fome. Porém, a partir do século XIX, surgiu um tipo inteiramente novo de ameaça, que exigia um conjunto diferente de soluções para ser combatido. Pela primeira vez na história, um grande número de pessoas começou a morrer em acidentes com máquinas. Outras doenças foram disseminadas pela inovação cultural humana: cidades populosas com coleta de lixo mal projetada permitiram que o cólera prosperasse, como vimos no capítulo 3. Mas a carnificina mecânica da era industrial seguiu um padrão diferente. Nós inventamos uma série de tecnologias projetadas para um propósito específico — teares a vapor, locomotivas ferroviárias, aviões, automóveis — que acabaram gerando uma consequência não intencional: essas invenções tinham o mau hábito de matar as pessoas que as usavam.

Quem foi a primeira pessoa morta por uma máquina? Nesse sentido, o registro histórico é nebuloso por definição. Consideramos o fuzil uma máquina? O canhão? A catapulta? Provavelmente a primeira pessoa morta por uma máquina não projetada explicitamente para a guerra foi um operário das fábricas de Lancashire nos primórdios da Revolução Industrial. No começo deve ter sido chocante. Os acidentes com máquinas introduziram um tipo de violência espetacular antes só testemunhado no campo de batalha. Crânios eram esmagados, membros decepados; explosões transformavam corpos numa biomassa irreconhecível.

Antes de o automóvel introduzir tal carnificina na vida cotidiana, a ferrovia era a fonte mais visível de acidentes com máquinas. Algumas das primeiras fotos publicadas nos jor-

Ovos quebrados e trenós a jato: Segurança automotiva e industrial 221

nais exibiam cenas horríveis de tragédias ferroviárias, com o número de mortos anunciado em letras maiúsculas. Charles Dickens escapou por pouco de morrer em um acidente ferroviário em 1864, quando estava chegando ao fim de sua última obra-prima, *O amigo em comum*. (Depois que conseguiu se desvencilhar do vagão, percebeu que havia deixado o manuscrito no trem e voltou para buscá-lo.) Dizem que o incidente o deixou com uma cicatriz para o resto da vida.

Os passageiros é que tinham sorte. Poucos empregos na história das atividades humanas foram mais arriscados que o de um ferroviário em meados do século XIX. Quase 10% dos trabalhadores nas chamadas atividades operacionais — particularmente os envolvidos no acoplamento e desacoplamento de vagões — sofriam ferimentos graves a cada ano. Qualquer um ligado ao setor observaria que aquele negócio matava pessoas em um ritmo alarmante. Magnatas ferroviários como George Westinghouse introduziram medidas de segurança como freios a ar em trens de passageiros, enquanto Eli Janney inventou um método para acoplar os vagões automaticamente. Mas, como costuma acontecer, as estatísticas foram necessárias para iluminar o problema de modo que ele fosse percebido por quem estava de fora. Em 1888, a nascente Comissão de Comércio Interestadual começou a reunir dados sobre acidentes ferroviários nos Estados Unidos. Os números divulgados eram escandalosos: a chance de os trabalhadores ferroviários morrerem num acidente industrial era de 1 em 117.[2]

Os dados levaram diretamente à aprovação de uma das leis mais subestimadas da história dos Estados Unidos: a Lei de Equipamentos de Segurança, que obrigava as empresas ferroviárias a instalar freios de segurança e acopladores automáticos em todos os trens. Em uma década, a eficácia da intervenção do Estado já era inegável: as taxas de mortalidade dos ferroviários foram reduzidas à metade.

Quando se fala de Lei de Equipamentos de Segurança, isso pode soar aos nossos ouvidos modernos como se ela tivesse sido projetada para nos proteger de nossas máquinas de lavar, mas a lei foi um marco: era a primeira aprovada nos Estados Unidos tendo como foco principal a melhoria da segurança no local de trabalho. Centenas de legislações dedicadas a reduzir as ameaças representadas pelas máquinas viriam em seguida.

A maioria delas diria respeito aos automóveis.

EXATAMENTE QUANTAS VIDAS humanas foram sacrificadas pela história de amor com o automóvel no século xx? Os números globais são difíceis de estimar, mas nos Estados Unidos mantêm-se registros precisos desde 1913. Em pouco mais de um século de direção, mais de 4 milhões de pessoas morreram em acidentes automobilísticos. Três vezes mais americanos morreram em automóveis do que em todos os conflitos militares desde a Guerra de Independência americana. (Esse número certamente subestima as consequências da mortalidade produzida pelos carros, uma vez que não inclui os efeitos ambientais da poluição do ar e do envenenamento por chumbo, que também foram danos colaterais de uma cultura centrada no automóvel.)

Será que alguma outra invenção do século xx — mesmo aquelas projetadas para o combate — apresenta contagem de mortos que se compara à do automóvel? A bomba atômica matou 100 mil; todos os acidentes de avião combinados somam aproximadamente o mesmo número. No auge da Solução Fi-

Ovos quebrados e trenós a jato: Segurança automotiva e industrial 223

nal de Hitler, o Zyklon B e as câmaras de gás mataram muito mais gente que os carros no mesmo período. Contudo, numa estimativa ao longo do século, só a metralhadora se compara ao carro como assassina em massa.

O impacto dos óbitos decorrentes do uso de automóveis na expectativa de vida foi particularmente intenso, pois muitas das mortes envolveram jovens. Uma forma de registrar a dimensão do número de óbitos é observar quantas celebridades faleceram antes dos cinquenta anos em acidentes automobilísticos — por exemplo os músicos Harry Chapin, Marc Bolan e Eddie Cochran; a dançarina Isadora Duncan; os escritores Margaret Mitchell, Albert Camus e Nathanael West. Membros de famílias reais tiveram trágicas mortes precoces em acidentes, amplamente cobertos pela mídia, como a rainha Astrid da Bélgica e a princesa Diana. Os pais de Bill Clinton e Barack Obama morreram ainda muito jovens em acidentes automobilísticos. Acidentes de carro tiraram a vida dos atores Paul Walker e Jane Mansfield. Mas poucos óbitos repercutiram tanto quanto o de James Dean, em 1955, aos 24 anos, quando seu Porsche Spyder colidiu com um Ford Tudor num cruzamento no centro da Califórnia.

Na ocasião da morte de James Dean, quase todos os carros fabricados ofereciam apenas recursos mínimos de proteção. Os cintos de segurança eram praticamente inexistentes e pouco usados; volantes retráteis e zonas de deformação eram inéditos; airbags e sistemas de freio antibloqueio ainda não haviam sido inventados. O Chevrolet Bel Air, o carro de passeio mais vendido de 1955, não tinha encosto para a cabeça, espelhos retrovisores, acolchoamento no painel ou cintos de segurança. Ao mesmo tempo, a Lei das Rodovias Interestaduais e o boom econômico do pós-guerra resultaram em milhões de americanos viajando com frequência em alta velocidade em automóveis surpreendentemente mortais em caso de colisão. Com poucas exceções, a indústria automobilística respondeu ao crescente número de cadáveres como se estivesse de mãos atadas. Mortes em acidentes eram inevitáveis, argumentava ela. Era uma simples questão de física. As forças de uma colisão eram muito grandes, e o corpo humano era muito frágil.

Inovações externas — semáforos, limites de velocidade — reduziram as probabilidades de morrer em um acidente, em comparação com os primeiros tempos dos automóveis. Em 1935, havia quinze mortes para cada 160 mil quilômetros percorridos nos Estados Unidos. Quando James Dean morreu naquele Porsche Spyder, a taxa de fatalidade era a metade disso. Mas a ideia de reduzir ainda mais esse número alterando o design dos veículos simplesmente não fazia parte da conversa. Não que os fabricantes estivessem lutando para criar novos sistemas de segurança e ainda não os tivessem descoberto. A limitação era conceitual, não técnica. Eles sabiam muito bem que viajar a oitenta quilômetros por hora num contêiner de metal era essencialmente perigoso. (Nisso as montadoras não eram tão diferentes dos pessimistas do século XIX, que pesquisaram o número de mortos nos novos centros industriais e concluíram que cidades daquele porte, com tais densidades populacionais, eram fundamentalmente insalubres.) O primeiro movimento necessário para sair desse impasse não foi uma invenção mecânica, mas uma forma de enxergar o ponto cego da época. O mais necessário não era uma solução para o problema, mas uma mudança mais drástica: acreditar que o problema poderia ser resolvido.

Ovos quebrados e trenós a jato: Segurança automotiva e industrial 225

Talvez uma das mais importantes figuras a encarar a questão tenha sido um piloto e engenheiro nascido no Brooklyn, que conseguiu adotar uma perspectiva revolucionária sobre o problema da segurança do automóvel com uma experiência que quase lhe tirou a vida: cair do céu em um avião.

CERTO DIA, EM 1917, Hugh DeHaven, então piloto e estudante de 22 anos, decolou para uma sessão de treinamento de artilharia aérea no Texas, supervisionado pelo Royal Flying Corps, onde ele era cadete. Algo deu terrivelmente errado na sessão, e o avião de DeHaven colidiu com outra aeronave que participava do treino. O jovem sofreu graves ferimentos internos; todos os outros envolvidos no acidente morreram. Nos meses de recuperação que se seguiram, ele aproveitou para refletir sobre as diversas consequências do acidente.[3] Por que fora poupado? Um sobrevivente com tendências espirituais teria presumido que houvera algum tipo de intervenção divina. Mas DeHaven tinha uma explicação mais secular: algo no projeto do avião o havia protegido.

Com a carreira militar restringida pelo acidente, DeHaven teve que inventar outro ofício. (Patenteou um dispositivo para embalar grandes quantidades de jornal, o que o tornou um homem rico aos trinta e poucos anos.) Mas alguma coisa sobre aquele acidente no Texas não lhe saía da cabeça. Ele compreendeu uma verdade fundamental presente em todas as fatalidades com quaisquer tipos de veículo — fossem eles aviões, trens ou carros: a maneira como a estrutura de um veículo resguarda e protege seus ocupantes tem um efeito essencial sobre as taxas de mortalidade nas colisões em alta velocidade. DeHaven chamou isso de acondicionamento. Se a cabine de um avião ou o chassi de um carro fossem construídos de certa maneira, seus ocupantes morreriam num acidente; mas se o invólucro fosse projetado de outra forma, eles sobreviveriam.

Em 1933, DeHaven sofreu um segundo acidente que moldaria sua carreira: uma horrível batida de carro na qual uma manivela do painel perfurou o crânio do motorista. O estresse pós-traumático resultante desse segundo encontro com a violência de uma máquina foi canalizado para testar e refinar sua ideia de acondicionamento.

DeHaven começou com ovos. Transformou sua cozinha em um laboratório de testes de impacto, com camadas de espuma de borracha forrando o chão. Soltava ovos de uma altura de três metros sobre várias espessuras de espuma, registrando quais impediam que os ovos se quebrassem no choque. Em certo ponto a altura do teto da cozinha começou a restringir seu trabalho; então ele passou a jogar ovos de prédios, em invólucros experimentais projetados para reduzir a força do impacto no solo. (Muitas aulas de física do ensino médio hoje organizam competições de lançamento de ovos baseadas na pesquisa original de DeHaven.) Nos anos 1940, ele conseguiu jogar um ovo do topo de um prédio de dez andares sem danificar a casca.

Além de fazer experimentos com ovos, DeHaven colecionava notícias de acidentes automobilísticos, com foco extra nos casos em que alguém sobrevivia a uma colisão em alta velocidade. Também analisava histórias de tentativas de suicídio e acidentes em que as pessoas sobreviveram milagrosamente a uma queda livre de mais de trinta metros. Calculou a física dessas colisões e acabou determinando que o corpo humano

Ovos quebrados e trenós a jato: Segurança automotiva e industrial 227

era capaz de sobreviver a forças G até duzentas vezes mais fortes que a gravidade normal na Terra. Se fosse possível evitar que os passageiros fossem empalados ao volante ou saíssem voando pelo para-brisa, os acidentes em alta velocidade não precisavam ser uma sentença de morte. DeHaven reuniu essa pesquisa em um artigo, publicado em 1942, denominado "Mechanical Analysis of Survival in Falls from Heights of Fifty to One Hundred and Fifty Feet" [Análise mecânica da sobrevivência em quedas de uma altura de quinze a 45 metros]. O artigo se concentrava principalmente em oito estudos de caso de improváveis sobreviventes de queda livre, observando as circunstâncias, as lesões e as forças G em cada evento:

Uma mulher que saltou do 17º andar, caindo 43 metros em posição semelhante à de uma "espreguiçadeira", pousou em uma caixa de ventilação de metal de 61 centímetros de largura, 46 centímetros de altura e 3 metros de comprimento. A força da queda esmagou a estrutura a uma profundidade de 30 a 46 centímetros. Os dois braços e uma perna ultrapassaram a área do ventilador e tiveram fraturas dos dois ossos de ambos os antebraços e do úmero esquerdo, e lesões extensas no pé esquerdo. Ela se lembra da queda e da aterrissagem. Não houve marcas na cabeça nem perda de consciência. Ela se sentou e pediu para ser levada de volta ao seu quarto. Nenhuma evidência de lesão abdominal ou intratorácica pôde ser determinada, e o exame de roentgen não revelou outras fraturas. O aumento médio da gravidade foi de no mínimo 80 gramas e uma média de 100 gramas.[4]

O artigo de DeHaven era incomum. Histórias de sobrevivência milagrosa que normalmente gritavam na capa de um tabloide — MULHER SOBREVIVE A QUEDA DO 17º ANDAR! — foram contadas com detalhes cirúrgicos. E embora parecesse conter conselhos a aspirantes ao suicídio, nas últimas linhas DeHaven deixou claro seu objetivo final:

> O corpo humano pode tolerar e absorver uma força duzentas vezes a força da gravidade por breves intervalos durante os quais a força atua transversalmente em relação ao eixo longitudinal do corpo. É razoável supor que disposições estruturais para reduzir o impacto e distribuir a pressão facilitem a sobrevivência e modifiquem de modo significativo os traumas em acidentes de aeronaves e automóveis.[5]

Traduzidas para uma linguagem que os proprietários de automóveis comuns podiam entender, as palavras de DeHaven foram revolucionárias: os ocupantes de um carro colidindo com outro veículo a oitenta quilômetros por hora não estavam condenados pela física a morrer no acidente. O acondicionamento correto poderia fazer com que eles saíssem ilesos do acidente. O artigo de DeHaven marcou a origem de um novo campo: a ciência da prevenção de danos. Nas palavras de um profissional posterior da área, o artigo introduziu a ideia radical de que "acidentes e traumas deles resultantes não eram inevitáveis, mas previsíveis e, portanto, ocorrências evitáveis".

DeHaven baseou seus argumentos em ovos, na álgebra e em recortes de jornais. Mas às vezes é necessário um tipo diferente de persuasão para mudar a sabedoria convencional. Na história da segurança automotiva, esse modo de persuasão é mais bem exemplificado pelo coronel John Stapp, um clássico polímata: cirurgião, biofísico e piloto. Por algum tempo ele foi conhecido

Ovos quebrados e trenós a jato: Segurança automotiva e industrial 229

como o "homem mais rápido da terra". O apelido era um tanto irônico, visto que a contribuição duradoura de Stapp para a segurança dos automóveis e aviões residia na compreensão da física das desacelerações radicais. Ele ganhou as manchetes como ás da velocidade, mas seu verdadeiro legado foi sobre tudo o que acontece quando o corpo humano desacelera.

Em 14 de novembro de 1947, John Stapp, de 37 anos, oficial de projetos no Laboratório de Pesquisa Aeromédica do Exército dos Estados Unidos, subiu ao tablado do salão de baile do Statler Hotel de Boston para discursar numa convenção anual de cirurgiões militares. Sua palestra — depois publicada como um pequeno artigo, "Problems of Human Engineering in Regard to Sudden Decelerative Forces on Man" [Problemas de engenharia humana em relação às forças de desaceleração súbita no ser humano] — pertencia a um gênero crucial na história da ciência, em geral negligenciado: um trabalho que não sugere uma nova resposta ou explicação, e sim identifica um novo tipo de problema digno de pesquisa. O problema era simplesmente tentar descobrir o que acontece com o corpo humano quando passa de 160 quilômetros por hora a zero em alguns segundos ou menos. Como observou Stapp, essa era uma questão genuinamente nova, suscitada por então recentes desenvolvimentos tecnológicos. Embora se dirigisse a um público de médicos, Stapp argumentou que o problema poderia ser abordado de forma produtiva pelas lentes da engenharia. "Antes de as demandas da aviação moderna começarem a exceder os limites da tolerância humana à aceleração e à desaceleração", explicou Stapp, "os médicos tinham bem pouco conhecimento da, ou interesse pela, engenharia para aplicá-la ao problema da análise do estresse fisiológico e estrutural do corpo humano." No início do discurso, Stapp descreveu os desafios dessa abordagem:

> Para o engenheiro, o homem é um saco de couro fino e flexível preenchido por treze galões de fibras e material gelatinoso, inadequadamente sustentado por uma estrutura óssea articulada. No topo desse saco há uma caixa de osso cheia de matéria gelatinosa, que é presa ao saco por meio de um acoplamento flexível de composição óssea e fibrosa. O centro de gravidade dessa massa irregular depende da posição de quatro apêndices articulados de estruturas ósseas e fibrosas. Combustível e lubrificantes são transportados para todas as partes dessa máquina por sistemas hidráulicos flexíveis, com baixa tolerância de pressão, acionados por uma bomba central. Pela sua forma irregular, pela variedade de materiais e a composição [...], a análise da tensão dessa máquina por forças externas é muito complexa.[6]

Para lidar com essa complexidade, era necessário ir além do lançamento de ovos e dos estudos de casos em que Hugh DeHaven havia baseado seu trabalho inovador cinco anos antes. "O problema não é simples", observou Stapp com um brilho nos olhos. "Não podemos amarrar um microfone a um sujeito, atirá-lo de andares cada vez mais altos de um edifício pelo poço do elevador e presumir que seus gritos sejam proporcionais ao efeito das forças." Para abordar esse problema, explicou Stapp, o Laboratório de Pesquisa Aeromédica tinha desenvolvido uma nova tecnologia que realizaria análises de estresse em corpos humanos reais — bem como em "mane-

Ovos quebrados e trenós a jato: Segurança automotiva e industrial   231

quins antropomórficos" —, reproduzindo a desaceleração radical de um acidente de avião. Eles a chamaram de desacelerador linear, mas a maioria das iterações da máquina que viriam a seguir receberia outro nome mais memorável: trenó a jato.

Era um termo apropriado. As máquinas eram realmente um conjunto de motores a jato de combustível sólido instalados na traseira de um trenó que transportava um só passageiro, em geral sentado em posição ereta e atado a uma cadeira acolchoada. A engenhoca deslizava sobre trilhos precisamente alinhados para evitar que se desviasse em direções aleatórias. (Não havia rodas no aparelho.) Os sistemas de freio eram robustos, capazes de imobilizar em poucos segundos um trenó viajando a 190 quilômetros por hora. As primeiras versões — como o desacelerador linear construído por Stapp no Laboratório de Pesquisa Aeromédica — podiam atingir altas velocidades em 200 segundos.

Stapp não era apenas um projetista; era um usuário ativo da máquina. No decorrer dos anos, quebrou costelas, fraturou o pulso duas vezes e sofreu uma perda temporária da visão. Mas, a cada vez que andava no dispositivo, um pequeno batalhão de sensores fazia os devidos registros das menores mudanças em seu corpo enquanto lutava contra aquelas prodigiosas forças G. Era a finalidade de uma análise de estresse: se não fosse possível construir bonecos de choque suficientemente sensíveis, alguém tinha que sofrer o estresse. É isso que torna Stapp uma figura tão fascinante: ele fornecia o estresse *e* a análise.

John Stapp é agora lembrado sobretudo por seu envolvimento com uma engenhoca que estreou em 1954: o trenó a jato chamado *Sonic Wind 1*. Em 10 de dezembro de 1954, ele fez história na pista de testes de alta velocidade de Holloman, no Novo México, ao atingir a velocidade máxima de 1010 quilômetros por hora com o *Sonic Wind*, freando violentamente em apenas 1,4 segundo.[7] A coragem de Stapp não deve ser subestimada. Não estava nada claro se viajar por terra a uma velocidade próxima à do som era uma experiência a que se poderia sobreviver. Preso a um assento semelhante a um trono por correias minuciosamente posicionadas, Stapp fez o teste sem nenhum tipo de proteção no rosto. Os fotogramas captaram parte das forças físicas que atuaram sobre ele naquele 1,4 segundo de desaceleração. Observe a diferença em seu rosto entre as imagens 1 e 6. Ele parece ganhar mais de vinte quilos

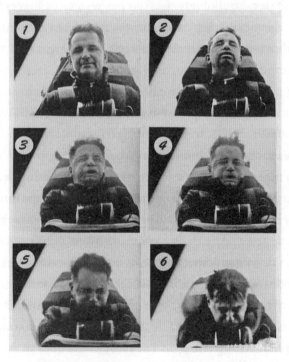

Teste de desaceleração de John Stapp.

Ovos quebrados e trenós a jato: Segurança automotiva e industrial   233

em questão de segundos: toda a "matéria gelatinosa" avançando enquanto a coluna e o torso se retraem a velocidades prodigiosas. Na última imagem ele parece vinte anos mais velho, como se a física do envelhecimento fosse uma espécie de filme que se pudesse projetar numa velocidade muito mais alta.

Nenhum ser humano jamais tinha se deslocado por terra em velocidade nem perto dessa, em lugar nenhum do planeta. Stapp foi imediatamente declarado o homem mais rápido do mundo, aparecendo na capa da revista *Life* — então o mais famoso veículo de mídia dos Estados Unidos — logo após sua lendária corrida no *Sonic Wind 1*. O teste foi oficialmente projetado para fins aeronáuticos; a Força Aérea queria saber se fazia sentido instalar assentos ejetáveis em aeronaves supersônicas, dadas as velocidades do vento que os pilotos enfrentariam no processo de ejeção. A resposta a essa pergunta é visível nas imagens. Não foi bonito — mais uma vez Stapp teve uma perda temporária de visão e ficou com o rosto cheio de hematomas —, mas saiu vivo e sem lesões permanentes. "Tive uma sensação nos olhos semelhante à extração de um molar sem anestesia", lembrou mais tarde.[8] Mas sobreviveu.

Foi uma boa notícia para o pequeno número de pessoas que voaria em velocidades supersônicas na década seguinte. Mas também foi uma boa notícia para os milhões que usavam um meio de transporte mais convencional. Se você podia desacelerar de mil quilômetros por hora para zero em questão de segundos sem ferimentos graves, certamente seria capaz de sobreviver a uma colisão a cem quilômetros por hora. Durante seu tempo na Força Aérea, Stapp notou que seus companheiros militares morriam mais em automóveis que em aviões. E assim, em maio de 1955, ele convidou 26 pessoas da indústria

automobilística para visitar a Base da Força Aérea de Holloman a fim de testemunhar o trenó a jato em ação e discutir
maneiras de aplicar à segurança automotiva as lições que podiam ser tiradas de sua pesquisa. As sessões foram repetidas no
ano seguinte; mais de sessenta anos depois, a Stapp Car Crash
Conference ainda é a principal reunião da indústria para a comunidade de especialistas em segurança automotiva.

Stapp também assessorou diretamente a Ford no projeto do
Fairlane Crown Victoria 1956, que oferecia um pacote especial de segurança. (Os recursos de segurança tornaram-se um
projeto apaixonante para o então executivo da Ford Robert
McNamara, um dos únicos executivos automotivos na época
a mostrar qualquer interesse em reduzir fatalidades.) Pela primeira vez, uma montadora tentava competir com base não só
no estilo ou na potência de seus veículos, mas na segurança
que ofereciam. O Crown Victoria era equipado com travas de
segurança nas portas, cinto de segurança, painel e corta-sol
acolchoados e volante retrátil. Mas a concorrente mais forte
da Ford, a General Motors, julgou que destacar os perigos de
dirigir talvez fosse catastrófico para toda a indústria. Ameaçou
levar a Ford aos tribunais, e por alguma razão o pacote especial
de segurança não fez sucesso entre os consumidores. Ao analisar os números desanimadores das vendas, Henry Ford II recla-
mou com um repórter: "McNamara está vendendo segurança,
mas a Chevrolet está vendendo automóveis".[9] Hugh DeHaven
e John Stapp abalaram de forma convincente o consenso de
que a física limitava nossa capacidade de reduzir os riscos nos
acidentes automobilísticos. Mas logo surgiu um novo consenso
para substituí-lo: segurança não era vendável.

Ovos quebrados e trenós a jato: Segurança automotiva e industrial 235

APESAR DOS PERSISTENTES ESFORÇOS de DeHaven e Stapp, o primeiro avanço significativo em segurança automotiva — até hoje o de maior impacto — não viria de Detroit, mas da Suécia. Em meados dos anos 1950, a Volvo contratou um engenheiro aeronáutico chamado Nils Bohlin, que trabalhava com assentos ejetáveis de emergência na divisão aeroespacial da Saab. Bohlin começou a mexer com um equipamento até então desconsiderado na maioria dos automóveis: o cinto de segurança. Muitos carros eram vendidos sem cintos de segurança; nos modelos que os incluíam, eles eram mal projetados, resultando numa proteção mínima em caso de colisão. E raramente eles eram usados, mesmo pelas crianças.

Inspirando-se no conceito de segurança utilizado por pilotos militares, Bohlin logo desenvolveu o que chamou de modelo de três pontos. O cinto tinha de absorver as forças G no peito e na pélvis, minimizando o estresse do impacto sobre os tecidos delicados, mas ao mesmo tempo ser simples de usar, fácil o suficiente para que qualquer criança conseguisse manipular. O design de Bohlin juntou um cinto a tiracolo e um cinto abdominal que se fechavam numa formação em V ao lado do passageiro, para que a própria fivela não causasse ferimentos em uma colisão. Era um design elegante, base para os cintos de segurança que agora são padrão em todos os carros fabricados em qualquer lugar do mundo. Um dos primeiros protótipos com a alça de ombro decapitou alguns bonecos de prova, o que levou ao boato de que o próprio cinto poderia matar num acidente. Para combater esses rumores, a Volvo contratou um piloto de corridas para realizar acrobacias que desafiavam a morte — dirigindo o automóvel em alta velocidade —, sempre usando o cinto de três pontos de Nils Bohlin para se manter seguro.

Em 1959, a Volvo vendia carros com cinto de segurança de três pontos como padrão. Os primeiros dados sugeriam que esse simples componente estava reduzindo as fatalidades automobilísticas em 75%. Três anos depois, Bohlin recebeu a patente de número US3043625A do Gabinete de Patentes e Marcas dos Estados Unidos para "Sistemas de cintos de segurança de três pontos compreendendo dois dispositivos de ancoragem laterais inferiores e um lateral superior". Reconhecendo os benefícios humanitários da tecnologia, a Volvo optou por não fazer valer a patente — tornando o design de Bohlin disponível gratuitamente para todos os fabricantes de automóveis do mundo. O efeito de longo prazo do design de Bohlin foi impressionante. Mais de 1 milhão de vidas — muitas delas de jovens — foram salvas pelo cinto de segurança de três pontos. Poucas décadas após ser concedida, a patente de Bohlin foi reconhecida como uma das oito patentes de "maior significado para a humanidade"[10] no século xx.

Mesmo com um claro histórico de redução de fatalidades e a patente liberada, durante a primeira metade dos anos 1960 as três maiores montadoras americanas continuaram resistindo a priorizar a segurança no projeto de seus veículos. Acabaram sendo compelidas a mudar seus hábitos não por causa de experimentos com ovos cadentes ou trenós a jato, e sim pelo jornalista e advogado Ralph Nader. Antes de se tornar a grande zebra da eleição presidencial de 2000 nos Estados Unidos, Nader era mais conhecido pelo best-seller *Unsafe at Any Speed: The Designed-In Dangers of the American Automobile* [Inseguro a qualquer velocidade: Os perigos embutidos nos projetos do automóvel americano], de 1965. Logo na abertura do livro há uma grave avaliação dos efeitos do automóvel sobre a sociedade:

Ovos quebrados e trenós a jato: Segurança automotiva e industrial 237

"Por mais de meio século, o automóvel tem causado mortes, ferimentos e as mais inestimáveis tristezas e privações para milhões de pessoas".[11] Nader elogiava os experimentos visionários de DeHaven e Stapp e criticava as montadoras por ignorarem o que ele chamou de "lacuna entre o design existente e a segurança alcançável". No primeiro capítulo, ele voltava a atenção para o Chevrolet Corvair da GM, ridicularizando-o por sua propensão a "acidentes envolvendo um carro só". (Um sistema de suspensão mal projetado que podia fazer o motorista perder o controle do automóvel e, em várias ocasiões, capotar, ainda que sem qualquer contato com outro veículo.)

Antes mesmo da publicação do livro a GM contratou um investigador particular para desenterrar sujeiras na vida de Nader. Ele começou a receber telefonemas estranhos durante a noite; mulheres tentavam seduzi-lo nos balcões dos cafés; sob o pretexto de que Nader estava sendo avaliado para um novo emprego, amigos e colegas eram questionados sobre sua vida sexual e seu envolvimento com grupos políticos de esquerda. Por fim, o presidente da GM, James Roche, foi convocado por um comitê do Senado e obrigado a se desculpar publicamente pela campanha de assédio contra o jovem ativista, impulsionando ainda mais as vendas do livro de Nader.

O impacto na opinião pública — tanto nas ruas como nos círculos do poder — repetiu a mudança repentina que se seguira à crise da talidomida alguns anos antes. O senador Abraham Ribicoff, que conduziu os interrogatórios no caso da campanha de assédio da GM, declarou que os acidentes de trânsito eram um "novo tipo de problema social que surge da afluência e da abundância, e não da crise e da agitação".[12] Em setembro de 1966, com o apoio do presidente Lyndon Johnson, o Congresso promulgou a Lei Nacional de Trânsito e Segurança de Veículos Motorizados, com o objetivo de apresentar "um programa nacional e coordenado de segurança e o estabelecimento de padrões de segurança para veículos motorizados no comércio interestadual a fim de reduzir acidentes de trânsito, mortes, ferimentos e danos materiais que ocorrem em tais acidentes". A lei ampliou radicalmente a supervisão regulatória do governo sobre a indústria automotiva e teve implicações abrangentes e complexas. Isso acabaria levando à formação do Departamento de Transporte dos Estados Unidos. O mais importante, contudo, foi fácil de entender: pela primeira vez, todos os carros novos vendidos nos Estados Unidos precisavam ser equipados com cintos de segurança. Apenas uma década antes, os cintos eram considerados uma loucura, uma inconveniência — ou, pior, uma potencial ameaça. Agora eles se tornavam obrigatórios por lei.

Pouco depois da aprovação da lei de 1966, o presidente da Câmara dos Deputados, John McCormack, creditou o sucesso da legislação ao "espírito de cruzada de um indivíduo que acreditou que poderia fazer algo [...], Ralph Nader".[13] De certa forma, Nader seguia uma cartilha que remontava aos primeiros jornalistas ativistas — como Jacob Riis e Upton Sinclair, ou até mesmo Charles Dickens —, usando o poder do jornalismo para mudar a atitude do grande público em relação a um problema social crucial e obrigar os legisladores a promulgar leis para resolver o problema. A verdadeira inovação de Nader foi mudar o foco, dos trabalhadores para os consumidores. Sinclair e sua estirpe tinham como alvo os ambientes de trabalho

Ovos quebrados e trenós a jato: Segurança automotiva e industrial   239

de fábricas, matadouros e outros locais de produção industrial. Se tinham embates com Detroit, era sobre os operários da linha de montagem: seus salários, as horas de trabalho, os riscos. Já o livro de Nader destinou-se a proteger as pessoas que compravam os carros, não as que os construíam. A principal contribuição de Nader foi inventar um tipo totalmente novo de figura política, um Frank Leslie da era da televisão: o defensor do consumidor, usando a mídia e os tribunais para obrigar o setor privado a criar produtos mais seguros.

Contudo, por mais importante que Nader tenha sido para a lei de 1966, o movimento pelo uso do cinto envolveu uma gama muito mais ampla de participantes. Como de costume, as principais figuras vinham de frentes bem variadas: um inventor independente, um piloto audacioso, um engenheiro de aviação, um advogado agitador e o Congresso dos Estados Unidos. Eles lançaram mão de uma mistura de ferramentas para argumentar que a segurança do automóvel poderia ser melhorada: ovos e trenós a jato, pilotos de prova e livros best-sellers. Nisso, seguiram o padrão que vimos repetidamente nos capítulos anteriores. A verdadeira mudança em geral requer um primeiro passo para convencer as pessoas de que o problema existente não é inevitável; e conceber uma solução requer uma rede diversificada de talentos, apoiando-se uns nos trabalhos dos outros.

O que mais chama a atenção na história da segurança automotiva, porém, é um grupo quase de todo ausente da lista dos principais proponentes do cinto de segurança: a própria indústria automotiva. Com exceção de Nils Bohlin e da Volvo, nenhum dos eventos-chave que fizeram com que hoje o uso do cinto de segurança seja corriqueiro para nós veio das fábricas de automóveis. O progresso não aconteceu "naturalmente", levando o setor privado a inovar, a fazer produtos mais seguros porque iriam atrair os consumidores. Ao contrário, o progresso teve de ser conquistado por estranhos, lutando contra forças que se opunham a esse progresso. Algumas dessas forças eram uma questão de física; outras assumiram a forma de investigadores particulares contratados pela General Motors.

O cinto de segurança, claro, foi somente uma entre uma série de medidas inovadoras de segurança que hoje são componentes padrão do ambiente automotivo. Nas décadas que se seguiram ao livro de Nader, as montadoras tornaram-se mais comprometidas com pesquisas e inovações em segurança, embora o progresso também continuasse impulsionado por estranhos. O airbag, originalmente inventado nos anos 1950, foi aprimorado por vários engenheiros até se tornar obrigatório, em 1989. Os freios ABS, surgidos na indústria aérea, tornaram-se padrão nos automóveis nos anos 1990. Ativistas trabalhando no estilo de Ralph Nader continuaram a impulsionar a mudança. A trágica morte da filha em um acidente causado por um motorista embriagado levou Candace Lightner a criar em 1980 a MADD (Mothers Against Drunk Driving), ONG cuja campanha resultou em uma redução radical dos acidentes relacionados ao abuso de álcool. A morte de celebridades também desempenhou papel importante. Depois que a princesa Diana morreu sem cinto de segurança no banco traseiro do Mercedes em que estava, o uso do cinto no banco traseiro aumentou 500% no Reino Unido e mais do que dobrou nos Estados Unidos.

Qual foi o impacto total de todas essas invenções e intervenções? Se você se senta ao volante hoje, a probabilidade de morrer é dez vezes menor do que quando os automóveis começaram a fazer parte da vida moderna. Lembre que acidentes de carro eram a terceira causa mais comum de morte quando James Dean acelerou aquele Porsche Spyder. Agora não estão nem entre as dez primeiras.

Considere o gráfico abaixo, que mostra o declínio nas mortes nos Estados Unidos por 160 mil quilômetros dirigidos de 1955 até hoje.[14]

MORTES EM ACIDENTES DE CARRO NOS ESTADOS UNIDOS POR 160 MIL QUILÔMETROS DIRIGIDOS, 1955-2018

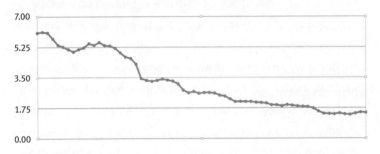

A queda mais pronunciada na mortalidade ocorreu nos cinco anos após a aprovação da lei de 1966, à medida que o uso do cinto de segurança se tornava cada vez mais comum e os limites de velocidade máxima foram reduzidos para oitenta quilômetros por hora em todo o país. Porém, a coisa mais impressionante no gráfico é a melhora constante e incremental na segurança ocorrida nas três décadas seguintes. Não há uma melhora drástica e repentina; cada ano, com poucas exceções, é apenas um pouco mais seguro que o ano anterior. Esse é o tipo de gráfico que você vê quando o progresso se deve não a um inventor genial ou a uma inovação radical, mas sim ao trabalho de milhares de pessoas, cada qual atacando o problema por ângulos diferentes: defensores do consumidor, engenheiros da indústria, reguladores do governo, mães aflitas. Como cada ano é apenas uma fração melhor que o anterior, nunca ouvimos falar dos avanços. Mortes de celebridades e outros acidentes trágicos continuam a dar manchetes, mas as vidas salvas nunca chegam à primeira página, pois as alterações são anuais e pequenas. Mas, quando somamos tudo ao longo de um século de pessoas dirigindo, trata-se de um verdadeiro milagre.

Todas essas inovações e reformas legais versaram basicamente sobre uma coisa: como podemos manter as pessoas mais seguras em caso de acidente? A tecnologia mudou, mas a natureza do problema é a mesma com a qual Hugh DeHaven começou a lidar em 1917, após seu acidente quase fatal como jovem cadete. Mas, nos últimos anos, surgiu uma nova possibilidade, tão radical quanto o argumento de DeHaven sobre a capacidade de sobrevivência nos anos 1940. Será possível projetar automóveis capazes de evitar inteiramente acidentes? Esse é o sonho do carro autônomo, que dirige sozinho, movido por algoritmos de máquinas inteligentes e sofisticados sensores que o ajudam a avaliar as condições complexas e mutáveis das ruas e estradas muito mais rapidamente que os seres humanos. O aumento radical da segurança introduzido pelo cinto partiu da compreensão da física de um acidente. A revolução do carro que dirige sozinho, acreditam seus proponentes, se dará em torno de dados. Com carros inteligentes — talvez digitalmente coordenados entre si —, os acidentes automotivos podem se tornar tão raros quanto os acidentes aéreos nos últimos anos. Não surpreende que os principais atores que trabalham nesse

Ovos quebrados e trenós a jato: Segurança automotiva e industrial 243

novo paradigma não estejam em Detroit e sim no Vale do Silício, em empresas como Google e Tesla.

Essa potencial revolução na segurança requer uma minuciosa sequência de aprendizados, dada a variabilidade das condições de direção no mundo real. Também requer tomadas de decisão algorítmicas. O "acondicionamento" que protege quem está no carro não são mais apenas airbags ou volantes retráteis, mas a capacidade do automóvel de fazer a escolha certa na hora certa. Modelos fabricados pela Tesla já monitoram cada quilômetro percorrido com seres humanos ao volante, registrando e aprendendo com tudo o que acontece. O carro analisa as escolhas que o motorista faz durante o trajeto — desviando para evitar um pedestre, "cutucando" o freio para fazer o carro de trás se afastar, reduzindo a velocidade sob neblina. Enquanto isso, o carro toma suas próprias decisões simuladas, comparando seu controle imaginário com o desempenho real do motorista. Por meio de estudos assim, com o tempo, os defensores desse tipo de veículo acreditam que o aprendizado de máquina treinará nossos carros a se tornarem motoristas muito melhores que nós.

Mesmo que esse cenário se concretize, entregar nossas decisões de comando a um algoritmo criará estranhos dilemas morais. O que acontece se o carro encontrar uma situação em que tenha de escolher entre a possibilidade de arriscar a vida do motorista ou atropelar dois pedestres? Que vida deve ser programada para ser valorizada? Se a revolução da direção sem motorista acontecer, podemos muito bem ver o número de mortes naquele gráfico cair para quase zero. Mas, no processo, algo bizarro terá acontecido: os carros precisarão ter algo parecido com ética. Alguns assumirão configurações mais agressivas; estarão mais abertos ao risco. Outros serão programados para priorizar a segurança dos pedestres em relação à de outros motoristas. Talvez essa seja uma evolução natural. Costumávamos escolher um carro com base no design do paralama ou na capacidade de aceleração de zero a cem. Mas, no futuro, alguns de nós talvez decidam sobre a compra de um carro com base em seus valores morais.

Nesse futuro de carros que dirigem sozinhos, sem dúvida haverá casos extremos em que um automóvel terá de tomar uma dessas decisões impossíveis, escolhendo entre matar uma pessoa ou outra. Com certeza esses incidentes vão dar manchetes e provocar indignação, mesmo que a soma total de perdas humanas tenha sido bastante reduzida por nossos motoristas algorítmicos. Esses incidentes também representarão um marco na história de séculos nos quais pessoas morreram vítimas das máquinas que inventaram. Desde a morte de Mary Ward na Irlanda, esmagada por aquela locomotiva viária a vapor, esses óbitos têm sido classificados como acidentes. Mas que categoria poderemos usar quando uma máquina matar um ser humano por decisão própria?

8. Alimentando o mundo: O declínio da fome

HÁ CERCA DE TRÊS DÉCADAS, o biólogo e teórico da complexidade Stuart Kauffman cunhou uma frase para definir a maneira como as mudanças significativas acontecem, tanto nos sistemas naturais quanto nos culturais. Cada nova mudança — a evolução do bipedismo, por exemplo, ou a invenção da imprensa — abre janelas de possibilidades para outras mudanças, observou Kauffman. Nossos ancestrais começam a andar sobre dois pés, o que libera as mãos para outros tipos de atividade, o que leva à evolução do polegar opositor. A imprensa cria a chance de armazenar e compartilhar conhecimentos científicos, o que leva à invenção de novos sistemas de citação, como números de página e notas de rodapé, o que muitos séculos depois acaba levando à ideia de hyperlinks. Kauffman deu a esses efeitos secundários um nome memorável: o "possível adjacente".[1] Avanços científicos mudaram o mundo não apenas por meio das novas funcionalidades que introduziram, mas também pela maneira como expandiram o possível adjacente: as ideias que de repente se tornaram imagináveis pelos efeitos colaterais que criaram. Uma FDA que exigisse prova de eficácia de novos medicamentos não fazia parte do possível adjacente em 1937, durante a crise do Elixir de Sulfanilamida, porque o ECR ainda não havia sido inventado. Mas, quando Frances Oldham Kelsey começou a estudar a talidomida, havia um

246 *Longevidade*

padrão mais rigoroso disponível para ela e seus colegas graças ao trabalho de Austin Bradford Hill e Richard Doll. A invenção do ECR criou um novo modelo para projetar experimentos, mas também tornou possível outra maneira de intervenção regulatória. Da mesma forma, ao reduzirem enormemente os riscos de infecções fatais, os antibióticos abriram caminho para novas cirurgias eletivas.

O estranho sobre o possível adjacente é que as janelas descerradas a cada inovação nem sempre parecem tão adjacentes, à primeira vista. Muitas vezes, grandes mudanças na sociedade acontecem porque uma nova ideia em um campo desencadeia mudanças em outro campo aparentemente não relacionado a ele. As histórias intelectuais, por razões compreensíveis, tendem a subestimar esses saltos causais; a história da química se concentra nos químicos, a história da epidemiologia se concentra nos epidemiologistas. Mas a verdade é que as novas ideias introduzidas nesses campos tendem a ultrapassar tais barreiras disciplinares. A prensa de Gutenberg utilizou uma peça-chave da tecnologia dos vinicultores, que desenvolveram o que foi chamado de prensa de rosca para esmagar uvas. Os vinicultores não tinham ideia de que estavam abrindo espaço no possível adjacente para uma revolução editorial, mas foi exatamente isso que sua tecnologia acabou por fazer.

Como a história da expectativa de vida humana está ligada a tantas inovações diferentes — estatística, química, novos modos de supervisão do governo —, não surpreende que ela apresente muitos vínculos improváveis de causalidade, o equivalente, na área da saúde, aos produtores de vinho involuntariamente ajudarem a alavancar a era de Gutenberg. Considere esta questão: que nova ideia ou tecnologia descoberta no século

Alimentando o mundo: O declínio da fome 247

xix teve maior impacto sobre a expectativa de vida no século xx? Alguns candidatos óbvios vêm à mente, parte dos quais já exploramos: a revolução das estatísticas e os estudos de Farr; o conceito de doenças transmitidas pela água. Mas você também pode argumentar que a ideia mais influente veio de um lugar bem mais estranho: a descoberta de que o solo é vivo.

A maneira como chegamos a esse entendimento foi complicada, mas em grande parte ele aconteceu em uma eclosão de atividades interdisciplinares em meados do século xix. Os cientistas começaram a perceber que o solo não era apenas um monte de rochas moídas, inerte e imutável. Havia um metabolismo. Ele exigia insumos de energia e gerenciamento de resíduos. Nas circunstâncias certas, era capaz de uma fecundidade impressionante; nas erradas, podia definhar e virar um pó sem vida. E estava repleto de formas de vida microscópicas, cada uma exercendo papel crucial no que agora chamamos de ciclo do nitrogênio.

A etapa mais importante desse ciclo era a "fixação", que converte o nitrogênio do ar nos nitratos de amônia que as plantas usam como alimento. O problema do nitrogênio é que, apesar de ser abundante na nossa atmosfera, ele não se combina facilmente com outros elementos em seu estado normal. Ao longo de bilhões de anos de evolução, os ecossistemas do solo superaram essa limitação por meio do trabalho dedicado de microrganismos conhecidos como diazotróficos, que convertem nitrogênio em amônia, que pode então ser usada para nutrir as plantas. Outros microrganismos se especializam em decompor plantas e animais, também liberando amônia. Visto dessa nova perspectiva, o solo repentinamente começou a parecer uma fábrica de produção química, com incontáveis milhões de agentes microscópicos trabalhando para produzir nitratos. Esse conhecimento provou-se essencial para a equipe de microbiologistas, químicos e agrônomos que tentavam desesperadamente criar uma forma de produzir antibióticos em massa a tempo de vencer a guerra.

A revolução dos antibióticos exigiu várias descobertas cruciais para que um fungo promissor porém enigmático se deixasse transformar em bala de prata global. Uma delas com certeza foi o desenvolvimento da moderna ciência do solo. Os cientistas que exploravam o reino invisível sob nossos pés não tinham ideia de que estavam estabelecendo os elementos básicos da inovação médica mais importante do século xx. Se você tivesse perguntado, eles teriam dito que a pesquisa não tinha nada a ver com medicina. Mas é assim que funciona o possível adjacente: às vezes as novas janelas que se abrem levam a lugares inesperados. Às vezes deixam você numa ala totalmente diferente do edifício.

A descoberta de que a terra comum possui um metabolismo complexo teria outro efeito um pouco mais previsível sobre a expectativa de vida. Saber que o solo estava vivo nos ajudou a evitar infecções, mas também a afastar outra ameaça onipresente: a fome.

Em 20 de maio de 1915, enquanto batalhas iniciais da Primeira Guerra Mundial aconteciam na Europa e no Oriente Médio, um diplomata americano chamado Ralph G. Bader, servindo em Teerã, enviou um despacho ao seu governo relatando como a então neutra nação da Pérsia estava respondendo às vicissitudes causadas pela guerra. Os bens importados da

Alimentando o mundo: O declínio da fome 249

Europa tinham aumentado drasticamente de valor, relatou Bader, mas o suprimento de alimentos nativos quase não fora afetado. "O custo de vida da população nativa, cujos principais produtos alimentares são carneiro, arroz e pão feito de farinha de trigo integral, aumentou bem pouco", escreveu. Mas em outubro, com os russos, turcos e britânicos lutando pelo controle do país, sinais ameaçadores começaram a aparecer. Jefferson Caffery, o encarregado de negócios americano, relatou que as filas de pão se tornaram onipresentes nas ruas de Teerã, e que em questão de meses o preço do quilo de açúcar ficou dez vezes mais caro.

A perturbação das redes normais de distribuição de alimentos causada por invasores estrangeiros foi exacerbada no ano seguinte por uma severa seca que atingiu grandes áreas do país. O embaixador dos Estados Unidos na Pérsia durante esse período era um advogado nascido no Kansas chamado John Lawrence Caldwell. Em 1917, ele informou que os motins haviam começado. "Não se pode duvidar de que as mortes e a fome se multiplicarão neste inverno", alertou. Um telegrama posterior de Caldwell documentou o aumento estratosférico dos preços: alimentos básicos como o arroz subiram de dez centavos para até quatro dólares o quilo. (Curiosamente, Caldwell observou que o problema principal parecia envolver o custo dos produtos, e não sua disponibilidade. "O trigo custa de quinze a vinte dólares a arroba, mas existe uma grande oferta do produto por esse preço", explicou.)[2] Com a satisfação das necessidades alimentares básicas da população persa efetivamente inacessível, uma fome devastadora começou a assolar o país. Um professor do American College mandou um telegrama aos Estados Unidos em 1918: "Quarenta

250 *Longevidade*

mil desamparados só em Teerã. Pessoas comendo animais mortos. Mulheres abandonando seus bebês".

Quando o major-general L. C. Dunsterville chegou à Pérsia por volta dessa época, dando início à ocupação militar britânica que duraria três anos, encontrou um país à beira do colapso total. Suas lembranças da experiência transitam com facilidade entre o horror genuíno pelo sofrimento humano e os estereótipos grotescos sobre o oriental "típico":

> As evidências da fome eram terríveis, e em uma caminhada pela cidade éramos confrontados com as visões mais horripilantes. Ninguém conseguiria suportar essas cenas se não fosse dotado da maravilhosa apatia do oriental: "É a vontade de Deus!". Assim, as pessoas morrem e ninguém faz nenhum esforço para ajudar, e um cadáver passa despercebido na rua até se tornar inevitável um empenho para fazer algum tipo de enterro. Em uma das vias principais, vi o corpo de um menino de cerca de nove anos que evidentemente havia morrido durante o dia; estava deitado com o rosto enterrado na lama, e as pessoas passavam pelos dois lados como se ele fosse apenas um obstáculo comum no caminho.[3]

Como se não bastasse o racismo casual da noção de Dunsterville acerca da "maravilhosa apatia do oriental", as evidências agora indicam que uma das principais causas do aumento de preços que causou a fome veio da compra de estoques maciços de alimentos pelo Exército britânico para abastecer suas tropas em todo o Oriente Médio. Para a mentalidade imperial de Dunsterville, as "visões mais horripilantes" da fome nas ruas e no campo da Pérsia pareciam provas de um país incapaz de administrar seus próprios assuntos. Na verdade, Dunsterville

Alimentando o mundo: O declínio da fome 251

estava lá para "resgatar" os persas de uma crise que os próprios britânicos ajudaram a precipitar.

O custo final em vidas humanas da Grande Fome Persa de 1916-8 continua sendo uma questão em debate. A população de Teerã parece ter sido reduzida à metade nos anos de pico da fome, caindo de 400 mil para 200 mil. Alguns historiadores argumentaram que as taxas de mortalidade em todo o país eram igualmente dramáticas. Outros acreditam que cerca de 20% da população morreu de fome durante esses três anos turbulentos.

Por mais devastadora que a Grande Fome tenha sido para o povo persa, ela foi apenas o início de uma onda de fomes catastróficas que se alastrariam pelo mundo na década seguinte. O número de mortes causadas pela falta de alimentos durante esse período quase certamente excedeu a quantidade de vidas perdidas nos conflitos militares da guerra. Só a influenza causou mais danos. Nos anos 1920, mais de 50 milhões de pessoas morreram durante as fomes — algumas resultantes de padrões climáticos incomuns, algumas por perturbações na distribuição de alimentos devido à guerra, outras pelas desastrosas experiências iniciais de planejamento central implantadas na então recém-formada União Soviética.

Embora esses números nos pareçam estarrecedores agora, como porcentagem da população geral a taxa de mortalidade por fome durante aquela década não foi incomum em comparação às crises alimentares ao longo da história da humanidade. A famosa Grande Fome da Batata na Irlanda, no final dos anos 1840, matou cerca de um oitavo da população e obrigou outro quarto da população a emigrar em busca de alimentos, principalmente para os Estados Unidos. O início do que hoje chamamos de Pequena Era Glacial, nos anos 1300, provocou inundações e um clima excepcionalmente frio no norte da Europa, resultando em tempos de fome que podem ter tirado a vida de até um terço da população. Estudiosos agora acreditam que o misterioso colapso da civilização maia foi parcialmente precipitado por uma seca extrema entre 1020 e 1100, que causou uma perda massiva de safras, fazendo com que a avançada cultura mesoamericana desaparecesse praticamente da noite para o dia. Hieroglifos descobertos em uma ilha do Nilo contam a história de uma fome de sete anos que provocou caos e agitação política no reinado do faraó egípcio Djoser, 3 mil anos antes do nascimento de Cristo.

A fome em massa tem sido um corolário quase inevitável das sociedades agrícolas; no cômputo geral, ela pode ter ceifado mais vidas que as guerras ao longo da história humana. Na era moderna, para a qual temos avaliações razoavelmente precisas do número de mortos, a fome parece ter sido a força mais letal: acredita-se que mais de 120 milhões de pessoas morreram de fome no mundo todo entre 1870 e 1970, provavelmente alguns milhões a mais que o número de mortos em conflitos militares.

A escassez crônica de alimentos tem outros custos, mais sutis, mesmo quando não desencadeia mortes em massa. Como observou Robert W. Fogel, ganhador do prêmio Nobel, a dieta da maioria dos europeus no século XVIII e no início do século XIX era equivalente às dietas de Ruanda ou da Índia nos anos 1970, países onde uma porção significativa da população sofria de desnutrição crônica. Essas dietas limitadas estabelecem um teto para o volume de trabalho que pode ser realizado pela população. "No final do século XVIII, a agricultura britânica,

Alimentando o mundo: O declínio da fome 253

mesmo que complementada por importações, simplesmente não era produtiva o suficiente para fornecer calorias para mais de 80% da força produtiva potencial, a fim de sustentar o trabalho regular", escreve Fogel.[4] Essa carência de calorias também teve um efeito material sobre a saúde em geral. Em seu trabalho seminal, *The Modern Rise of Population*, Thomas McKeown atribuiu muitos dos ganhos na expectativa de vida do século XIX a melhorias na dieta, argumentando que foram os avanços agrícolas, e não os médicos, que deram origem à primeira marcha ascendente da grande saída. "Na Europa", argumentou ele, "a provisão de alimentos entre o final do século XVII e meados do século XIX aumentou bastante, o suficiente, na Grã-Bretanha, para nutrir uma população que triplicou de tamanho, sem participação significativa de produtos importados".[5]

McKeown não usou exatamente essa linguagem, mas, na realidade, o que ele descrevia era uma revolução energética: energia, nesse caso, medida em calorias consumidas, e não na força gerada a vapor. Uma população que vive à beira da fome — sem ingestão de energia suficiente para manter as funções metabólicas básicas — é uma população que será mais vulnerável a infecções oportunistas, mesmo se conseguir evitar a fome em massa. Quando falamos sobre as revoluções de energia do século XIX, o sistema de fábricas movidas a vapor logo vem à mente, mas no modelo de McKeown o principal motivador foi "a aplicação mais eficaz dos métodos tradicionais — aumento do uso da terra, adubação, alimentação no inverno, rotação de culturas etc. —, e não as medidas técnicas e químicas associadas à industrialização".[6] Em outras palavras, nós começamos a viver mais porque nos tornamos melhores agricultores, não melhores médicos.

254   *Longevidade*

Tentar avaliar a ingestão calórica de pessoas que viveram há mais de dois séculos representa um desafio para os historiadores da demografia, visto que não houve nenhum William Farr registrando as dietas regulares de pessoas comuns durante o período. Mas uma medida-chave dos níveis nutricionais na infância é a altura do adulto. Sociedades com crianças cronicamente desnutridas produzem adultos muito mais baixos que sociedades em que as crianças são bem alimentadas. Quando vemos alterações rápidas na altura dos adultos entre as gerações, as mudanças na dieta da primeira infância são quase sempre a razão. (Na média, os japoneses nascidos neste milênio são quase uma cabeça mais altos que seus avós, graças às melhorias na dieta depois da Segunda Guerra Mundial.) Com base no argumento de McKeown, Fogel apresentou evidências de que a altura média na Inglaterra aumentou cerca de cinco centímetros entre 1750 e 1900, sugerindo alguma melhora significativa na dieta durante esse período.

Os avanços na agricultura não foram suficientes para a Europa evitar a perene ameaça de fome em massa durante esse período. A eclosão da Revolução Francesa, no final dos anos 1780, teve contribuição da fome no país; na Escandinávia, múltiplos períodos de fome mataram centenas de milhares no final do século xix; e, claro, a Grande Fome da Batata na Irlanda resultou em mais de 1 milhão de vítimas. Globalmente, a fome continuaria responsável por uma redução significativa da expectativa de vida humana até os anos 1970.

E então, quase da noite para o dia, a fome afrouxou o cerco que há tanto tempo atormentava a sociedade humana. Entre 1980 e hoje, cerca de 5 milhões de pessoas morreram de fome, quando nos quarenta anos anteriores foram cerca de

Alimentando o mundo: O declínio da fome   255

50 milhões. A queda é ainda mais pronunciada se levarmos
em consideração o crescimento da população global durante
esse período. Calculadas numa base per capita, as mortes por
fome diminuíram de 82 por 100 mil pessoas na sequência da
Grande Fome Persa para apenas 0,5 por 100 mil pessoas nos
últimos cinco anos.[7] Surtos de fome em pequena escala ainda
acontecem, e há muitas razões para acreditar que as perturbações intrinsecamente relacionadas à mudança climática — em
termos tanto de alteração de ecossistemas quanto do caos de-
mográfico da migração em massa — farão com que aumentem
nas próximas décadas. Mas nos últimos quarenta anos, pelo
menos, a tendência geral é a mais encorajadora possível. Reduzimos o número de mortos por fome com uma eficiência
equivalente àquela com que reduzimos o número de mortos
por tuberculose: nós a transformamos de ameaça iminente,
um fato inevitável da vida para muitas sociedades em todo o
mundo, em raridade, algo com que somente 1% da população
mundial precisa se preocupar.[8] Pode ser apenas uma paz temporária, e as forças que provocam a fome em massa podem
voltar com intensidade quando os mares subirem muito. Mas
é uma trégua que conseguiu perdurar por quarenta anos, sem
sinais de interrupção. Ironicamente, nossa paz com o grande
inimigo representado pela fome foi ao menos em parte possibilitada pela tecnologia da guerra.

Ao longo de milhões de anos, o nitrato de amônio foi utilizado por plantas no mundo todo como fertilizante natural
em que apoiar seu crescimento. Mas, há cerca de mil anos,
um novo uso para esse nitrato despontou quando os chine-

256   *Longevidade*

ses começaram a fazer experiências com o poder explosivo de um parente químico próximo, o nitrato de potássio, também conhecido como salitre, o principal ingrediente da pólvora. O nitrogênio foi isolado e nomeado pela primeira vez nos anos 1770, durante um período de grandes avanços na química. (Um ano após a descoberta do nitrogênio, o oxigênio também foi identificado.) No século XIX, ficou claro que os nitratos poderiam ser usados para estimular o crescimento das plantas e explodir coisas. (Bombas de nitrato de amônio ainda são usadas por grupos terroristas, como a do atentado de Oklahoma City, em 1995.) Mas a capacidade de fabricar esses nitratos ainda não se tornara parte do possível adjacente. A única opção disponível para seres humanos que desejassem utilizar nitratos — na guerra ou em seus jardins — era localizar reservas naturais do produto químico. E foi assim que os excrementos de aves marinhas e morcegos se tornaram uma das mercadorias mais valorizadas do século XIX.

Por mais de mil anos, as populações indígenas da costa do Peru faziam incursões regulares para raspar o que chamavam de guano do terreno rochoso das ilhas próximas. Os resíduos das aves marinhas transformaram um deserto infértil em solo próspero. O Império Inca despachava guano para toda a América do Sul a fim de melhorar o rendimento das colheitas. No início do século XIX, os europeus finalmente reconheceram o valor comercial do guano, após séculos dedicando mais atenção ao ouro e à prata do que às reservas de excrementos de morcegos e aves marinhas da América do Sul. Em 1840, os peruanos que exploravam as Ilhas Chincha, na costa sul do Pacífico, fizeram uma descoberta comparável à do mítico Eldorado: depósitos de guano solidificado em montes com mais de

Alimentando o mundo: O declínio da fome 257

45 metros de altura, a maior reserva de nitratos já descoberta. O alvoroço foi o mesmo de uma revoada de morcegos. Regiões inteiras foram colonizadas; ecossistemas naturais foram perturbados; guerras foram travadas. Agricultores do mundo todo usavam o guano peruano para aumentar a fertilidade do solo. O guano de morcego das cavernas dos Estados Unidos foi a principal fonte de pólvora do Exército Confederado durante a Guerra Civil Americana.[9]

A grande utilização do guano tinha um limite inevitável no futuro, pois pássaros e morcegos simplesmente não conseguiriam produzir resíduos suficientes para atender à demanda. Nos anos anteriores à eclosão da Primeira Guerra Mundial, a Alemanha ficava cada vez mais preocupada com sua capacidade de gerar bombas suficientes para lutar contra os rivais europeus. O fator limitante: diminuição do fornecimento de nitratos, originalmente provenientes do guano. O químico alemão Fritz Haber começou a investigar maneiras de sintetizar nitratos em laboratório, e em 1908 aperfeiçoou um sistema que podia criar nitrato de amônio sem depender de microrganismos diazotróficos ou de aves marinhas. Esta foi uma alquimia de primeira ordem: criar uma mercadoria valiosa a partir de elementos simples como ar e calor (junto com um catalisador de ferro). O químico e industrial Carl Bosch também projetou um sistema em que o processo de Haber podia ser reproduzido em escala, com fábricas gerando toneladas de nitrato de amônio. Não está claro quantas mortes durante a Primeira Guerra poderiam ter sido evitadas se Haber e Bosch não se juntassem para descobrir e ampliar a técnica de "fixar" artificialmente o nitrogênio. Chegariam provavelmente a centenas de milhares, ou até mais.

Ainda assim, havia essa estranha propriedade do nitrogênio: ele era tão útil para os fazendeiros quanto para os fabricantes de bombas. Quando se tornou possível produzir nitratos em uma fábrica, o mundo da agricultura perdeu sua dependência de solos naturalmente férteis ou do guano de morcego. Qualquer terra, por mais sem vida que seja, pode ser suplementada por nitratos para dar início ao ecossistema do solo. Descobrir como fazer mais bombas acabou nos ajudando a inventar um conceito inteiramente novo: o fertilizante artificial. Foi um pequeno salto conceitual, porém, medido em termos das consequências no século xx talvez seja incomparável. Nenhuma descoberta isolada teve tanto impacto sobre a explosão do crescimento populacional quanto a amônia artificial de Haber. Havia cerca de 2 bilhões de pessoas vivas no planeta quando ele começou seus experimentos. Hoje, são 7,7 bilhões. No entanto, apesar desse crescimento explosivo, as taxas de fome e desnutrição crônica despencaram. As fomes em massa, que antes matavam dezenas de milhões em um ano, foram totalmente eliminadas. O processo Haber-Bosch — e as inovações subsequentes conhecidas como revolução verde — resultou em aumentos extraordinários da produtividade agrícola, rompendo os limites populacionais que ocuparam de Thomas Malthus a Paul Ehrlich, que fez previsões apocalípticas no livro *The Population Bomb* [A bomba populacional], de 1968. Atualmente, as terras agrícolas cobrem cerca de 15% da superfície do planeta. Se a safra tivesse ficado nos níveis de 1900, hoje mais da metade das áreas sem gelo da Terra deveriam ser consagradas à agricultura — grande parte em solos que não suportariam uma agricultura intensa sem fertilizantes artificiais. Como na história da erradicação da varíola, as instituições globais tam-

Alimentando o mundo: O declínio da fome 259

bém desempenharam um papel crucial. Quando surge uma escassez temporária de alimentos em zonas de conflito ou locais de desastres naturais, organizações como o Programa Mundial de Alimentos, ganhador do prêmio Nobel da Paz em 2020, intervêm para evitar fomes catastróficas como a ocorrida na Pérsia há cem anos.

A BATALHA CONTRA a fome e a inanição em massa levada a cabo no século XX não foi travada exclusivamente no solo. Também envolveu uma revolução polêmica na criação de animais, que os críticos agora desdenham como "criação industrial". Nenhum animal representa melhor do que a galinha a enorme escala dessa revolução. Parece estranho imaginar isso agora — numa época em que o frango se tornou um alimento básico na dieta em todo o mundo, amplificado por sua importância nos cardápios de fast food americanos —, mas até as primeiras décadas do século XX as galinhas eram em grande parte criadas para a produção de ovos, não de carne. Muitas famílias mantinham galinheiros e só serviam frango na mesa de jantar quando uma das aves era sacrificada por não estar produzindo ovos em número suficiente.

Um dos gatilhos iniciais que transformou o papel da galinha na nossa dieta envolveu um simples erro de digitação e uma empreendedora acidental. No início dos anos 1920, em Sussex County, Delaware, uma jovem chamada Cecile Steele mantinha um pequeno número de galinhas poedeiras na fazenda da família, principalmente para obter ovos para consumo próprio, embora vez por outra vendesse os ovos excedentes para gerar renda extra. A cada primavera, encomendava cinquenta novos pintos de uma incubadora local. Mas, na primavera de 1923, um erro da incubadora acrescentou um zero ao pedido; para surpresa de Steele, apareceram *quinhentos* pintinhos em sua porta. Um cliente menos empreendedor teria simplesmente devolvido o excedente, mas algo na visão de todas aquelas galinhas plantou uma ideia na cabeça de Cecile Steele. Ela guardou os pintinhos numa caixa de piano vazia até um madeireiro construir um novo galpão grande o suficiente para abrigá-los. Engordou os animais com suplementos alimentares recém-inventados, e quando chegaram a um quilo vendeu 387 deles por 31 centavos o quilo, obtendo um lucro considerável. No ano seguinte, decidiu aumentar o pedido para mil galinhas e começou a ampliar as instalações da fazenda. Até então, a maior parte dos galináceos comprados por restaurantes ou cadeias de mercearias eram galinhas mais velhas, vendidas para preparar ensopados. As aves de Steele eram jovens, o que significava uma carne mais macia e mais adequada para fritar.

Cinco anos após a fatídica entrega daqueles quinhentos pintos, Cecile Steele tinha construído uma das primeiras granjas de criação de frango, engordando e vendendo 26 mil aves em um único ano. Em pouco tempo, o número cresceu para 250 mil. Centenas de fazendeiros da região perceberam o sucesso e montaram granjas avícolas semelhantes. Descobriram que os chamados frangos de corte eram produtores mais eficientes de proteína que os bovinos ou porcos; exigiam muito menos espaço e já tinham tamanho para ser vendidos em apenas algumas semanas, enquanto o gado levava mais de um ano.

Na década de 1950, a indústria aviária descobriu que alimentar as galinhas com suplementos de vitamina D — fortificados com antibióticos — permitia que elas vivessem em ambientes

Alimentando o mundo: O declínio da fome

fechados e sem exposição à luz solar; em pouco tempo, cooperativas em escala industrial amontoavam até 30 mil galinhas em gaiolas de arame tão pequenas que as aves não tinham espaço nem para abrir as asas. O resultado foi um aumento radical na eficiência da produção de carne: era possível produzir meio quilo de carne de frango com apenas um quilo de grãos, enquanto meio quilo de carne bovina exigia três quilos de grãos. Essa eficiência produziu o que um escritor chamou de "um vasto experimento nacional em gastroeconomia pelo lado da oferta":[10] os mercados foram inundados de frango barato e as dietas se adaptaram rapidamente. Cadeias de fast food como o KFC proliferaram. O McDonald's adicionou o Chicken McNuggets ao seu cardápio mundial em 1983, quando a preocupação quanto ao elo entre ingestão de gorduras e doenças cardíacas levou um comitê especial sobre nutrição no Senado norte-americano a recomendar que a população "diminuísse o consumo de carne e aumentasse o consumo de aves e peixes". Hoje, o americano médio come mais de trinta quilos de frango por ano. A produção aviária industrial tem desempenhado papel destacado na alimentação de populações em expansão no mundo todo. Em 1970, o Brasil produziu 217 toneladas métricas de carne de frango; hoje produz cerca de 13 mil toneladas métricas. A China e a Índia viram sua produção de carne de frango aumentar em mais de dez vezes nas últimas duas décadas.[11]

Mas a escala dessa transformação talvez seja mais bem mensurada por um único ponto dos dados informativos: a população geral de galinhas em todo o mundo. A ave selvagem mais numerosa do planeta é a *Q. quelea* de bico-vermelho africana, com uma população estimada em 1,5 bilhão. A qualquer momento, cerca de 23 bilhões de frangos estão vivos, e os seres humanos consomem mais de 60 bilhões de frangos por ano. (O segundo número é muito maior porque, como vimos, as galinhas são abatidas para consumo com apenas alguns meses de vida.) Existem agora mais galinhas no mundo do que todas as outras espécies de aves juntas. A taxa de crescimento populacional de galinhas excede em muito a dos seres humanos no século passado. Mas, claro, as duas taxas de crescimento estão fundamentalmente ligadas: agora podemos sustentar 7 bilhões de pessoas no planeta, em parte porque elas têm 60 bilhões de frangos para comer a cada ano.

A população de galinhas na terra é tão descomunal que os estudiosos agora acreditam que quando os futuros arqueólogos, daqui a milhares de anos, escavarem as ruínas do que alguns chamam de Antropoceno — a era em que os humanos começaram a transformar o planeta —, eles usarão os resíduos de todos esses frangos como marcador-chave para o período. Sem dúvida, outras evidências da cultura humana serão encontradas: plásticos não biodegradáveis, cidades soterradas. Mas os vestígios restantes dos esqueletos do *Homo sapiens* serão um dado secundário para os futuros arqueólogos. A assinatura biológica definidora do período, mumificada em aterros de todo o mundo, serão ossos de galinha.

O IMPACTO DAS REVOLUÇÕES agrícolas do século XX — tanto o aumento da fertilidade do solo quanto as técnicas de criação industrial que trouxeram todas aquelas galinhas ao mundo — é estonteante. Os especialistas acreditam que essas revoluções agrícolas dobraram a capacidade de carga do planeta, o que

Alimentando o mundo: O declínio da fome 263

significa que, sem essas descobertas, metade dos 7,7 bilhões de pessoas vivas hoje nunca teria nascido ou teria morrido de fome há muito tempo. Várias outras teriam vivido, mas com o mínimo de suas capacidades metabólicas, mal conseguindo operar. Há cinquenta anos, mais de um terço das pessoas que viviam nos países em desenvolvimento era cronicamente subnutrido. Hoje, pouco mais de 10% delas o são.

Como Robert W. Fogel argumentou convincentemente por muitos anos, o incremento da nutrição pode criar ciclos de retroalimentação positiva de "evolução tecnofísica": novos avanços científicos aumentam a ingestão calórica dos seres humanos, o que lhes dá mais energia para o trabalho e maior produtividade econômica, o que leva a outras inovações que ampliam ainda mais a ingestão calórica. Não é por acaso que muitas regiões do mundo com as mais espetaculares taxas de crescimento desde a Segunda Guerra Mundial — muitas delas na Ásia — são lugares onde a ingestão calórica passou do limite da fome a níveis comparáveis aos da Europa moderna.

Escapar da fome é um dos grandes triunfos do século xx, mas teve seus custos. A produção de fertilizantes artificiais consome até 5% das reservas de gás natural do mundo; o escoamento de fertilizantes artificiais de terras agrícolas criou grandes zonas mortas na água do mar perto dos deltas dos rios, porque os nitratos privam a vida marinha de oxigênio suficiente para sobreviver. No momento em que escrevo, acredita-se que uma área de mais de 20 mil quilômetros quadrados no golfo do México esteja totalmente sem vida, uma das maiores zonas mortas já registradas. O planeta onde há 23 bilhões de galinhas também está realizando um experimento enorme e sem precedentes na criação inadvertida de novas cepas da gripe aviária. O vírus H1N5, que provocou tanto pânico global em 2007, foi parcialmente transmitido por galinhas. Se nos próximos anos surgir outra pandemia, com efeitos ainda mais devastadores que a covid-19, é provável que a imensa população de galinhas na terra — e os sistemas de criação industrial que as produzem — seja um ponto de origem do surto.

E, mesmo que os 7,7 bilhões de pessoas vivas hoje não contraiam novas doenças, sua existência sobrecarrega o planeta, tanto em termos de destruição ambiental quanto de emissão de gases do efeito estufa. Enfrentamos a crise global da mudança climática não só porque adotamos um estilo

PREVALÊNCIA DE SUBNUTRIÇÃO (%) EM PAÍSES EM DESENVOLVIMENTO, 1970-2015

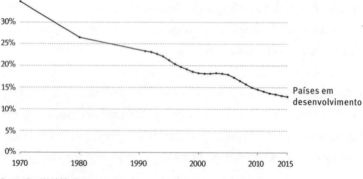

Fonte: Our World in Data.

Este é o principal indicador de fome da FAO. Ele mede a parcela da população que consome uma quantidade de calorias insuficiente para fornecer a energia necessária a uma vida ativa e saudável (conforme definida pela dieta energética mínima necessária). Os dados de 1990 em diante estão bem estabelecidos nas estimativas da FAO. Estimativas anteriores abrangendo o período de 1970 a 1989 são significativamente mais imprecisas.

Alimentando o mundo: O declínio da fome 265

de vida industrial, mas também porque descobrimos novas técnicas para evitar que as pessoas morram de fome em massa ou vivam à beira da fome. Algumas dessas técnicas tiveram origens improváveis — guano de morcego e fabricação de bombas, um erro numa encomenda de pintinhos —, mas seu impacto final quase ultrapassa a compreensão: bilhões de vidas livres da fome e da inanição e um planeta lutando para administrar os efeitos secundários desse crescimento descontrolado.

Conclusão
Ilha Bhola revisitada

ESTE LIVRO COMEÇOU com dois gráficos simples: um que condensava milhões de vidas humanas nos últimos quatro séculos em uma só linha, movendo-se para cima e para a direita; e outro que acompanhava a queda surpreendente das taxas de mortalidade infantil nos últimos dois séculos.

Mas esses gráficos contam a história das médias, não das distribuições. O quanto esses dados são animadores quando olhamos para as desigualdades — para os gradientes na expectativa de vida, e não para a média? Em 1875, quando a grande saída começou a despontar entre as classes trabalhadoras da Inglaterra, a diferença de expectativa de vida entre os cidadãos britânicos mais ricos e o restante da população era de espantosos dezessete anos. Hoje a lacuna ainda existe, mas é uma fração da anterior: apenas quatro anos. Os dados de saúde dos Estados Unidos contam uma história semelhante: a diferença entre as expectativas de vida dos brancos e dos afro-americanos diminuiu drasticamente no último século, para pouco menos de quatro anos. Em 1900, logo após W. E. B. Du Bois documentar pela primeira vez o impacto do racismo sobre os resultados da saúde, a lacuna era de quase quinze anos.

Mas, sem dúvida, a tendência mais animadora é a documentada no gráfico abaixo, focado nos últimos setenta anos.

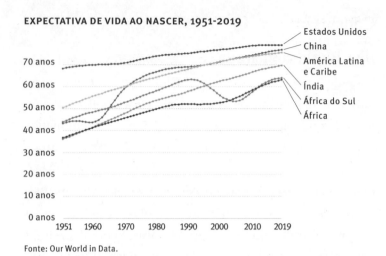

Fonte: Our World in Data.

A lacuna entre o que outrora chamávamos de Estados industrializados e Estados pré-industriais, que agora geralmente definimos como a lacuna entre o Ocidente e o Sul Global, tem diminuído nos últimos trinta anos a uma taxa nunca vista na história da demografia. A Suécia demorou 150 anos para reduzir as taxas de mortalidade infantil de 30% para menos de 1%. A Coreia do Sul do pós-guerra realizou o mesmo feito em apenas 45 anos. No final da Segunda Guerra Mundial, a expectativa de vida na Índia ainda estava limitada ao baixíssimo teto de 35 anos. Hoje está em mais de setenta. Em 1951, a diferença entre as expectativas de vida na China e nos Estados Unidos era de mais de vinte anos. Hoje são apenas quatro. Muitos habitantes de países ocidentais pensam as últimas décadas como uma era de desigualdade vertiginosa, e, de fato, *no interior* desses países, especialmente nos Estados Unidos, os resultados econômicos têm sido uma questão de "tudo para poucos". Mas quando se olha para o quadro global, a imagem

Conclusão 269

se inverte: esta é uma era de crescente *igualdade*. Os gradientes estão diminuindo.

A redução da desigualdade se aplica tanto aos resultados de saúde quanto à renda.[1] O Sul Global está enriquecendo mais rapidamente que os Estados Unidos e a Grã-Bretanha na primeira onda de industrialização. A China — e, em menor medida, a Índia — impulsiona esses ganhos, mas nos últimos dez anos a África tem mostrado uma animadora resiliência à medida que a crise do HIV começa a diminuir. Muitos suspeitavam que os gradientes que separavam o Ocidente e o Sul Global se baseavam em uma espécie de jogo de soma zero planetário, no qual a riqueza e a longevidade do Ocidente eram algo que só poderia ser alcançado em um sistema global em que metade do planeta vivesse em pobreza abjeta. O sucesso das nações "desenvolvidas" dependia da exploração dos recursos e da mão de obra das nações "subdesenvolvidas". Isso pode realmente ter feito parte da dinâmica durante os anos de pico do comércio de escravizados e do colonialismo, mas não parece mais ser o caso.

A relação entre progresso econômico e de saúde no Sul Global é quase certamente simbiótica. Nesse sentido, os países menos ricos estão passando pela mesma evolução tecnofísica que Robert Fogel detectou na sociedade europeia do século XIX. Livrar segmentos inteiros da população do estado debilitante de fome e doenças crônicas cria reservas de trabalho especializado, dotado, pela primeira vez, de energia metabólica suficiente para contribuir para a economia. Isso, por sua vez, eleva o padrão de vida dessas comunidades, melhorando os resultados na saúde e criando mais energia, que pode ser aplicada ao trabalho que gera renda.

"Se algo diferencia o século xx do passado, é esse enorme aumento na longevidade das classes mais baixas", observa Fogel.[2] Existem poucas formas de progresso mais inequívocas do que essas vidas prolongadas. Muitas das outras marcas de nosso suposto avanço como sociedade podem ser contestadas por pessoas razoáveis. Será que estamos *realmente* melhor com os supercomputadores no bolso? Será que a cultura baseada no automóvel — mesmo se mais segura — é realmente uma melhoria em relação às comunidades da civilização anterior ao século xx, quando se seguia a pé? Mas é difícil não reconhecer os ganhos quando seus filhos não morrem de varíola aos dois anos ou num acidente automobilístico aos vinte. Fácil, no entanto, é *ignorar* esses ganhos, pois eles acumularam o efeito agregado de inúmeras intervenções ao longo dos anos, de forma incremental, eliminando itens do "catálogo de males" de Jefferson. Esse tipo de progresso é difícil de perceber, não só por ser lento, mas também porque, por definição, vem na forma de não eventos, de mortes que teriam acontecido há um século e que foram evitadas por completo. Cada vez que tomamos aquele antibiótico que mata uma infecção persistente ou paramos antes de um acidente de automóvel porque nossos freios ABS entram em ação, continuamos vivendo normalmente, mal registrando o que acabou de acontecer. Mas em uma linha do tempo alternativa, sem essas proteções, poderíamos muito bem ter deixado de existir.

Por mais relevantes e louváveis que tenham sido essas intervenções, elas não devem ser invocadas como desculpa para simplesmente deixar a marcha do progresso avançar. O "catálogo dos males" ainda tem muitas páginas. Há alguns

Conclusão

anos, o Departamento Langone de Saúde da População da Universidade de Nova York criou uma ferramenta on-line que permite comparar a expectativa de vida média entre diferentes setores censitários nos Estados Unidos — uma espécie de descendente da era digital daquelas tabelas de vida que William Farr elaborou para Londres, Liverpool e Surrey.[3] Onde eu moro, no Brooklyn, a expectativa de vida média é de 82 anos, um pouco mais alta que a média geral dos Estados Unidos. No entanto, a apenas vinte quarteirões de distância, no bairro mais pobre de Brownsville, predominantemente afro-americano, a média é de 73 anos. Esse é o modo mais fundamental de desigualdade que se pode imaginar — quase dez anos de vida que uma comunidade pode desfrutar a mais que seus vizinhos próximos —, desigualdade que foi mapeada pela primeira vez por William Farr e W. E. B. Du Bois há mais de um século. A pandemia da covid-19 mostrou novas evidências de desigualdades de saúde nos Estados Unidos. Em Nova York, os afro-americanos têm duas vezes mais chance de morrer da doença que os brancos. Em Chicago, os afro-americanos representam 29% da população, mas são responsáveis por 70% das mortes relacionadas à covid-19. Fora dos Estados Unidos, o surto de ebola na África Ocidental em 2014 foi um lembrete de que muitos dos países mais pobres ou devastados pela guerra permanecem, nas palavras do fundador da Partners In Health, Paul Farmer, "desertos clínicos" — regiões sem infraestrutura básica de suporte à vida: ventiladores, máquinas de diálise, recursos de transfusão de sangue. Em um discurso em 1966, Martin Luther King Jr. observou: "De todas as formas de desigualdade, a injustiça na saúde é

272 *Longevidade*

a mais chocante e a mais desumana". Mais de meio século depois, ainda lutamos contra essa injustiça.

Tudo isso significa que, quando pensamos sobre o progresso — na saúde ou segundo qualquer outra medida —, nossa tarefa crucial é olhar para os dados de dois ângulos simultaneamente: precisamos estudar as tendências anteriores para saber o que funcionou para eles, e, nesse processo, nos inspirarmos nos sucessos. Mas também precisamos ficar de olho em todas as maneiras pelas quais o presente, tendo em mira seu potencial, apresenta baixo desempenho. Que tecnologia ou intervenção que faça parte do nosso possível adjacente atual poderia reduzir ainda mais a mortalidade? Sim, os meus vizinhos de bairro de Brownsville provavelmente tinham uma expectativa de vida dez anos mais curta nos anos 1970; assim, por um lado, devemos comemorar o progresso que a comunidade vivenciou desde então. Mas também precisamos nos concentrar em eliminar a lacuna — esses escandalosos dez anos de expectativa de vida — que atualmente separa minha vizinhança da deles. Não basta simplesmente nos lembrarmos de que o progresso é possível. É muito importante descobrir o que ainda há por fazer.

A MAIOR PARTE deste livro foi dedicada às histórias específicas por trás dos avanços individuais em saúde, mapeando as redes que os trouxeram ao mundo. Mas o que acontece quando olhamos para as grandes inovações em conjunto? Pense na classificação de inovações que salvam vidas com que começamos:

Conclusão

MILHÕES:
Coquetel para a aids
Anestesia
Angioplastia
Medicamentos contra a malária
RCP (reanimação cardiopulmonar)
Insulina
Hemodiálise
Terapia de reidratação oral
Marca-passos
Radiologia
Refrigeração
Cintos de segurança

CENTENAS DE MILHÕES:
Antibióticos
Agulhas bifurcadas
Transfusões de sangue
Cloração
Pasteurização

BILHÕES:
Fertilizante artificial
Sanitários/ Esgotos
Vacinas

O mais impressionante sobre esse panteão é como poucas das melhorias surgiram do setor privado. Em termos de descobertas originais, poucas delas nasceram exclusivamente como uma inovação patenteada, criada por uma empresa com fins

274 *Longevidade*

lucrativos. Uma exceção notável é o cinto de segurança de três pontos de Nils Bohlin, projetado para a Volvo. Mas uma das razões pelas quais o cinto de segurança funcionou, como vimos, foi que a Volvo o lançou para o mundo com patente aberta. E, claro, a maior parte da indústria automobilística teve de ser forçada a, mesmo que esperneando, tornar os cintos de segurança uma opção padrão em todos os seus carros. A maioria dos itens nesse catálogo de dádivas surgiu fora do setor privado: em pesquisas acadêmicas (pense em Alexander Fleming e na Escola de Patologia Sir William Dunn), no trabalho de médicos empreendedores (pense em Edward Jenner e as ordenhadeiras) ou nas urgentes inovações de campo com profissionais lutando lado a lado para encontrar soluções em meio a uma crise (pense em Dilip Mahalanabis e o surto de cólera em Bangladesh).

É verdade que em muitos desses casos as empresas privadas foram fundamentais para difundir as inovações originalmente surgidas de prospecções do setor público. Enquanto cientistas acadêmicos e militares dos Estados Unidos transformaram um fungo misterioso em droga funcional, a Merck e a Pfizer ajudaram a refinar as técnicas para produzir penicilina em massa; essas empresas — assim como várias outras — também iriam descobrir e fabricar em larga escala outros antibióticos, na sequência da penicilina. A história da insulina oferece uma lição comparável. A droga foi descoberta e aplicada como tratamento para diabetes por um grupo de cientistas da Universidade de Toronto e lançada ao mundo com patente aberta, como a dos cintos de segurança da Volvo. Mas hoje a grande maioria dos diabéticos usa uma insulina sintética desenvolvida em parceria entre cientistas pesquisadores do Centro Médico

Conclusão

Nacional City of Hope e a indústria farmacêutica Genentech. Trata-se de um padrão que parece cada vez mais comum, agora que as grandes farmacêuticas vendem medicamentos legítimos, e não os óleos de cobra dos catálogos da Parke, Davis: as ideias fundamentais que prolongam a vida surgem de alguma conexão no setor público de pesquisadores acadêmicos, muitas vezes influenciados por ideias originadas em outros campos, mas a adoção mais ampla da ideia depende das plataformas de produção e distribuição do setor privado.

Ainda que os avanços mais recentes na saúde tenham dependido cada vez mais de parcerias público-privadas, o fato é que devemos a maior parte desses 20 mil dias extras de vida a inovações de fora do mercado. Em uma época que tantas vezes combina inovações com riscos empresariais e o poder criativo do livre mercado, a história da expectativa de vida revela um corretivo importante: a maneira mais fundamental e indiscutível de progresso que vivemos nos últimos séculos não veio de grandes corporações ou de startups. O progresso chegou até nós por meio de ativistas lutando por reformas; de cientistas universitários compartilhando suas descobertas em sistemas de códigos abertos; e de agências sem fins lucrativos divulgando novos avanços científicos em países de baixa renda em todo o mundo. A proporção pode mudar nas próximas décadas, conforme as empresas do setor privado comecem a explorar novas abordagens para a imunoterapia ou utilizem o aprendizado de máquina na descoberta de medicamentos. Mas, se a história de nossa expectativa de vida dobrada servir de guia, sempre precisaremos também da opção pública do nosso lado.

276   *Longevidade*

TAMBÉM NÃO DEVEMOS ignorar as inovações menos tangíveis: os relatórios de mortalidade de Farr, os ensaios clínicos randomizados de Hill. Considero que essas inovações pertencem a seis categorias principais.

Formas de ver. Microscópios e tecnologia de exames de imagem nos deram uma visão direta de alguns dos patógenos e células nocivas que estavam nos matando, o que nos ajudou a imaginar novas maneiras de lutar contra eles. Mas o mesmo aconteceu com o mapa de John Snow sobre o surto da Broad Street; e também com a estratégia de vacinação em anel criada no susto por William Foege na Libéria. Observar o padrão que os surtos assumiram geograficamente — a visão geral — acabou sendo tão importante quanto o foco restrito das lentes microscópicas.

Formas de contar. William Farr era formado em medicina, mas foi seu trabalho com números que ajudou a salvar a maioria das vidas em sua carreira: rastreando e documentando a relação causal entre densidade urbana e taxas de mortalidade e compilando dados que ajudaram John Snow a desmantelar a teoria do miasma.

Formas de testar. Não se pode exibir o ensaio controlado randomizado em um museu de ciências, mas o método deu aos seres humanos um superpoder tão revolucionário quanto qualquer droga milagrosa ou aparelho de ressonância magnética funcional: a capacidade de distinguir entre uma falsa cura e uma verdadeira. Os reguladores do governo puderam então usar esses ECRS para restringir o mercado a medicamentos ge-

Conclusão 277

nuínos e retirar os charlatães da jogada. Em parte, essas foram descobertas impulsionadas por novos métodos estatísticos, mas também envolveram a invenção de novas instituições e órgãos reguladores, como a FDA.

Formas de conectar. O aumento das nossas conexões nem sempre teve um efeito positivo sobre a expectativa de vida. Pense na catastrófica mortandade causada pela varíola durante o intercâmbio colombiano. Mas pense também na mistura internacional de ideias que fez Mary Montagu voltar de Istambul com o segredo da variolação gravado no braço do próprio filho. Ou pense na jornada internacional da penicilina. Florey e Heatley ministraram aqueles primeiros duzentos miligramas de penicilina a Albert Alexander em 12 de fevereiro de 1941. Em julho, os dois estavam a bordo de um avião para Nova York, graças à conexão com Warren Weaver e a Fundação Rockefeller. Pouco depois disso, estavam nos campos de milho de Iowa, remexendo em tonéis de fermentação de destilado de milho macerado. Se a ideia deles não tivesse migrado com tanta velocidade e precisão, é muito provável que a droga não tivesse sido desenvolvida a tempo de fazer diferença na guerra.

Formas de descobrir. A revolução dos antibióticos começou com a descoberta acidental de Fleming e a colaboração internacional para fabricar penicilina, mas acabou precisando de todas as amostras de solo coletadas pelos militares e pelas empresas farmacêuticas para buscar outras moléculas capazes de combater bactérias mortais. Os laboratórios de pesquisa e desenvolvimento criados pelas grandes indústrias farmacêuticas no século xx deram à medicina um poder exploratório

278 *Longevidade*

comparável: fazer experiências com milhares de compostos intrigantes, buscando encontrar soluções eficazes na mistura.

Formas de amplificar. As vacinas eram funcionais como intervenção médica no século XVIII, mas foi preciso que houvesse um defensor como Charles Dickens, apregoando seu uso numa publicação popular como o seu *Household Words*, "um jornal semanal", para despertar a consciência do público. Louis Pasteur descobriu uma técnica científica confiável para garantir a segurança do leite nos anos 1860, mas foram necessários o gênio e os armazéns de leite de Nathan Straus para que o leite pasteurizado se tornasse o padrão.

Vários fatores fazem com que não admiremos tanto inovações como essas. John Graunt estudando as tabelas de mortalidade à luz de velas nos anos 1660; Farr inventando maneiras de apresentação visual do impacto da densidade da vida urbana sobre a mortalidade; Austin Bradford Hill e Richard Doll entendendo a importância da randomização em estudos clínicos — todos avanços revolucionários que surgiram ao se fazerem coisas novas a partir dos dados. Eles não produziram uma engenhoca nova e reluzente; não geraram uma riqueza dinástica para seus criadores; seus efeitos na vida cotidiana foram sutis e indiretos. Mas, em uma visão de longo prazo, ao criarem plataformas que possibilitaram a descoberta de inúmeras outras intervenções mais diretas sobre a saúde, ajudaram bilhões de pessoas no mundo todo a enganar a morte. É possível prolongar a vida com um medicamento milagroso, com uma nova forma de cirurgia ou uma máquina de ressonância magnética. Mas também podemos prolongá-la analisando os

Conclusão

números, tomando uma atitude pública em apoio a um novo tratamento ou criando instituições que possibilitem novos tipos de colaboração global.

A velocidade sem precedentes com que uma vacina segura e eficaz foi desenvolvida para combater a covid-19 é um exemplo perfeito de como essas metainovações menos tangíveis podem funcionar. Sim, o resultado final foi um objeto material na forma de uma vacina injetável, mas as inovações que tornaram isso possível foram, em muitos casos, aquelas que giraram em torno de novos tipos de coleta e compartilhamento de dados. Quando o vírus Sars-CoV-2 surgiu pela primeira vez na China, nas últimas semanas de 2019, o organismo foi identificado em questão de semanas. (Em comparação, apenas quatro décadas atrás, no início da pandemia de aids, foram necessários três anos para que o HIV fosse identificado.) E poucos dias após a descoberta do novo coronavírus, seu genoma foi sequenciado, e esse perfil genético foi compartilhado com laboratórios de pesquisa do mundo todo. Essa informação genética permitiu aos cientistas elaborar a arquitetura básica para a vacina da covid-19 em cerca de 48 horas. De inúmeras maneiras, foi graças à surpreendente velocidade desse compartilhamento inicial de informações que empresas como a Moderna e a Pfizer puderam distribuir vacinas funcionais já no final de 2020, superando as expectativas até mesmo dos profissionais de saúde mais otimistas. Imagine uma pandemia de covid-19 em que os cientistas levassem três anos só para identificar o vírus. Essa teria sido a nossa realidade se o Sars-CoV-2 tivesse surgido poucas décadas atrás.

QUAIS SERÃO AS INOVAÇÕES que balizarão o próximo capítulo na história da expectativa de vida humana? Em países de baixa renda, a grande inimiga que John Snow identificou pela primeira vez há quase dois séculos — as doenças transmitidas pela água — ainda é a segunda causa mais comum de morte, atrás apenas dos problemas cardíacos. Como esses óbitos são com frequência de crianças pequenas — enquanto as doenças cardíacas quase sempre se desenvolvem muito mais tarde —, os males transmitidos pela água têm o maior impacto na expectativa geral de vida. Em comunidades sem recursos para a construção de infraestrutura de remoção de lixo e esgoto em grande escala, como as redes projetadas por Bazalgette, a nova abordagem mais tentadora envolve reinventar o próprio vaso sanitário. Em 2017, a Fundação Bill & Melinda Gates começou a testar na Índia e na África do Sul protótipos de um novo vaso sanitário projetado para funcionar isoladamente, sem qualquer conexão com canos de esgoto, encanamentos de água ou eletricidade. O vaso sanitário é um circuito fechado que coleta dejetos humanos e os queima como combustível, usando a energia gerada nesse processo para desinfetar a água. O custo operacional do dispositivo é de apenas cinco centavos por dia.[4]

Outra intervenção de enorme consequência nos países de baixa renda do mundo seria a erradicação da malária. Quando as pessoas são indagadas sobre criaturas que mais evocam terror, geralmente vêm à mente tubarões e cobras, mas nenhum organismo multicelular foi responsável por mais mortes ao longo da história humana do que o mosquito. A OMS estima que a cada ano mais de 200 milhões de pessoas contraem a doença — causada pelo gênero *Plasmodium* do parasita transmitido pela picada de um mosquito — e meio milhão morre,

Conclusão

a maioria crianças.[5] Mas a doença agora se concentra basicamente em alguns poucos países africanos, e as mortes já foram significativamente reduzidas graças à adoção de telas antimosquito tratadas com inseticida, bem como de novos medicamentos contra a doença. Como os mosquitos podem viajar distâncias relativamente longas em comparação aos vírus, a estratégia de vacinação em anel que erradicou a varíola não pode ser facilmente aplicada ao problema da malária. Os cientistas agora estão explorando uma nova abordagem radical para a erradicação, contando com a tecnologia de direcionamento genético, uma nova prática de engenharia genética que obriga uma característica a se disseminar pela população, alterando as probabilidades de um alelo específico ser transmitido para sua descendência. (Em um organismo normal, cada alelo tem 50% de chance de ser transmitido; aumentando essas chances, a característica em questão se disseminará rapidamente pela população, sobretudo em uma criatura com um ciclo reprodutivo medido em dias.) A abordagem mais controversa teria como objetivo reduzir a população de mosquitos, transmitindo uma característica que induza infertilidade na geração seguinte, o que reduziria drasticamente, ou eliminaria, o número total de mosquitos na natureza.[6] Outra abordagem é disseminar uma mutação que torne os mosquitos resistentes ao parasita *Plasmodium*.

Como as doenças infecciosas se tornaram menos comuns em países de alta renda, as principais causas de morte passaram a ser as doenças crônicas de uma população em processo de envelhecimento: as enfermidades cardíacas, o mal de Alzheimer. Em 1900, o câncer era a oitava causa de morte, muito atrás de coisas como infecções gastrointestinais e tuberculose, que não estão mais entre as vinte primeiras. Em algum momento nos próximos anos, o câncer se tornará a principal causa de morte nos Estados Unidos, desbancando pela primeira vez as doenças cardíacas. Porém, os últimos anos foram os mais empolgantes na longa e frustrante história da guerra contra o câncer, graças ao surgimento de novas técnicas de imunoterapia.

Ao contrário dos grandes assassinos do século XIX — o cólera, a varíola —, o câncer não se origina com a entrada de algum organismo externo no seu corpo. Embora alguns tipos de câncer pareçam ter ativadores virais, as células cancerígenas são as próprias células do corpo. Elas não foram sequestradas por algum invasor para servir aos seus objetivos evolutivos específicos. O que o câncer faz — reproduzir-se por meio da divisão celular — é parte do ciclo de vida de cada célula. Acontece que as células cancerosas se tornam nocivas ao não *pararem* de se dividir, graças a alguma alteração do código de suas instruções genéticas. Sabemos o que o aumento descontrolado da divisão dessas células teimosas causa há quase um século. O que não percebíamos é o quanto é comum as células mudarem para esse modo de autorreplicação a qualquer custo. O que chamamos de câncer está acontecendo o tempo todo no nosso corpo, mas a imunologia moderna deixou claro que esses atos de insubordinação são constantemente interrompidos pelos primeiros reagentes do sistema imune. Na grande maioria das vezes, funciona: se uma célula se recusar a morrer, o sistema imune logo assegura que ela siga as ordens.

Mas, de vez em quando, uma célula consegue despistar as células T do sistema imune ao emitir um sinal que faz com que elas se retirem imediatamente. Em geral, as células crescem a taxas semelhantes às do câncer quando se recuperam

Conclusão

de alguma ferida: o tecido que precisa ser cicatrizado força as células a se dividirem mais depressa, por períodos mais longos do que em condições normais. O sistema imune permite esse crescimento maior porque as células emitem um sinal que ativa nas células T uma molécula conhecida como CTLA-4.[7] Ao ativar a CTLA-4, as células cancerosas efetivamente transmitem uma mensagem aos anticorpos que diz: "Eu estou aqui me replicando normalmente, recuperando o tecido lesionado; não precisa me desligar". Subverter intencionalmente o significado desse sinal foi, em última análise, o grande truque do câncer. Indo além, o câncer nos mata porque nossas células aprendem a mentir.

Apesar da ligação íntima que temos como organismos com os cânceres que crescem dentro de nós — que são de fato parte de nós —, desde o início tratamos qualquer tumor como um intruso que precisa ser eliminado a todo custo. No começo, nós os eliminávamos barbaramente, sem nenhum conhecimento da teoria dos germes; depois desenvolvemos técnicas cirúrgicas mais salubres; só então começamos a bombardeá-los com quimioterapias e radiação. A promessa radical da imunoterapia é que usamos um pouco da bioquímica mais avançada do planeta para ajudar o sistema imune a regular o próprio câncer, usando suas ferramentas muito mais precisas.

Como as imunoterapias conseguem isso? Encriptando o sinal CTLA-4. As células malignas tentam continuar se dividindo, mas as células T não captam sua mensagem "Não se incomode comigo" e então, como deveria mesmo acontecer, invadem as células vilãs e as desativam. Filosoficamente, o tratamento de um câncer com imunoterapia é tão diferente dos tratamentos de quimio/radioterapia quanto os tratamentos feitos pelos cirurgiões-barbeiros que seccionavam os tumores sem anestesia. Por que submeter uma pessoa doente a níveis perigosos de radiação destruidora de células quando se pode simplesmente deixar o sistema de defesa natural do corpo fazer esse trabalho?

Há algo na imunoterapia que sugere o fechamento de um círculo. O primeiro grande avanço na história da duplicação da nossa vida foi baseado em algo semelhante, apesar de a bioquímica mal existir como ciência na época. As vacinas — e a variolação, antes delas — funcionavam por meio de um truque de mágica celular comparável: forçando o sistema imune a fabricar novos anticorpos para combater a ameaça. Quando entraram em circulação, os antibióticos faziam eles próprios esse trabalho: as bactérias invasoras morriam em contato direto com compostos como a penicilina, introduzidos em nossa corrente sanguínea. Mas as vacinas e imunoterapias operam num circuito diferente: não jogam bombas de fora, e sim armam nossas defesas preexistentes. Este pode muito bem ser o futuro da medicina: as drogas milagrosas são cada vez mais projetadas para permitir que o próprio corpo se cure.

E AS METAINOVAÇÕES? Haverá no horizonte um avanço metodológico tão importante quanto o ECR de Bradford Hill ou os relatórios de mortalidade de William Farr? Algumas das novas ideias mais promissoras foram desenvolvidas ou aceleradas pela crise da covid-19, que gerou vários novos experimentos em coleta e análise de dados — experimentos que provavelmente salvaram milhares de vidas durante a pandemia. E podem muito bem evitar o surgimento de futuras pandemias.

Conclusão

Por mais improvável que possa parecer, dada a existência de organizações como o CDC ou a OMS, nos primeiros dias da disseminação do coronavírus não existia um repositório único de dados onde as informações sobre todos os casos conhecidos pudessem ser acessadas e analisadas por profissionais de saúde pública e pesquisadores. Mas já nos primeiros dias do surto formou-se uma organização especializada de estudiosos de todo o mundo para criar um equivalente dos relatórios de mortalidade de Farr do século XXI: um arquivo de código aberto com todos os casos de covid-19 registrados em qualquer parte do mundo. No início de fevereiro, o Open COVID-19 Data Working Group, como veio a ser conhecido, já havia reunido registros detalhados de 10 mil casos.[8] Em meados de 2020, uma rede informal de centenas de voluntários já tinha compilado registros de mais de 1 milhão de casos em 142 países ao redor do mundo. Esse pode ser o retrato mais preciso já realizado acerca da disseminação de um vírus entre a população humana.

Com certeza o maior valor desse tipo de conjunto de dados está nas pistas que ele nos dá sobre o caminho futuro da doença e como esse caminho pode ser potencialmente interrompido. Porém, mais uma vez, o trabalho de elaboração desses modelos assumiu inteiramente a forma de esforços improvisados organizados por um punhado de instituições acadêmicas do mundo todo. Caitlin Rivers, epidemiologista da Universidade Johns Hopkins, argumentou que a pandemia do coronavírus deixa claro que necessitamos de uma inovação crucial: um novo tipo de instituição, o que ela chamou de centro de previsão de epidemias. Contudo, as previsões são tão boas quanto os dados subjacentes que as apoiam, e, no caso de surtos de doenças, a maior parte da coleta de dados —

mesmo em arquivos abrangentes como o reunido pelo Open COVID-19 Data Working Group — tem um grande ponto fraco: a informação é coletada tarde demais. Os números de hospitalizações e de mortes decerto são estatísticas fundamentais, mas rastreiam os estágios finais do caminho de uma doença. No caso da covid-19, no momento em que um paciente chega ao hospital, já se passaram cerca de dez dias desde o contato inicial com o vírus.

Com uma doença como a covid-19, em que portadores pré-sintomáticos e assintomáticos podem disseminar o vírus, o atraso na notificação pode ser a diferença entre surto descontrolado e contenção eficaz. Um caso típico de covid-19 que termina em morte segue a seguinte linha do tempo, que pode se estender por trinta dias ou mais:

Infecção → Incubação → Propagação pré-sintomática →
Sintomas e propagação → Consulta médica → Hospitalização →
Terapia intensiva → Morte

No regime padrão, mesmo no melhor cenário, a coleta de dados só começa no décimo dia, na consulta médica. A covid-19 gerou uma inspiradora mistura de experimentos projetados para antecipar esse estágio na linha do tempo. Alguns envolvem o que se chama vigilância sentinela. Nos relatórios de mortalidade de William Farr ou nos mapas de John Snow sobre o surto de cólera da Broad Street, os dados coletados estavam na extrema direita da linha do tempo da epidemia, pois ambos rastreavam as mortes. Hoje temos sistemas para captar os dados do meio da linha do tempo, quando alguém está mal o suficiente para procurar um laboratório e fazer o teste ou para

Conclusão

ser admitido num hospital. Mas a vigilância sentinela capta uma fase *anterior*, testando uma amostragem representativa do público em geral antes do desenvolvimento dos sintomas. Um exemplo dessa abordagem é o Seattle Flu Study, iniciativa que começou em 2019 com a montagem de quiosques de testagem, análise de amostras em hospitais e distribuição de cotonetes nasais para grande parte da população da cidade e solicitação de que as pessoas enviassem amostras caso desenvolvessem sintomas de infecção respiratória. Vale notar que o programa foi o primeiro a detectar a transmissão comunitária do Sars-CoV-2 nos Estados Unidos.

Essa tecnologia também pode ajudar a mover a linha do tempo para a esquerda. A startup Kinsa, sediada em San Francisco, vende desde 2014 um termômetro conectado à internet. Do ponto de vista do consumidor, a interação com o termômetro da Kinsa é bastante direta, mas nos bastidores o dispositivo envia informações anônimas e a geolocalização dos resultados aos servidores da empresa. Esse novo fluxo de dados permite manter o que ela chama de mapas meteorológicos de saúde para todo o país, com dados em tempo real sobre febres atípicas relatadas no âmbito de cada município.[9]

A partir de 4 de março de 2020, os gráficos da Kinsa começaram a rastrear um aumento estatisticamente significativo do número de casos de febre em Nova York, dezenove dias antes de a cidade sofrer um lockdown total. (O primeiro caso na cidade foi relatado em 1º de março.) Em 10 de março, o número de pessoas que registraram temperaturas elevadas no Brooklyn era 50% maior do que o normal, sugerindo que o vírus já se disseminara nos cinco bairros da cidade, embora os casos oficiais ainda fossem inferiores a duzentos.

A técnica mais radical para deslocar a linha do tempo da coleta de dados para a esquerda — mas também a que pode oferecer a proteção mais significativa contra epidemias futuras — envolve eliminar totalmente as pessoas da equação. Os dados subjacentes que permitiram a William Farr traçar a primeira curva epidêmica, em 1840, eram compreensivelmente limitados a padrões de vida e morte na população humana. A vigilância sentinela nos permite captar sinais no início do ciclo, detectando sintomas antes que as pessoas entrem em contato com o sistema de saúde. Contudo, para muitas das doenças mais terríveis que surgiram nas últimas décadas, os casos humanos iniciais apareceram no meio de uma linha do tempo muito mais longa, que remete ao ponto em que o vírus saltou dos animais para os seres humanos. O epidemiologista Larry Brilliant, que desempenhou papel fundamental na erradicação da varíola durante os anos 1970, argumentava que a maneira mais eficaz de mover a linha do tempo para a esquerda é a vigilância animal — construir novos sistemas projetados para rastrear surtos de doenças nas fazendas industriais no mundo todo, sobretudo entre as 60 bilhões de galinhas que agora são radicalmente mais numerosas que nós.[10]

A promessa de aplicar as estatísticas vitais de William Farr ao reino das doenças animais é simples: você pode barrar uma zoonose emergente antes que ela passe do animal para o homem. A vigilância animal poderia evitar a potencial pandemia com a qual os especialistas historicamente mais se preocupam: um surto de influenza nos moldes da gripe aviária de 1918, uma aterrorizante consequência não intencional desses 60 bilhões de galináceos. Os dados de saúde pública começaram com a forma elementar de contabilidade: quantas pessoas morreram

Conclusão 289

neste dia neste lugar. Mas, durante uma epidemia, do ponto de vista das estatísticas vitais, uma morte humana conta a história de uma infecção que aconteceu no passado. Por outro lado, cem galinhas mortas poderiam contar a história de uma infecção futura — e talvez até impedir que ela surja.

Por mais de uma década, o governo dos Estados Unidos financiou um programa que realizava exatamente esse tipo de vigilância animal — o chamado Predict, que coletou mais de 100 mil amostras biológicas de animais em todo o mundo, descobrindo mais de mil novos vírus no processo. Apesar de ter custado só 200 milhões de dólares durante esse período — um erro de arredondamento no orçamento federal —, o governo de Donald Trump encerrou o Predict no segundo semestre de 2019, poucas semanas antes de começarem a surgir relatos de um novo surto viral alarmante em Wuhan, na China.

COMO ACONTECE TANTAS vezes na história da saúde humana, é provável que alguns dos avanços mais importantes da longevidade nas próximas décadas tenham origem em campos aparentemente distantes. No século XIX, uma dessas ligações improváveis veio da ciência do solo. No século XXI, uma revolução na extensão de vida comparável pode muito bem surgir do estudo dos jogos de computador.

No início de dezembro de 2017, a DeepMind, subsidiária do Google, publicou uma pesquisa documentando o progresso feito com seu mais avançado programa de aprendizado de máquina, chamado AlphaZero.[11] A DeepMind fora fundada em Londres, sete anos antes, por um polímata chamado Demis Hassabis, que aos vinte anos oscilava entre estudar neurociência cognitiva e projetar videogames, ao mesmo tempo que jogava xadrez em torneios internacionais. A Deep-Mind passou os primeiros anos de sua existência como uma empresa iniciante que treinava algoritmos para jogar videogames, subindo lentamente na árvore da complexidade dos jogos: de Pong a Space Invaders e ao Q*bert. A simplicidade desses primeiros jogos faz as conquistas da DeepMind parecerem menos impressionantes; afinal, os computadores já derrotam regularmente campeões mundiais em jogos muito mais desafiadores, como o xadrez, há mais de uma década. Mas Hassabis e sua equipe estavam trabalhando com uma limitação essencial: eles não forneciam nenhum mapa da mina aos seus algoritmos. O Deep Blue, computador que derrotou o enxadrista Garry Kasparov em 1996, era equipado com um imenso banco de dados de jogos anteriores, uma biblioteca de movimentos programados por grandes mestres humanos. Ele era um amálgama do conhecimento humano acerca da estratégia do xadrez, combinado com a força bruta da computação, que permitia à máquina recorrer a esse banco de dados para calcular os movimentos em potencial e seus efeitos, em velocidade sobre-humana. O algoritmo da DeepMind, por outro lado, chegava aos seus jogos em estado de total ignorância, sem nenhuma informação sobre estratégia. Ele baseava-se em uma nova abordagem de inteligência artificial chamada Q-learning, também conhecida como aprendizagem por reforço profundo. A abordagem é considerada "isenta de modelos", no sentido de que o algoritmo não tem um modelo preexistente do sistema — no caso da DeepMind, o jogo — que está tentando aprender. O aprendizado se desenvolve de baixo para cima, por meio de uma série quase infinita de

Conclusão

iterações, experimentando bilhões de estratégias diferentes. Hassabis chamou isso de reforço de tábula rasa.

Mais adiante, em sua pesquisa, a DeepMind começou a desenvolver o AlphaZero com abordagem ligeiramente diferente: o algoritmo aprenderia como ganhar em jogos de tabuleiro como go ou xadrez jogando contra ele mesmo. Começaria somente com informações básicas sobre as regras: os peões só podem se mover uma casa por vez, os bispos só podem se mover na diagonal e assim por diante. Afora esse conhecimento básico, o AlphaZero chegou ao seu primeiro jogo de xadrez como uma lousa em branco. Claro que o jogador do outro lado do tabuleiro de xadrez virtual era igualmente ignorante, por ser uma versão duplicada do algoritmo. Sem surpresa, os primeiros jogos foram extremamente ruins. Um aluno da terceira série que tivesse acabado de ingressar num clube de xadrez poderia ter vencido. Porém, nove horas depois, o AlphaZero já tinha se tornado o jogador de xadrez mais avançado do planeta. Parece um tempo absurdamente curto para acumular tanto conhecimento, mas, durante essas nove horas, os algoritmos se ocuparam em jogar *44 milhões* de partidas de xadrez em um só dia de trabalho. Em comparação, um grande mestre humano só pode jogar algo em torno de 100 mil partidas ao longo de sua vida.

Curiosamente, o estilo de jogo que o AlphaZero desenvolveu ao longo dessas nove horas era de uma agressividade incomum em comparação aos grandes mestres humanos. Em um artigo subsequente, a DeepMind analisou um trecho do processo de treinamento em que o algoritmo encontrou, de forma independente, um conjunto de estratégias há muito empregadas por jogadores de alto nível; depois de implementá-las em algumas centenas de milhares de jogos, o AlphaZero as descartou em troca de uma abordagem mais eficaz. (Refletindo sobre essa conquista, o escritor e programador James Somers observou na revista *New Yorker*: "É estranho e um pouco perturbador ver as melhores ideias da humanidade sendo atropeladas pelo caminho até algo melhor".)[12] Os grandes mestres levaram séculos reunindo lentamente a experiência necessária para perceber esses intrincados modelos estratégicos; o AlphaZero chegou até eles em poucas horas — e logo os deixou para trás.

Desconfio que daqui a cinquenta anos nós vamos olhar para trás e ver esses 44 milhões de jogos como um marco na história da saúde humana tão significativo quanto o dia em que a manivela foi retirada daquela bomba da Broad Street, ou a manhã em que Alexander Fleming voltou de suas férias e viu a placa de Petri mofada perto da janela. A habilidade de jogar xadrez é apenas um pequeno subconjunto da inteligência humana; o fato de a DeepMind conseguir criar grandes mestres em uma tarde diz pouco sobre sua capacidade de criar máquinas com uma inteligência geral comparável à do *Homo sapiens*. E o aprendizado antagônico e ilimitado exibido pelo AlphaZero é particularmente adequado para a bioquímica da saúde (por não ser diferente da forma como o sistema imune aprende a atacar patógenos com que nunca teve contato). Em vez de se revirar em novas estratégias de xadrez, algum dia o algoritmo irá explorar novos compostos que possam ser usados para destruir vírus mortais, desativar o crescimento descontrolado de células cancerosas ou reparar os neurônios danificados do mal de Alzheimer. É digno de nota que o primeiro produto lançado pela DeepMind não dedicado à capacidade de jogar tenha sido um algoritmo anunciado em 2018 chamado AlphaFold, proje-

Conclusão 293

tado para prever a estrutura 3D de proteínas com base em sequências genéticas — um processo extremamente importante para a compreensão de doenças como o mal de Parkinson ou a fibrose cística, que resultam de proteínas "mal dobradas" —, bem como para desenvolver novos medicamentos que combatam uma gama muito mais ampla de doenças.

Em certo sentido, o que algoritmos como o AlphaFold e seus descendentes podem acabar fazendo é o equivalente digital de todos aqueles militares coletando amostras de solo do mundo inteiro em plena Segunda Guerra Mundial, ou de Mary Hunt andando pelos corredores dos mercados de Peoria. Em vez de procurar micróbios promissores em poços de minas e melões mofados, o software vai analisar bilhões de combinações, juntando aminoácidos virtuais para criar as formas 3D complexas que governam nossa saúde no nível celular. Esse será um mecanismo de descoberta, expandindo os limites do possível adjacente ao simular milhões de "jogos" contra um patógeno simulado, engendrando novas estruturas de proteínas promissoras para superar o inimigo.

Se os algoritmos de aprendizado profundo de amanhã realmente acabarem desempenhando o papel de Mary Hunt e seu melão mofado, isso será um avanço particularmente oportuno. Quase todos os antibióticos no mercado hoje foram descobertos antes de 1960, durante a grande onda de atividade que se seguiu ao desenvolvimento da penicilina. A prescrição excessiva e a adoção de antibióticos nas dietas de rebanho industrial resultaram em uma preocupante resistência nos últimos anos, à medida que as bactérias desenvolvem novas estratégias para evitar ou neutralizar essas antigas drogas milagrosas.[13] Algoritmos como os pioneiros da DeepMind podem de fato

294　　　　　　　　　　　　　　　　　　　　*Longevidade*

ampliar a rapidez e o alcance do processo de descoberta de drogas, permitindo-nos desenvolver novos compostos numa velocidade maior que a capacidade de resistência das bactérias. Mas a inovação dos antibióticos não parou apenas porque não tínhamos as ferramentas para fazer novas descobertas. Também estagnou porque as grandes indústrias farmacêuticas perderam o interesse no campo. Remédios caros para tratar doenças cardiovasculares e câncer dão muito mais dinheiro. Drogas mais baratas como a penicilina e seus descendentes — que são ingeridas em pequenas doses — não são tão relevantes para essas empresas com fins lucrativos; é quase certo que o desenvolvimento de um novo antibiótico a partir do zero, que superasse os outros para justificar um aumento dos preços, custaria dezenas de bilhões de dólares.

Essa falha potencial do mercado levou algumas figuras a apelar para a formação de um novo tipo de instituição: uma espécie de ong global que produziria e distribuiria os antibióticos existentes e financiaria ativamente o desenvolvimento de novas variantes, talvez usando algumas das tecnologias em andamento na DeepMind. (Seu precedente mais próximo, compreensivelmente, é a rede híbrida que trouxe a penicilina ao mundo: a Escola de Patologia Sir William Dunn, a Fundação Rockefeller, o Departamento de Agricultura dos Estados Unidos, as Forças Armadas americanas e um punhado de atores do setor privado, como a Merck e a Pfizer.) Parte dessa missão já foi financiada em escala significativa por organizações como o Wellcome Trust, que gastou mais de 600 milhões de dólares até o momento em apoio à pesquisa de antibióticos. Mas uma entidade com um único propósito — dotada de dezenas de bilhões de dólares em recursos, valendo-se de redes colaborativas

Conclusão 295

que se estendem por todo o mundo — poderia potencialmente mostrar o próximo passo no nosso relacionamento coletivo com os menores organismos da vida. A DeepMind nos oferece novas formas de explorar e de ver: triturando os dados que descrevem essas cadeias de aminoácidos, visualizando as inúmeras maneiras como eles poderiam se combinar com as dobras de proteína da bactéria. Mas uma organização global sem fins lucrativos e dedicada exclusivamente aos antibióticos nos daria um modo genuinamente novo de amplificação.

AINDA HÁ A QUESTÃO dos pontos cegos. Se a história servir de guia, o establishment médico está operando em um tipo de consenso aceito por todos que se revelará fundamentalmente errado em algumas décadas, da mesma forma como a teoria do miasma evaporou à luz do mapa de Snow e dos microscópios de Koch. Que aspecto essencial da atual ortodoxia da saúde deixará nossos netos perplexos?

A resposta mais polêmica a essa pergunta é aquela que vem fermentando na periferia do sistema médico e dos transumanistas do Vale do Silício. Nosso maior ponto cego, eles argumentam, é nossa convicção ultrapassada de que a vida precisa acabar. E se o próprio envelhecimento pudesse ser removido do "catálogo dos males"?

Parte desse entusiasmo deriva de uma simples percepção estatística equivocada, talvez a mais comum de todas as maneiras pelas quais nosso cérebro tem problemas com probabilidades. Se você não levar em consideração a importância do declínio da mortalidade infantil, parece que a raça humana está em um caminho aberto para a quase imortalidade: cem anos atrás, a média das pessoas morria aos quarenta anos, e agora vive até os oitenta. Basta manter essas tendências por mais algumas décadas para atingirmos uma espécie de velocidade de escape demográfica como espécie. Mas, claro, a expectativa média de vida é enganosa: a mudança mais drástica em comparação a um século atrás não é o número de pessoas que vive até a casa das centenas, mas sim a probabilidade de sobreviver à infância.

É evidente que os pesquisadores mais sérios que estão estudando a questão da imortalidade entendem essas questões demográficas. A aceitação da possibilidade de reverter o relógio do envelhecimento não deriva das conquistas do século passado, mas de uma nova compreensão do que se chama epigenoma, o sistema de agentes químicos que ativam o DNA e regulam sua expressão. Cada célula do nosso corpo contém em seu código genético o conjunto completo de instruções para a produção de todos os diferentes tipos de células que constituem um ser humano: células do fígado, células do sangue, neurônios e assim por diante. Mas uma célula do fígado expressa apenas as partes do conjunto de instruções relevantes para a produção de células do fígado, porque o epigenoma regulou essa expressão. Os cientistas agora acreditam que o próprio processo de envelhecimento é o resultado de instruções epigenéticas específicas. Em tal cenário, o envelhecimento não é apenas uma inevitabilidade da terceira lei da termodinâmica, o declínio inexorável pelo desgaste. Os seres humanos na casa dos vinte anos quase não mostram nenhum sinal de decadência relacionada à idade porque suas células ainda obedecem às ordens de se manter em pleno funcionamento. Mas, por alguma razão, a partir dos trinta anos essas instruções de reparo automático ficam mais estritas. Do ponto de vista da evo-

Conclusão 297

lução, o envelhecimento pode ser uma característica, não uma falha: reparar as células do corpo por tempo suficiente para sobreviver aos anos reprodutivos e depois desligar as rotinas de manutenção para dar vez à próxima geração. Ou talvez a seleção natural simplesmente tenha falhado em encontrar uma forma de manter o ciclo de automanutenção em movimento. De qualquer forma, nós não morremos de velhice só porque as coisas desmoronam. Morremos porque nosso epigenoma decide que não valemos mais a pena.

Mas... e se pudéssemos acionar esse botão, da mesma forma que a imunoterapia bloqueia o sinal CTLA-4? Cerca de uma década atrás, um professor de genética de Stanford chamado Howard Chang descobriu que a liberação de uma proteína chamada NF-kB aciona o processo de envelhecimento das células do tecido da pele; a inibição dessa proteína em camundongos mais velhos fez com que a pele deles parecesse visivelmente mais jovem.[14] A descoberta sugeriu uma possibilidade radical. O corpo humano está constantemente gerando novas células epidérmicas; a vida média de uma célula da pele é de apenas duas a três semanas. No entanto, as células epidérmicas de um octogenário são bem diferentes das células de um bebê de duas semanas. No plano celular, a pele nova de uma pessoa mais idosa já vem ao mundo pré-envelhecida. Mas um evento biológico crucial acerta o relógio: a criação de um óvulo fertilizado. Quando duas pessoas de quarenta anos têm um filho, o espermatozoide e o óvulo delas exibem os sinais característicos do envelhecimento, o resultado de sinais epigenéticos que desativaram sua capacidade de autorreparação. Mas o zigoto que produzem não exibe nenhum desses sinais de idade. Algo no processo reprodutivo é capaz de interromper a decadência contínua do envelhecimento, criando novas células a partir de um corpo mais velho.

Bem na época em que Howard Chang estava injetando inibidores de NF-kB em seus camundongos, um biólogo japonês chamado Shinya Yamanaka publicou um estudo inovador que documentou os quatro genes cruciais responsáveis pelo reajuste do relógio do óvulo recém-fertilizado. No final de 2016, um geneticista do Instituto Salk chamado Juan Carlos Izpisua Belmonte anunciou que ele e seus colegas haviam desenvolvido camundongos com um conjunto extra dos quatro genes de Yamanaka. Belmonte criou uma espécie de epigenoma externo para ativar esses genes: os fatores Yamanaka, como eles os chamaram, só eram ativados quando os ratos ingeriam uma droga que Belmonte colocava duas vezes por semana na água que os animais bebiam.[15] Nos primeiros experimentos, em que os fatores Yamanaka operavam constantemente, os camundongos morreram, mas, por alguma razão, o acionamento ocasional do ciclo de autorreparação produzia resultados muito melhores. Os camundongos modificados viveram 30% mais que o grupo de controle. Suas vidas foram prolongadas não derrotando uma doença crônica ou matando um invasor bacteriano, e sim por um novo tipo de intervenção: o retardamento do próprio processo de envelhecimento.

REAJUSTAR OS NOSSOS RELÓGIOS CELULARES talvez não seja possível, ou quem sabe essa não seja uma biotecnologia que ainda está centenas de anos no futuro, dada a complexidade do processo de envelhecimento. Mas vamos dizer, para fins de especulação, que proponentes como Aubrey de Gray e

Conclusão 299

outros transumanistas estejam certos; vamos dizer que estamos prestes a elevar o teto da expectativa de vida ainda mais e mais rapidamente que no século passado. Quais seriam as implicações desse desenvolvimento para a sociedade como um todo? Temos alguma experiência nesse departamento, graças aos 20 mil dias extras que já ganhamos. Vimos como reduções da mortalidade podem levar a um crescimento populacional explosivo, mesmo com o declínio das taxas de natalidade. Vimos os danos que essas taxas de crescimento podem causar ao ambiente na Terra. Os ecossistemas deste planeta coevoluem com os humanos há milhões de anos, mas na grande maioria das vezes a população total de *Homo sapiens* não passava de centenas de milhares. Havia somente 500 milhões de pessoas no planeta quando John Graunt começou a contar as mortes, nos anos 1660; apenas 2 bilhões quando do primeiro ataque da Grande Gripe. Hoje são quase 8 bilhões. Imagine o que acontecerá com esse número se as pessoas começarem a optar por congelar seus relógios biológicos aos 25 anos e viver por séculos.

Quase certamente, os primeiros produtos à venda oferecendo uma cura testada por ECR para o envelhecimento serão caros, para dizer o mínimo. Depois de um século de declínio da desigualdade, um novo gradiente se abrirá nas tabelas de mortalidade: entre pobres e ricos, entre mortais e imortais. Por si só, isso sugere questões éticas profundas: será certo que algumas pessoas vivam para sempre, enquanto outras serão condenadas à morte e ao lento declínio do envelhecimento, com base apenas no dinheiro que elas têm no banco? Será certo oferecer essa escolha somente às pessoas mais ricas dos países mais ricos?

300 *Longevidade*

Há ainda a questão do impacto sobre a população global. Saltar de 2 bilhões para 8 bilhões em apenas um século cria um gráfico assustador se você imaginar que a curva parabólica continua a subir. Mas há boas razões para acreditar que os números da população global se estabilizarão nas próximas décadas, à medida que as sociedades no Sul Global passarem pela mesma "transição demográfica" que os primeiros países industrializados vivenciaram nos anos 1800. Esse padrão foi observado repetidamente em todo o mundo desde que primeiro apareceu na Europa. Ele segue uma sequência previsível: as reduções na mortalidade infantil aumentam a população, com milhões de bebês que teriam morrido antes de chegar à adolescência agora vivendo o suficiente para procriar. As famílias continuam a conceber filhos na mesma proporção, pois as reduções da mortalidade demoram a se tornar aparentes para ser integradas às normas da sociedade. Quando eles percebem que todos os seus filhos vão sobreviver até a idade adulta, é tarde demais para mudar de estratégia. Então, há um intervalo durante o qual a população aumenta. Mas, gradualmente, a modernização traz mais mulheres para a força de trabalho, e em geral em cidades mais populosas, tornando-as menos interessadas em compor famílias grandes. O aumento do acesso à educação e o controle de natalidade que costumam acompanhar a industrialização dão às mulheres novas ferramentas para reduzir o número de gestações. Em muitas sociedades que primeiro passaram pela "transição demográfica", as taxas de natalidade caíram abaixo dos níveis de reposição, com uma média familiar de menos de 2,1 filhos. Supondo que esse padrão seja válido para o Sul Global — sem dúvida parece ser válido para a China, em parte graças às

Conclusão 301

regulamentações governamentais compreensivelmente abomináveis para muitos no Ocidente —, o crescimento da população global deve se nivelar, por volta de 2080, em algo em torno de 10 bilhões. Depois disso, nossas pegadas finalmente voltarão a diminuir.

Mas não se pararmos de envelhecer.

Talvez haja ajustes semelhantes nas práticas de procriação à medida que as pessoas passarem a aceitar a premissa de que têm séculos de vida, não décadas. Há três indicadores principais que governam a relação entre a expectativa de vida e a população em geral: taxa de natalidade, taxa de mortalidade e média da idade dos pais ao terem o primeiro filho. Uma sociedade vivendo mais e tendo mais filhos pode manter a população sob controle aumentando a média de idade em que tem filhos. Se uma pessoa vive em média até os setenta anos, e o pai em média tem o primeiro filho aos 25, haverá um bom número de avós no mundo e vários bisavós. Todas essas gerações coexistentes se somam em termos de números gerais. Mas uma sociedade com uma expectativa de vida de setenta anos em que a maioria espera até os quarenta para ter filhos terá menos avós e bisavós. Talvez a possibilidade de viver até duzentos anos com o corpo sempre na forma de um adulto de vinte e poucos anos cause uma mudança radical na maneira como as pessoas pensam em se tornar pai ou mãe. Quando eu nasci, a idade média de uma mãe de primeira viagem era de pouco mais de vinte anos; hoje esse número está se aproximando de trinta. Talvez os imortais consigam dar um primeiro grande passo na carreira sem filhos antes de resolverem se estabelecer e ter filhos aos 65. Isso poderia estabilizar o crescimento por um tempo, mas em algum momento os números nos alcançariam.

Seja qual for a escolha que se faça em relação a esses dilemas éticos ou aos cálculos rabiscados em guardanapos de papel, uma coisa é inegável: eliminar o processo de envelhecimento seria a coisa mais importante que já aconteceu à nossa espécie. Viver num mundo em que a morte fosse praticamente opcional mudaria tudo. Representaria novas e enormes ameaças à nossa capacidade de viver nos limites da potência de carga do planeta. Desafiaria muitos dos preceitos fundamentais das religiões do mundo e introduziria novas formas perniciosas de desigualdade. Mas, ao mesmo tempo, eliminaria o item mais intransigente do "catálogo de males" e pouparia bilhões de pessoas da tragédia de ver seus pais, parceiros e outros entes queridos morrerem — sem mencionar as dores e os constrangimentos de envelhecer.

Uma transformação tão profunda merece reflexão. As pesquisas mostram que a maioria das pessoas não quer uma expectativa de vida radicalmente prolongada. Preferem "períodos de saúde" mais longos — o período durante o qual nos encontramos livres de qualquer doença ou lesão — seguidos por uma morte rápida e indolor. A maior parte das pessoas prefere viver até cem anos com a mente sã e o corpo funcional, e de repente morrer, em vez de viver por séculos.[16] No entanto, as pesquisas sobre imortalidade continuam avançando, financiadas por bilionários da tecnologia e instituições de prestígio como o Instituto Salk. Se for de fato viável, dentro do adjacente possível, ajustar nossos relógios celulares para viver a vida indefinidamente como um jovem de 25 anos, será que vamos apertar esse botão como espécie sem qualquer discussão formal? Quem vai decidir se devemos dar esse passo decisivo? Sem dúvida a escolha não pode ser feita exclusivamente por pessoas

Conclusão 303

ricas o suficiente para financiar a pesquisa. A eliminação do processo de envelhecimento exigirá avanços na epigenética, na edição de genes e em milhares de outras subdisciplinas. Mas também pode nos forçar a inventar novos tipos de instituições, uma espécie de órgão regulador global que nos ajude a encarar uma escolha de tamanha complexidade. Quando Frances Oldham chegou à Universidade de Chicago, com pouco mais de 20 anos, ainda não tínhamos inventado uma agência reguladora capaz de nos proteger de medicamentos que matavam as pessoas acidentalmente. Talvez precisemos inventar uma instituição análoga para nos ajudar a chegar a um acordo sobre medicamentos que eliminam a morte por completo.

Também existe a possibilidade de estarmos preocupados com o problema errado. Um século de aumentos constantes da expectativa de vida fez com que essa marcha ascendente parecesse quase inevitável: a lei de Moore aplicada à saúde pública.* Mas e se esses 20 mil dias extras se tornarem uma anomalia? Nos Estados Unidos, pela primeira vez desde o fim da gripe espanhola, a expectativa média de vida diminuiu durante três anos consecutivos. Enquanto escrevo, a pandemia de covid-19 continua assolando o planeta. Se as temperaturas globais continuarem a aumentar e a explosão populacional se mantiver a mesma até pelo menos 2080, será que as tendências de envelhecimento não podem se reverter no próximo século? Será que a grande saída voltaria à Terra?

---

* Previsão feita pelo engenheiro americano Gordon Moore, em 1965, de que o número de transistores em um circuito integrado dobra a cada dois anos. (N. T.)

304 *Longevidade*

Em 1927, um quiroprático chamado Don Dickson decidiu investigar os estranhos montes de terra espalhados pela paisagem na fazenda da família no centro de Illinois. Não demorou muito para perceber que estava escavando um importante sítio arqueológico. Suas explorações revelaram centenas de esqueletos de nativos americanos, enterrados há séculos em montes cerimoniais pelas sociedades indígenas do vale do rio Illinois. Dickson fez o possível para manter os esqueletos no lugar, ergueu uma tenda sobre a escavação e começou a vender ingressos para o que era efetivamente um museu surgido do nada. Com o tempo, um centro de visitantes tradicional foi construído no local, e hoje os Dickson Mounds pertencem ao sistema do Illinois State Museum, embora os esqueletos tenham sido retirados de exibição em respeito aos valores dos nativos americanos.

O complexo dos Dickson Mounds revelou-se de grande interesse para arqueólogos — e demógrafos — por razões semelhantes às que levaram Nancy Howell a visitar o povo !Kung no final dos anos 1960. Os primeiros espaços funerários na fazenda de Don Dickson — datando de cerca de mil anos — foram cavados por caçadores-coletores no vale do rio Illinois. Como os esqueletos estavam relativamente bem preservados, os paleontólogos puderam examiná-los em busca de sinais de doença e desnutrição e elaborar tabelas de vida para a comunidade com base em estimativas aproximadas da idade da morte para cada esqueleto no local. O resultado desse estudo mostra uma sociedade semelhante à que Nancy descobriu nas culturas atuais dos !Kung: a expectativa de vida média era de 26 anos, pouco abaixo do teto; a mortalidade infantil e na adolescência era de pouco mais de 30%. Catorze por cento da comunidade vivia mais de cinquenta anos.

Conclusão 305

No entanto, o sítio dos Dickson Mounds revelou mais do que apenas um instantâneo das condições de saúde dos caçadores-coletores. O sítio também contou uma história de mudança. Por volta de 1150 d.C., os nativos americanos da área abandonaram suas raízes de caçadores-coletores e adotaram a agricultura, principalmente na forma de cultivo intensivo de milho. Continuaram no estilo de vida agrícola por mais alguns séculos, até algo encerrar a prática de enterrar seus mortos naquela região. A mudança para a agricultura deixou marcas indeléveis nos esqueletos dos nativos americanos que viveram essa transição: falhas no esmalte dos dentes que sinalizam desnutrição crônica; ossos malformados por anemia pela deficiência de ferro; condições degenerativas da coluna vertebral provavelmente resultantes do aumento do trabalho pesado. As tabelas de vida contavam uma história igualmente sombria. A expectativa de vida média ao nascer diminuiu sete anos, caindo para dezenove anos. As taxas de mortalidade infantil ficaram acima de 50%. Apenas 5% da população sobrevivia até os cinquenta anos.[17] A adoção do modo de vida agrícola foi tão devastadora para as comunidades nativas americanas quanto a industrialização para as famílias que viviam em Liverpool quando William Farr elaborou suas primeiras tabelas de vida.

O padrão de vida e morte tornado visível pelo estudo dos Dickson Mounds tem sido replicado no mundo todo por paleontólogos que estudam a transição histórica para a agricultura. Os resultados obtidos repetem as taxas de mortalidade disparando por conta de deficiência da nutrição, de aumento de doenças infecciosas e dos efeitos do trabalho exaustivo. A maioria das sociedades agrícolas parece ter levado milhares de anos para recuperar as expectativas de vida e as taxas de mortalidade infantil dos caçadores-coletores. Hoje temos uma afeição romântica pela agricultura, mas seu advento como modo de produção econômica foi tão catastrófico quanto o das fábricas do norte da Inglaterra no início do século XIX. Como as sociedades agrícolas reduziram a expectativa de vida e introduziram novas formas de desigualdade econômica, Jared Diamond definiu a adoção da agricultura como "o pior erro da história da raça humana".[18]

A história do declínio funesto revelada pelos Dickson Mounds talvez pareça muito distante da nossa situação atual, no final de um século de progresso milagroso na saúde humana — progresso medido não apenas nas vidas e mortes nas sociedades mais avançadas, mas numa escala verdadeiramente global. Porém as lesões e os ossos quebrados desses esqueletos são um lembrete de que a parábola ascendente da grande saída não é uma inevitabilidade. As sociedades anteriores fizeram escolhas coletivas sobre como deveriam se organizar que encurtaram suas vidas, não as aumentaram, criando espirais descendentes que duraram milênios. Decerto há boas razões para acreditar que podemos evitar outro recuo como esse do alvorecer da era agrícola. Também vimos a expectativa de vida despencar no início da industrialização; mas a possibilidade de observar esses padrões — nos relatórios de mortalidade, nas tabelas de vida, nos mapas do surto da Broad Street — indicou estratégias de combate e reformas, bem como inovações, que acabaram revertendo esse declínio em uma ou duas gerações. Hoje temos ferramentas muito mais eficientes à nossa disposição.

A pandemia de covid-19 causou uma pequena fração da mortalidade decorrente da Grande Gripe, em parte porque temos conhecimentos científicos e de saúde pública que faltavam ao mundo cem anos atrás. Os cientistas conseguiram identificar e sequenciar o genoma do vírus Sars-CoV-2 usando

Conclusão 307

ferramentas que teriam parecido mágica para os cientistas e médicos que lutaram contra o surto de 1918; a internet permitiu que compartilhassem essas informações na velocidade da luz. Quando as primeiras vacinas entraram nos testes de fase 1, em março de 2020, as empresas farmacêuticas puderam analisar os resultados empregando as técnicas estatísticas primeiro utilizadas por Austin Bradford Hill nos anos 1940. Algoritmos de aprendizado de máquina vasculharam enormes bancos de dados de informações em busca de combinações de medicamentos com potencial para tratar a covid. Os epidemiologistas conseguiram construir modelos sofisticados para projetar a trajetória do surto, convencendo as autoridades da necessidade de estratégias de isolamento para achatar a curva. Quase nenhum desses recursos estava disponível para os médicos e autoridades de saúde pública que combateram a gripe espanhola cem anos atrás. O custo da pandemia de covid-19 — em vidas perdidas, em transtornos econômicos — foi imenso, com certeza. E inúmeros erros foram cometidos, ao subestimar a escala da ameaça nos primeiros dias do surto e ao não adotar intervenções simples de saúde pública, como o uso de máscaras. Mas outros milhões teriam perecido sem as defesas que foram afinal acionadas.

É possível que no futuro um vírus mais letal que o Sars-CoV-2 supere nossas defesas e crie uma pandemia na escala da de 1918; ou talvez alguma tecnologia nociva mate um número de pessoas grande o bastante para reverter a grande saída. Mas meu palpite é que a maior ameaça aos 20 mil dias de vida extra que lutamos tanto, e em tantas frentes, para alcançar seja a que, paradoxalmente, foi possibilitada por esse mesmo triunfo. Se daqui a cem anos a expectativa de vida diminuir, o culpado mais provável será o impacto ambiental de 10 bilhões de pessoas vivendo em sociedades industrializadas. Temos ferramentas incríveis para perceber o aquecimento global e seu impacto real e potencial — graças a muitas das mesmas redes multidisciplinares do setor público que aumentaram a expectativa de vida —, mas parecemos ainda não ter a força de vontade ou as instituições para reduzir os gases do efeito estufa do nosso ambiente. O prolongamento de nossas vidas nos trouxe a crise climática. Talvez ela acabe provocando uma reversão da média.

Nenhum lugar na Terra representa essa história e esse futuro potencial de maneira mais pungente que a ilha Bhola, em Bangladesh. Quatro décadas atrás, esse foi o local da conquista mais extraordinária da humanidade no domínio da saúde pública: a eliminação da varíola, realizando o sonho imaginado por Jefferson quase dois séculos antes. Mas, nos anos que se seguiram à erradicação da varíola, a ilha foi submetida a uma série de inundações devastadoras; quase meio milhão de pessoas foi deslocado da região desde que Rahima Banu Begum contraiu varíola. Hoje, grandes extensões da ilha foram perdidas para sempre pela elevação das águas do mar causada pelo aquecimento global. A ilha inteira poderá ter desaparecido dos mapas do mundo quando nossos filhos e netos estiverem comemorando o centenário da erradicação da varíola, em 2079. Como estarão as tabelas de vida nesse momento? Será que as forças que fomentaram tantas mudanças positivas no século passado continuarão a impulsionar a grande saída? Será que a varíola será apenas a primeira de uma longa lista de ameaças — poliomielite, malária, gripe — eliminada do "catálogo de males"? Será que a figurativa maré ascendente da saúde pública igualitária continuará a impelir todos os barcos? Ou essas conquistas importantes — todos esses inesperados anos de vida — serão arrastadas pela força da maré?

Agradecimentos

Em geral, presume-se apropriado que um livro sobre o milagre de estar vivo seja dedicado à mãe do autor, mas nesse caso específico a dívida de gratidão tem um significado extra. Durante mais de meio século, minha mãe vem sendo um agente inspirador de mudança na criação de experiências mais igualitárias e humanitárias em termos de cuidados da saúde e de obter bons resultados para pacientes no mundo todo. Graças a ela, desde cedo fui ensinado a reconhecer o papel vital que os profissionais de saúde têm na sociedade e a entender que as mudanças positivas no mundo da saúde não foram apenas o resultado de avanços técnicos ou científicos, mas também de ativismo e militância, com frequência da parte dos próprios pacientes e seus familiares. A ênfase deste livro no papel que não especialistas e movimentos sociais têm no prolongamento do ciclo da vida humana se origina em parte de minhas pesquisas, ao longo dos anos, sobre a história da saúde e da medicina, desde meu livro *O mapa fantasma*. Mas a verdade é que também vem de toda uma vida observando o trabalho de minha mãe.

Duas outras figuras inspiradoras merecem menção especial. Meu amigo e mentor em todas as questões epidemiológicas, Larry Brilliant, foi uma das primeiras caixas de ressonância para as ideias aqui expostas, bem como um valioso colaborador no lado televisivo do projeto. (Obrigado a Mark Buell e a Guy Lampard por me apresentarem a Larry e por todas as conversas ao longo do caminho.) Obrigado também à minha parceira de produção, Jane Root, por acreditar no potencial deste projeto como série de TV e por manter a fé durante uma centena de experiências quase mortais no processo de sua realização. Também sou grato à equipe estelar que Jane reuniu na Nutopia, decisiva para o desenvolvimento das ideias tanto deste livro quanto da série e para lidar com o enorme desafio logístico de produzir uma série de TV na era da covid: Fiona Caldwell, Nicola Moody, Simon Willgoss, Carl Griffin, Helena Tait, Tristan Quinn, Duncan Singh, Helen Sage, David Alvarado, Jason Sussberg e Jen Beamish.

Mais do que quaisquer dos meus projetos anteriores, este livro se beneficiou de um imenso número de conversas com especialistas de muitas disciplinas e dos períodos históricos abrangidos: Bruce Gellin, David Ho, Nancy Howell, Lorna E. Thorpe, Tara C. Smith, Marc N. Gourevitch, Linda Villarosa, Carl Zimmer, John Brownstein, Jim Kim, Samuel Scarpino, Jeremy Farrar, Andy Slavitt, Nancy Bristow, Anthony Fauci, Clive Thompson, Joon Yun e meu multitalentoso coapresentador na série de TV, David Olusoga. Max Roser e a equipe do Our World in Data forneceram uma ajuda inestimável em todas as "estatísticas vitais" deste livro — eles são os verdadeiros herdeiros de Graunt e Farr. Agradecimentos especiais a meu cunhado, Manesh Patel, por sua assessoria especial — e aos meus pais, por tanto apoio em um ano tão difícil. Parabéns ao grupo SERJ por suas inestimáveis e abrangentes reflexões. E sou grato a Stewart Brand e a Ryan Phelan por me ajudarem com a inspiração para o título.

Um projeto multiplataforma como este depende das contribuições de muita gente e de diversas organizações, começando pela minha equipe de publicação na Riverhead: minha brilhante editora, Courtney Young, que conseguiu acompanhar este livro em plena gravidez em meio a uma pandemia; e ao meu *publisher*, Geoffrey Kloske, que apoiou o projeto durante todas as suas muitas iterações. Obrigado também a Jacqueline Shost, Ashley Garland, May-Zhee Lim e Ashley Sutton. Agradeço ao meu editor de tanto tempo, Bill Wasik, e a Jake Silverstein da *New York Times Magazine*, por ver o potencial deste projeto desde os primeiros estágios. Na PBS, Bill Gardner foi um incansável defensor de levar essas ideias para a tela desde que trabalhamos juntos em *Como chegamos até aqui*. Os produtores

Agradecimentos 311

do meu podcast, Marshall Lewy e Nathalie Chicha, me ajudaram a relacionar alguns dos eventos históricos às realidades do presente da covid-19. Sou grato pelo apoio financeiro e editorial das fundações e indivíduos que nos ajudaram a produzir a série para televisão, em especial Doron Weber e a Sloan Foundation, não só por fornecer um respaldo crucial de encorajamento nos pontos baixos do processo de produção do programa, mas também por me ajudarem a visualizar uma forma de entretecer a crise atual com os triunfos do passado. Agradeço também à Arthur Vining Davis Foundation por seu apoio à série. Meus agentes — Lydia Wills, Ryan McNeily, Sylvie Rabineau, Travis Dunlap e Jay Mandel — administraram todas as diversas bifurcações deste projeto e de alguma forma conseguiram conduzi-lo a um ponto estupendo.

Finalmente, obrigado a minha mulher e a meus filhos, que fazem com que toda essa maravilhosa vida extra valha a pena ser vivida.

Notas

Introdução: Vinte mil dias [pp. 9-33]

1. Barbara J. Starmans, "Spanish Influenza of 1918".
2. Anton Erkoreka, "Origins of the Spanish Influenza Pandemic (1918--1920) and Its Relation to the First World War", pp. 190-4.
3. John M. Barry, *The Great Influenza*, p. 176.
4. Apud Sandra Opdycke, *The Flu Epidemic of 1918*, p. 168.
5. John M. Barry, op. cit., p. 397.
6. "Nas cidades da África do Sul, os que estavam entre vinte e quarenta anos constituíram 60% das mortes. Em Chicago, a morte de quem tinha entre vinte e quarenta anos foi quase o quíntuplo dos que tinham entre 41 e sessenta anos. Um médico suíço 'não viu nenhum caso grave em qualquer pessoa com mais de cinquenta anos'." (John M. Barry, op. cit., p. 238.)
7. Apud John M. Barry, op. cit., p. 364.
8. Dados por cortesia de *Our World in Data*. Disponível em: <https://ourworldindata.org/grapher/life-expectancy>.
9. Dados por cortesia de *Our World in Data*. Disponível em: <https://ourworldindata.org/grapher/child-mortality-around-the-world>.
10. Lenny Bernstein, "U.S. Life Expectancy Declines Again, a Dismal Trend not Seen since World War I". *Washington Post*, 29 nov. 2018. Disponível em: <washingtonpost.com/national/health-science/us--life-expectancy-declines-again-a-dismal-trend-not-seen-since-world--war-i/2018/11/28/ae58bc8c-f28c-11e8-bc79-68604ed88993_story.html>.
11. Robert W. Fogel, "Catching Up with the Economy", p. 2.

1. A altura do teto: Medindo a expectativa de vida [pp. 35-70]

1. Detalhes da viagem baseados em entrevista com Nancy Howell.
2. Nancy Howell, *Life Histories of the Dobe !Kung*, pp. 1-3.
3. Nancy Howell, *Demography of the Dobe !Kung*. loc. 535-8.

Notas

4. Marshall Sahlins, "The Original Affluent Society".
5. John Graunt, *Natural and Political*, p. 41.
6. Ibid., p. 72.
7. Ibid., p. 135.
8. Nancy Howell, *Demography of the Dobe !Kung*, loc. 872-6.
9. Ibid., loc. 851-5.
10. Ibid., loc. 980-96.
11. Apud Keith Devlin, *The Unfinished Game*,p. 102.
12. Angus Deaton, *The Great Escape*, p. 81.
13. Thomas H. Hollingsworth, "Mortality", p. 54.
14. É possível que alguma outra tendência de aumento sustentado da expectativa de vida tenha ocorrido em algum período anterior em alguma sociedade, mas simplesmente não foi medida, porque essa sociedade não mantinha os registros necessários para rastreá-la. O que sabemos sobre a história da medicina e da saúde pública sugere que isso é improvável. Sabemos com certeza que qualquer aumento sustentado que possa ter acontecido no passado se mostrou passageiro e já não estava mais vigente quando dados precisos sobre mortalidade começaram a ser registrados em países do mundo todo.
15. Angus Deaton, op. cit., p. 163.
16. Apud Janice Hadlow, *A Royal Experiment*, p. 358.
17. Janice Hadlow, op. cit., p. 359.
18. Timothy M. Cox et al., "King George III and Porphyria: An Elemental Hypothesis and Investigation", p. 334.
19. Thomas H. Hollingsworth, "Mortality", p. 54.
20. Apud William Rosen, *Miracle Cure*, pp. 5-6.
21. William Osler, *The Principles and Practice of Medicine*, p. 135.
22. Thomas McKeown, *The Role of Medicine*, p. x.
23. Thomas McKeown, *The Modern Rise of Population*, p. 15.

2. O catálogo de males: Variolação e vacinas [pp. 71-102]

1. Joseph Needham, "Biology and Biological Technology", pp. 124-34.
2. Peter Ernest Razzell, *The Conquest of Smallpox*, p. 115.
3. Apud Donald R. Hopkins, *The Greatest Killer*, p. 206.
4. Segundo o dr. Mead, o principal objetivo de suas intervenções era "manter a inflamação do sangue nos devidos limites e ao mesmo

314 *Longevidade*

tempo ajudar a expulsão da matéria morbífica pela pele". Apud Jennifer Lee Carrell, *The Speckled Monster*, p. 47.

5. Apud Jennifer Lee Carrell, op. cit., p. 73.

6. Apud ibid., p. 82.

7. Cary P. Gross e Kent A. Sepkowitz, "The Myth of the Medical Breakthrough: Smallpox, Vaccination, and Jenner Reconsidered", p. 54.

8. Ibid.

9. Apud Portia P. James, *The Real McCoy*, p. 25.

10. Apud Byrd S. Leavell, "Thomas Jefferson and Smallpox Vaccination", p. 122.

11. Jefferson para John Vaughan, 5 nov. 1801. Disponível em: <https://founders.archives.gov/?q=Project%3A%22Jefferson%20Papers%22%20Author%3A%22Jefferson%2C%20Thomas%22%20Dates-From%3A1801-11-01%20Dates-To%3A1801-11-08%20Recipient%3A%22Vaughan%2C%20John%22&s=2511311211&r=1>.

12. Apud Byrd S. Leavell, op. cit., p. 124.

13. "Government Regulation", *The History of Vaccines*. Disponível em: <https://www.historyofvaccines.org/index.php/content/articles/government-regulation>.

14. Charles Dickens, *Household Words Almanac*. Disponível em: <https://djo.org.uk/household-words-almanac/year-1857/page-19.html>.

15. Robert M. Wolfe e Lisa Sharp, "Anti-Vaccinationists Past and Present".

16. Apud Elizabeth Fee e Daniel M. Fox, *Aids: The Making of a Chronic Disease*, p. 107.

17. Apud Donald A. Henderson, "A History of Eradication: Successes, Failures, and Controversies", p. 884.

18. Apud Byrd S. Leavell, op. cit., p. 122.

19. William H. Foege, *House on Fire*, p. 76.

3. Estatísticas vitais: Dados e epidemiologia [pp. 103-35]

1. William Luckin, "The Final Catastrophe: Cholera in London, 1866", p. 33.

2. Apud John Eyler, *Victorian Social Medicine*, p. 43.

3. John Eyler, op. cit., p. 29.

4. Ibid., p. 82.

5. Ibid., pp. 92-5.

6. O livro é *O mapa fantasma*.

Notas

7. Apud John Eyler, op. cit., p. 156.

8. David L. Lewis, *W.E.B. Du Bois: A Biography, 1868-1963*, p. 132.

9. William E. B. Du Bois, *The Philadelphia Negro*, p. 36.

10. Ibid., pp. 204-5.

11. Ibid., p. 328.

4. Um leite mais seguro: Pasteurização e cloração [pp. 136-65]

1. Frank Leslie, *The Vegetarian Messenger*, p. 18.

2. Apud Kendra Smith-Howard, *Pure and Modern Milk*, p. 16.

3. Brun Nelson, "The Lingering Heat over Pasteurized Milk".

4. Simon Szreter, "The Importance of Social Intervention in Britain's Mortality Decline c. 1850-1914: A Re-Interpretation of the Role of Public Health", pp. 25-6.

5. Robert Milham Hartley, *An Historical, Scientific, and Practical Essay on Milks*, p. 133.

6. *Frank Leslie's Illustrated Newspaper*, 22 maio 1858. Disponível em: <https://commons.wikimedia.org/wiki/File:Frank_Leslie%27s_Illustrated_Newspaper,_May_22,_1858,_front_page.jpg>.

7. Apud Tyler Moss, "The 19th Century Swill Milk Scandal That Poisoned Infants with Whiskey Runoff".

8. John J. Dillon, *Seven Decades of Milk*, p. 23.

9. "Pure Milk for the Poor". *New York Times*, 16 maio 1894. Disponível em: <https://timesmachine.nytimes.com/timesmachine/1894/05/16/106905450.html>.

10. Kendra Smith-Howard, op. cit., p. 22.

11. Nathan Straus, *Disease in Milk*, p. 98.

12. Kendra Smith-Howard, op. cit., p. 33.

13. Para mais informações sobre o trabalho de Leal, ver Steven Johnson, *Como chegamos até aqui*, e Michael J. McGuire, *The Chlorine Revolution*.

14. "What's Behind NYC's Drastic Decrease in Infant Mortality Rates?".

15. David Cutler e Grant Miller, "The Role of Public Health Improvements in Health Advances: The Twentieth- Century United States", pp. 13-15.

16. Nathan Straus, op. cit., p. 116.

17. Joshua Nalibow Ruxin, "Magic Bullet: The History of Oral Rehydration Therapy", p. 395.

18. "Miracle Cure for an Old Scourge".
19. Ibid.
20. Ibid.
21. Atul Gawande, "Slow Ideas".
22. Joshua Nalibow Ruxin, "Magic Bullet: The History of Oral Rehydration Therapy", p. 396.

5. Para além do efeito placebo: Regulamentação e testagem de medicamentos [pp. 166-92]

1. Apud William Rosen, *Miracle Cure: The Creation of Antibiotics and the Birth of Modern Medicine*, p. 242.
2. John M. Barry, *The Great Influenza: The Story of the Deadliest Pandemic in History*, e-book Kindle, loc. 23.
3. Carol Ballentine, "Taste of Raspberries, Taste of Death: The 1937 Elixir Sulfanilamide Incident", pp. 3-4.
4. "'Death Drug Hunt' Covered 15 States". *New York Times*, 26 nov. 1937. Disponível em: <https://timesmachine.nytimes.com/timesmachine/ 1937/11/26/94467337.html?action=click&contentCollection=Archives &module=ArticleEndCTA&region=ArchiveBody&pgtype=article& pageNumber=42>.
5. Apud Julien G. West, "The Accidental Poison That Founded the Modern FDA".
6. Frances Oldham Kelsey, "Autobiographical Reflexions", p. 13.
7. Ibid., p. 59.
8. Ronald Aylmer Fisher, *The Design of Experiments*, p. 49.
9. A. Bradford Hill, "The Clinical Trial", p. 113-9.
10. Richard Doll e A. Bradford Hill, "The Mortality of Doctors in Relation to Their Smoking Habits", p. 743.
11. Lynne Eldridge, "What Percentage of Smokers Get Lung Cancer?", *VerywellHealth*, 26 jun. 2020. Disponível em: <verywellhealth.com/ what-percentage-of-smokers-get-lung-cancer-2248868>.
12. Todas as citações de Richard Doll são de entrevista em 2004. Disponível em: <https://cancerworld.net/senza-categoria/richard--doll-science-will-always-win-in-the-end>.

Notas 317

6. O fungo que mudou o mundo: Antibióticos [pp. 193-216]

1. Apud William Rosen, *Miracle Cure: The Creation of Antibiotics and the Birth of Modern Medicine*, pp. 94-5.
2. Max Williams, *Reinhard Heydrich: The Biography*, v. 2: *Enigma*, pp. 162-5.
3. Apud Elmer Bendiner, "Alexander Fleming: Player with Microbes", p. 283.
4. William Rosen, op. cit., p. 45.
5. Gwyn Macfarlane, *Howard Florey: The Making of a Great Scientist*, p. 203.
6. William Rosen, *Miracle Cure: The Creation of Antibiotics and the Birth of Modern Medicine*, pp. 123-5.
7. Apud Eric Lax, *The Mold in Dr. Florey's Coat: The Story of the Penicillin Miracle*, p. 186.
8. Apud Eric Lax, op. cit., p. 190.
9. Tecnicamente, Chain pode ter supervisionado um experimento anterior com penicilina envolvendo um paciente de câncer, apesar de a droga não ser indicada para a cura do câncer.
10. Apud "Committee on the History of the New York Section of the American Chemical Society 2007 Annual Report".
11. Chris Farris, "Moldy Mary... Or a Simple Messenger Girl?".
12. Milton Wainwright, "Hitler's Penicillin", p. 190.
13. Ibid., p. 193.

7. Ovos quebrados e trenós a jato: Segurança automotiva e industrial [pp. 217-44]

1. "Mary Ward, the First Person to be Killed in a Car Accident – 1 August 1869", blog, 30 ago. 2013. Disponível em: <https://blog.britishnewspaper-archive.co.uk/2013/08/30/worlds-first-fatal-car-accident/>.
2. Sarah Laskow, "Railyards Were Once So Dangerous They Needed Their Own Railway Surgeons".
3. Amy Gangloff, "Safety in Accidents", p. 40.
4. Hugh DeHaven, "Mechanical Analysis of Survival in Falls from Heights of Fifty to One Hundred and Fifty Feet" (1942), p. 5.
5. Ibid., p. 8.
6. John Paul Stapp, "Problems of Human Engineering in Regard to Sudden Decelerative Forces on Man", p. 100.
7. "The Man Behind High-Speed Safety Standards".

318   *Longevidade*

8. Apud Craig Ryan, *Sonic Wind: The Story of John Paul Stapp and How a Renegade Doctor Became the Fastest Man on Earth*, p. 107.
9. Apud Ralph Nader, *Unsafe at Any Speed: The Designed-In Dangers of the American Automobile*, p. 60.
10. Tony Borroz, "Strapping Success: The 3-Point Seatbelt Turns 50".
11. Ralph Nader, op. cit., p. 10.
12. Apud *Congressional Quarterly* de 1965, p. 783.
13. Congresso dos Estados Unidos. *Congressional Record*, 21 out. 1966, v. 112, p. 28618. Disponível em: <https://www.google.com/books/edition/Congressional_Record/FBEb4lvtxMMC?hl=en&gbpv=1&dq=%22crusading+spirit+of+on+individual+who+believed+he+could+do+something%22&pg=PA28618&printsec=frontcover>.
14. Baseado em dados compilados pelo National Safety Council, disponível em: <injuryfacts.nsc.org/motor-vehicle/historical-fatality-trends/deaths-and-rates>.

8. Alimentando o mundo: O declínio da fome [pp. 245-65]

1. Ver Stuart Kauffman, *Investigations*; Steven Johnson, *Where Good Ideas Come From*.
2. Majd Mohammad Gholi, *The Great Famine and Genocide in Persia, 1917--1919*, p. 17.
3. Ibid., p. 23.
4. Robert W. Fogel, *The Escape from Hunger and Premature Death, 1700-1800*, loc. 852.
5. McKeown, *The Modern Rise of Population*, p. 142.
6. Ibid., p. 156.
7. Cormac O'Gráda, *Famine: A Short History*, pp. 10-24.
8. Para uma excelente visão geral sobre os dados do declínio da fome, ver: <https://ourworldindata.org/famines>.
9. Jerry Adler, "How the Chicken Conquered the World".
10. Gregory T. Cushman, *Guano and the Opening of the Pacific World: A Global Ecological History*, pp. 40-3.
11. India Broiler Meat (Poultry) Production by Year. Disponível em: <https://www.indexmundi.com/agriculture/?country=in&commodity=broiler-meat&graph=production>.

Notas 319

Conclusão: Ilha Bhola revisitada [pp. 267-308]

1. É verdade que nenhuma sociedade moderna de grande escala se aproximou do nível de igualitarismo que Nancy Howell encontrou nas sociedades !Kung. Mas é um bocado mais fácil ser igualitário numa sociedade que ainda não inventou o capital. São poucos os bens que se podem manter em uma verdadeira cultura de caçadores- -coletores. Provavelmente muitos maquinadores paleolíticos teriam adorado se transformar em um Steve Jobs (ou até em um Bernie Madoff), mas não o fizeram porque o possível adjacente da cultura dos caçadores-coletores tornava inimaginável esse tipo de acumulação de riqueza. Muitos países que passaram mais tempo se ajustando ao capitalismo industrial — França, Holanda, Alemanha —, com todas as suas promessas e seus perigos, se assentaram em um modelo de socialismo democrático, pró-mercado porém com uma forte rede de segurança e sistemas de saúde universais, com os quais é possível construir economias nacionais bem-sucedidas com impressionantes níveis de igualdade. (Os Estados Unidos, a propósito, ainda não adotaram esse modelo.) Há boas razões para supor — com base nas tendências visíveis nesse gráfico — que esses mesmos resultados são possíveis também em outros países, que o gradiente da saúde e da longevidade continuará diminuindo pelas próximas décadas.

2. Robert W. Fogel, *The Escape from Hunger and Premature Death*, loc. 804-18.

3. City Health Dashboard. Disponível em: <https://www.cityhealthdashboard.com>.

4. Ryan D'Agostino, "How Does Bill Gates's Ingenious, Waterless, Life-Saving Toilet Work?".

5. Ver <https://www.who.int/data/gho/data/themes/malaria>.

6. Andrew Hammond et al., "A CRISPR-cas9 Gene Drive System Targeting Female Reproduction in the Malaria Mosquito Vector *Anopheles Gambiae*", pp. 80-3.

7. Matt Richtel, *An Elegant Defense: The Extraordinary New Science of the Immune System: A Tale in Four Lives*, pp. 298-300.

8. Research Data Alliance. Disponível em: <https://www.rd-alliance.org/groups/rda-covid-19>.

9. HealthWeather. Disponível em: <https://healthweather.us/>.

10. Steven Johnson, "How Data Became One of the Most Powerful Tools to Fight an Epidemic".

11. David Silver et al., "A General Reinforcement Learning Algorithm that Masters Chess, Shogi, and Go Through Self-Play", pp. 1140-2.
12. James Somers, "How the Artificial Intelligence Program AlphaZero Mastered Its Games".
13. Matt Richtel, *An Elegant Defense: The Extraordinary New Science of the Immune System: A Tale in Four Lives*, p. 248.
14. Adam S. Adler et al., "Motif Module Map Reveals Enforcement of Aging by Continual NF-kB Activity", pp. 3254-5.
15. *Salk News*, "Turning Back Time: Salk Scientists Reverse Signs of Aging".
16. Tad Friend, "Silicon Valley's Quest To Live Forever".
17. Mark Nathan Cohen, *Health and the Rise of Civilization*, p. 121.
18. Jared Diamond, "The Worst Mistake in the History of the Human Race". *Discover*, 1º maio 1999. Disponível em: <https://www.discovermagazine.com/planet-earth/the-worst-mistake-in-the-history-of-the-human-race>.

Bibliografia

ADLER, Adam S. et al. "Motif Module Map Reveals Enforcement of Aging by Continual NF-kB Activity". *Genes and Development*, v. 21, n. 24, 2007, pp. 3244-7, doi:10.1101/gad.1588507.

ADLER, Jerry. "How the Chicken Conquered the World". *Smithsonian Magazine*, 1º jun. 2012. Disponível em: <www.smithsonianmag.com/history/how-the-chicken-conquered-the-world-87583657/#IfRbIAs s4zRjbFBE.99>.

ALDRICH, Mark. "History of Workplace Safety in the United States, 1880--1970". *EHnet*. Disponível em: <https://eh.net/?s=History+of+Work place+Safety+in+the+United+States>.

ANDERSON, D. Mark et al. "Public Health Efforts and the Decline in Urban Mortality: Reply to Cutler and Miller". *SSRN Electronic Journal*, 2019, doi:10.2139/ssrn.3314366.

ARMITAGE, Peter. "Fisher, Bradford Hill, and Randomization". *International Journal of Epidemiology*, v. 32, n. 6, 2003, pp. 925-8, doi:10.1093/ije/dyg286.

_____. "Obituary: Sir Austin Bradford Hill, 1897-1991". *Journal of the Royal Statistical Society: Series A (Statistics in Society)*, v. 154, n. 3, 1991, pp. 482-4, doi:10.1111/ j.1467-985x.1991.tb00329.x.

BALLENTINE, Carol. "Taste of Raspberries, Taste of Death: The 1937 Elixir Sulfanilamide Incident". *FDA Consumer*, jun. 1981.

BARRY, John M. *The Great Influenza: The Story of the Deadliest Pandemic in History*. Nova York: Penguin Books, 2018. [Ed. bras.: *A grande gripe: A história da gripe espanhola, a pandemia mais mortal de todos os tempos*. Trad. Alexandre Raposo e outros. Rio de Janeiro: Intrínseca, 2020.]

BENDINER, Elmer. "Alexander Fleming: Player with Microbes". *Hospital Practice*, v. 24, n. 2, 1989, pp. 283-16, doi:10.1080/21548331.1989.11703671.

BLOOM, David E. et al. "The Value of Vaccination". In: STEVENS, Philip (Org.). *Fighting the Diseases of Poverty*. Nova York: Routledge, 2017, pp. 214-8.

BORROZ, Tony. "Strapping Success: The 3-Point Seatbelt Turns 50". *Wired*, 4 jun. 2017. Disponível em: <https://www.wired.com/2009/08/strapping-success-the-3-point-seatbelt-turns-50/.

BOYLSTON, Arthur. "The Origins of Inoculation". *Journal of the Royal Society of Medicine*, v. 105, n. 7, 2012, pp. 309-3, doi:10.1258/jrsm.2012.12k044.

BULLETIN *of the World Health Organization*. "Miracle Cure for an Old Scourge. An Interview with Dr. Dhiman Barua", 4 mar. 2011. Disponível em: <https://www.who.int/bulletin/volumes/87/2/09-050209.pdf>.

BURROUGHS Wellcome and Company. *The History of Inoculation and Vaccination for the Prevention and Treatment of Disease*. Memorando de palestra, Congresso Médico da Australásia, Auckland, N. Z., 1914.

CARRELL, Jennifer Lee. *The Speckled Monster: A Historical Tale of Battling Smallpox*. Nova York: Plume, 2004.

CIECKA, James E. "The First Probability Based Calculations of Life Expectancies". *Journal of Legal Economics*, v. 47, 2011, pp. 47-8.

COHEN, Mark Nathan. *Health and the Rise of Civilization*. New Haven, CT: Yale University Press, 2011.

"Committee on the History of the New York Section of the American Chemical Society 2007 Annual Report". American Chemical Society. Disponível em: <www.newyorkacs.org/reports/NYACSReport2007/NYHistory.html>.

COX, Timothy M. et al. "King George III and Porphyria: An Elemental Hypothesis and Investigation". *The Lancet*, v. 366, n. 9482, 2005, pp. 332-5, doi:10.1016/s0140-6736(05)66991-7.

CUSHMAN, Gregory T. *Guano and the Opening of the Pacific World: A Global Ecological History*. Cambridge, UK: Cambridge University Press, 2013.

CUTLER, David; MILLER, Grant. "The Role of Public Health Improvements in Health Advances: The Twentieth-Century United States". *Demography*, v. 42, 2005, pp. 1-22, doi:10.3386/w10511.

CUTLER, David et al. "The Determinants of Mortality". *Journal of Economic Perspectives*, v. 20, n. 3, verão 2006, pp. 97-120, doi:10.3386/w11963.

D'AGOSTINO, Ryan. "How Does Bill Gates's Ingenious, Waterless, Life-Saving Toilet Work?". *Popular Mechanics*, 7 nov. 2018. Disponível em: <www.popularmechanics.com/science/health/a24747871/bill-gates--life-saving-toilet>.

DEATON, Angus. *The Great Escape: Health, Wealth, and the Origins of Inequality*. Princeton, NJ: Princeton University Press, 2015. [Ed.

Bibliografia 323

bras.: *A grande saída: Saúde, riqueza e as origens da desigualdade*. Trad. Marcelo Levy. Rio de Janeiro: Intrínseca, 2017.]

DEHAVEN, Hugh. "Mechanical Analysis of Survival in Falls from Heights of Fifty to One Hundred and Fifty Feet". *Injury Prevention*, v. 6, n. 1, 2000, doi:10.1136/ip.6.1.62-b.

DEVLIN, Keith. *The Unfinished Game: Pascal, Fermat, and the Seventeenth--Century Letter that Made the World Modern*. Nova York: Basic Books, 2008.

DILLON, John J. *Seven Decades of Milk: A History of New York's Dairy Industry*. Ann Arbor, MI: University of Michigan Press, 1993.

DOLL, Richard A.; HILL, Bradford. "Smoking and Carcinoma of the Lung". *The British Medical Journal*, v. 2, n. 4682, 1950, pp. 739-48, doi:10.1136/bmj.2.4682.739.

_____. "The Mortality of Doctors in Relation to Their Smoking Habits". *The British Medical Journal* 1, n. 4877, 1954, pp. 1451-5, doi:10.1136/bmj.1.4877.1451.

DU BOIS, William E. B. *The Philadelphia Negro* (The Oxford W. E. B. Du Bois). Edição Kindle. Nova York: Oxford University Press, 2014.

ERKOREKA, Anton. "Origins of the Spanish Influenza Pandemic (1918--1920) and Its Relation to the First World War". *Journal of Molecular and Genetic Medicine*, v. 3, n. 2, 2009, doi:10.4172/1747-0862.1000033.

EYLER, John M. "Constructing Vital Statistics: Thomas Rowe Edmonds and William Farr, 1835-1845". In: MORABIA, A. (Org.). *A History of Epidemiologic Methods and Concepts*. Basileia: Birkhäuser, 2004, pp. 149-7, doi:10.1007/978-3-0348-7603-2_4.

_____. *Victorian Social Medicine: The Ideas and Methods of William Farr*. Baltimore: Johns Hopkins University Press, 1979.

FARRIS, Chris. "Moldy Mary... Or a Simple Messenger Girl?". *Peoria Magazine*, dez. 2019. Disponível em: <www.peoriamagazines.com/pm/2019/dec/moldy-mary-or-simple-messenger-girl>.

FEE, Elizabeth; FOX, Daniel M. *AIDS: The Making of a Chronic Disease*. Oakland, CA: University of California Press, 1992.

FISHER, Ronald Aylmer. *The Design of Experiments*. 3. ed. Londres: Oliver and Boyd, 1942.

FOEGE, William H. *House on Fire: The Fight to Eradicate Smallpox*. Oakland, CA: University of California Press, 2012.

FOGEL, Robert W. "Catching Up with the Economy". *American Economic Review*, v. 89, n. 1, 1999, pp. 1-21, doi:10.1257/aer.89.1.1.

_____. *The Escape from Hunger and Premature Death, 1700-1800*. Nova York: Cambridge University Press, 2003.

FRERICHS, Ralph R. "Reverend Henry Whitehead". Disponível em: <www.ph.ucla.edu/epi/snow/whitehead.html>.

FRIEND, Tad. "Silicon Valley's Quest to Live Forever". *New Yorker*, 27 mar. 2017. Disponível em: <www.newyorker.com/magazine/2017/04/03/silicon-valleys-quest-to-live-forever>.

GALLOWAY, James N. et al. "A Chronology of Human Understanding of the Nitrogen Cycle". *Philosophical Transactions of the Royal Society B: Biological Sciences*, v. 368, n. 1621, 2013, 20130120, doi:10.1098/rstb.2013.0120.

GAMMINO, Victoria M. "Polio Eradication, Microplanning and GIS". *Directions Magazine* — GIS News and Geospatial, 16 jul. 2017. Disponível em: <www.directionsmag.com/article/1350>.

GAMMINO, Victoria M. et al. "Using Geographic Information Systems to Track Polio Vaccination Team Performance: Pilot Project Report". *Journal of Infectious Diseases*, v. 210, supl. 1, 2014, doi:10.1093/infdis/jit285.

GANGLOFF, Amy. "Safety in Accidents: Hugh DeHaven and the Development of Crash Injury Studies". *Technology and Culture*, v. 54, n. 1, pp. 40-61, doi: 10.1353/tech.2013.0029.

GAWANDE, Atul. "Slow Ideas". *New Yorker*, 22 jul. 2013. Disponível em: <www.newyorker.com/magazine/2013/07/29/slow-ideas>.

GELFAND, Henry M.; POSCH, Joseph. "The Recent Outbreak of Smallpox in Meschede, West Germany". *American Journal of Epidemiology*, v. 93, n. 4, 1971, pp. 234-7, doi:10.1093/oxfordjournals.aje.a121251.

GLASS, David V. "John Graunt and His Natural and Political Observations". *Notes and Records of the Royal Society of London*, v. 19, n. 1, 1964, pp. 63-100, doi:10.1098 rsnr.1964.0006.

GODFRIED, Isaac. "A Review of Recent Reinforcement Learning Applications to Healthcare". *Medium, Towards Data Science*, 9 jan. 2019.

GRÁDA, Cormac Ó. *Famine: A Short History*. Princeton, NJ: Princeton University Press, 2010.

GRAUNT, John. *Natural and Political Observations: Mentioned in a Following Index and Made upon the Bills of Mortality; With Reference to the Government, Religion, Trade, Growth, Air, Diseases, and the Several Changes of the Said City*. Londres: Martyn, 1676.

Bibliografia

GRIFFITH, G. Talbot. *Population Problems of the Age of Malthus*. Cambridge, UK: Cambridge University Press, 2010.

GROSS, Cary P.; SEPKOWITZ, Kent A. "The Myth of the Medical Breakthrough: Smallpox, Vaccination, and Jenner Reconsidered". *International Journal of Infectious Diseases*, v. 3, n. 1, 1998, pp. 54-60, doi:10.1016/s1201-9712(98)90096-0.

GUERRANT, Richard L. et al. "Cholera, Diarrhea, and Oral Rehydration Therapy: Triumph and Indictment". *Clinical Infectious Diseases*, v. 37, n. 3, 2003, pp. 398-405, doi:10.1086/376619.

HABAKKUK, Hrothgar John. *Population Growth and Economic Development since 1750*. Leicester, UK: Leicester University Press, 1981.

HADLOW, Janice. *A Royal Experiment: The Private Life of King George III*. Nova York: Henry Holt and Company, 2014.

HAMMOND, Andrew et al. "A CRISPR-Cas9 Gene Drive System Targeting Female Reproduction in the Malaria Mosquito Vector *Anopheles Gambiae*". *Nature Biotechnology*, v. 34, n. 1, 2016, pp. 78-83, doi:10.1038/nbt.3439.

HANDLEY, John B. "The Impact of Vaccines on Mortality Decline Since 1900: According to Published Science". *Children's Health Defense*, 12 mar. 2019. Disponível em: <https://childrenshealthdefense.org/news/the-impact-of-vaccines-on-mortality-decline-since-1900-according--to-published-science/>.

HARRIS, Bernard. "Public Health, Nutrition, and the Decline of Mortality: The McKeown Thesis Revisited". *Social History of Medicine*, v. 17, n. 3, 2004, pp. 379-407.

HARTLEY, Robert Milham. *An Historical, Scientific, and Practical Essay on Milk, as an Article of Human Sustenance: With a Consideration of the Effects Consequent upon the Present Unnatural Methods of Producing It for the Supply of Large Cities*. Londres: Forgotten Books, 2016.

HENDERSON, Donald A. "A History of Eradication: Successes, Failures, and Controversies". *The Lancet*, v. 379, n. 9819, 2012, pp. 884-5.

HILL, A. Bradford. "The Clinical Trial". *New England Journal of Medicine*, v. 247, n. 4, 1952, pp. 113-9.

HOLLINGSWORTH, Thomas H. "Mortality". *Population Studies*, v. 18, n. 2, nov. 1964.

HOPKINS, Donald R. *The Greatest Killer: Smallpox in History* (com nova Introdução). Chicago: University of Chicago Press, 2002.

HOWELL, Nancy. *Demography of the Dobe !Kung*. Edição Kindle. Nova York: Routledge, 2007.

HOWELL, Nancy. *Life Histories of the Dobe !Kung: Food, Fatness, and Well-Being over the Life Span*. Oakland, CA: University of California Press, 2010.

HULL, Charles H. "Graunt or Petty?". *Political Science Quarterly*, v. 11, n. 1, 1896, p. 105, doi:10.2307/2139604.

JAMES, Portia P. *The Real McCoy: African-American Invention and Innovation, 1619-1930*. Washington, DC: Smithsonian Institution Press, 1990.

JHA, Prabhat; ZATONSKI, Witold A. "Smoking and Premature Mortality: Reflections on the Contributions of Sir Richard Doll". *Canadian Medical Association Journal*, v. 173, n. 5, 2005, pp. 476-7, doi:10.1503/cmaj.050948.

JOHNSON, Steven. *The Ghost Map: The Story of London's Most Terrifying Epidemic — and How It Changed Science, Cities, and the Modern World*. Nova York: Riverhead, 2006. [Ed. bras.: *O mapa fantasma: Uma epidemia letal e a epopeia científica que transformou nossas cidades*. Trad. Sérgio Lopes. Rio de Janeiro: Zahar, 2021 [2008].]

_____. *Where Good Ideas Come From: The Natural History of Innovation*. Nova York: Riverhead, 2011. [Ed. bras.: *De onde vêm as boas ideias: Uma breve história da inovação*. Trad. Maria Luiza X. A. de Borges. Rio de Janeiro: Zahar, 2021 [2011].]

_____. *How We Got to Now*. Nova York: Riverhead, 2014. [Ed. bras.: *Como chegamos até aqui: Seis inovações que transformaram o mundo*. Trad. Claudio Carina. Rio de Janeiro, Zahar, 2021 [2015].]

_____. "How Data Became One of the Most Powerful Tools to Fight an Epidemic". *New York Times Magazine*, 11 jun. 2020. Disponível em: <www.nytimes.com/interactive/2020/06/10/magazine/covid-data.html>.

KAUFFMAN, Stuart A. *Investigations*. Nova York: Oxford University Press, 2002.

KELSEY, Frances Oldham. "Autobiographical reflections". *FDA History Office*, 1993. Disponível em: <https://www.fda.gov/media/89162/download>.

LASKOW, Sarah. "Railyards Were Once so Dangerous They Needed their Own Railway Surgeons". *Atlas Obscura*, 25 jul. 2018. Disponível em: <www.atlasobscura.com/articles/what-did-railway-surgeons-do>.

LAX, Eric. *The Mold in Dr. Florey's Coat: The Story of the Penicillin Miracle*. Nova York: Henry Holt, 2005.

LEAVELL, Byrd S. "Thomas Jefferson and Smallpox Vaccination". *Transactions of the American Clinical and Climatological Association*, v. 88; 1977, pp. 119-27.

Bibliografia 327

LESLIE, Frank. *The Vegetarian Messenger*, v. 10, 1858.

LEWIS, David L. *W.E.B. Du Bois: A Biography, 1868-1963*. Edição Kindle. Nova York: Henry Holt and Company, 2009.

LUCKIN, W. "The Final Catastrophe: Cholera in London, 1866". *Medical History*, v. 21, n. 1, 1977, p. 32-42, doi:10.1017/s0025727300037157.

MACFARLANE, Gwyn. *Howard Florey: The Making of a Great Scientist*. Londres: The Scientific Book Club, 1980.

MAJD, Mohammad Gholi. *The Great Famine and Genocide in Persia, 1917--1919*. Lanham, MD: University Press of America, 2003.

MCGUIRE, Michael J. *The Chlorine Revolution: The History of Water Disinfection and the Fight to Save Lives*. American Denver: Water Works Association, 2013.

MCKEOWN, Thomas. *The Modern Rise of Population*. Londres: Edward Arnold, 1976.

_____. *The Role of Medicine: Dream, Mirage, or Nemesis?* Princeton, NJ: Princeton University Press, 2016.

MCNEILL, Leila. "The Woman Who Stood Between America and a Generation of 'Thalidomide Babies'". *Smithsonian Magazine*, 8 maio 2017. Disponível em: <www.smithsonianmag.com/science--nature/woman-who-stood-between-america-and-epidemic-birth--defects-180963165>.

MOSS, Tyler. "The 19th-Century Swill Milk Scandal that Poisoned Infants with Whiskey Runoff". *Atlas Obscura*, 27 nov. 2017. Disponível em: <www.atlasobscura.com/articles/swill-milk-scandal-new-york-city>.

NADER, Ralph. *Unsafe at Any Speed: The Designed-In Dangers of the American Automobile*. Nova York: Knightsbridge Publishing Co., 1991.

NATIONAL Institute for Children's Health Quality. "What's Behind NYC's Drastic Decrease in Infant Mortality Rates?". 24 jul. 2017. Disponível em: <https://www.nichq.org/insight/whats-behind-nycs-drastic--decrease-infant-mortality-rates>.

NAJERA, Rene F. "Black History Month: Onesimus Spreads Wisdom That Saves Lives of Bostonians During a Smallpox Epidemic". History of Vaccines. Disponível em: <www.historyofvaccines.org/content/blog/onesimus-smallpox-boston-cotton-mather>.

NEEDHAM, Joseph. "Biology and Biological Technology". *Science and Civilisation in China*, v. 6, parte VI, Medicine. Cambridge, UK: Cambridge University Press, 2000.

NELSON, Bryn. "The Lingering Heat over Pasteurized Milk". Science History Institute, 18 abr. 2019. Disponível em: <www.sciencehistory.org/distillations/the-lingering-heat-over-pasteurized-milk>.

OPDYCKE, Sandra. *The Flu Epidemic of 1918: America's Experience in the Global Health Crisis*. Nova York: Routledge, 2014.

OSLER, William. *The Principles and Practice of Medicine*, 8. ed. (amplamente reescrita e completamente revisada com a orientação de Thomas McCrae). Boston: D. Appleton & Company, 1912.

PARKE, Davis & Company. *1907-8 Catalogue of the Products of the Laboratories of Parke, Davis & Company, Manufacturing Chemists, London, England*. Disponível em: <wellcomecollection.org/works/w5g9s5ac>.

PINKER, Steven. *Enlightenment Now: The Case for Reason, Science, Humanism, and Progress*. Nova York: Penguin Books, 2019. [Ed. bras.: *O novo Iluminismo: Em defesa da razão, da ciência e do humanismo*. Trad. Laura Teixeira Mota e Pedro Maia Soares. São Paulo: Companhia das Letras, 2018.]

PLOUGH, Alonzo L. *Advancing Health and Well-Being: Using Evidence and Collaboration to Achieve Health Equity*. Nova York: Oxford University Press, 2018.

"POLICY Impact: Seat Belts". Centers for Disease Control and Prevention, 3 jan. 2011.

PORDELI, Mohammad Reza, et al. "A Study of the Causes of Famine in Iran during World War I". *Review of European Studies*, v. 9, n. 2, 2017, p. 296, doi:10.5539/res.v9n2p296.

RAZZELL, Peter Ernest. *The Conquest of Smallpox: The Impact of Inoculation on Smallpox Mortality in Eighteenth Century Britain*. Londres: Caliban Books, 2003.

RICHTEL, Matt. *An Elegant Defense: The Extraordinary New Science of the Immune System: A Tale in Four Lives*. Nova York: William Morrow, 2020.

RIEDEL, Stefan. "Edward Jenner and the History of Smallpox and Vaccination". *Baylor University Medical Center Proceedings*, v. 18, n. 1, 2005, pp. 21-5, doi:10.1080/08998280.2005.11928028.

RILEY, James C. *Rising Life Expectancy: A Global History*. Nova York: Cambridge University Press, 2015.

ROSEN, William. *Miracle Cure: The Creation of Antibiotics and the Birth of Modern Medicine*. Nova York: Penguin Books, 2018.

Bibliografia

RUXIN, Joshua Nalibow. "Magic Bullet: The History of Oral Rehydration Therapy". *Medical History*, v. 38, n. 4, 1994, pp. 363-7, doi:10.1017/s0025727300036905.

RYAN, Craig. *Sonic Wind: The Story of John Paul Stapp and How a Renegade Doctor Became the Fastest Man on Earth*. Nova York: Liveright, 2016.

SAHLINS, Marshall. "The Original Affluent Society". Eco Action, 2005.

SAUL, Toby. "Inside the Swift, Deadly History of the Spanish Flu Pandemic". *National Geographic*, 5 mar. 2020. Disponível em: <www.nationalgeographic.com/history/magazine/2018/03-04/history-spanish-flu-pandemic>.

SCHULTZ, Stanley G. "From a Pump Handle to Oral Rehydration Therapy: A Model of Translational Research". *Advances in Physiology Education*, v. 31, n. 4, 2007, pp. 288-93, doi:10.1152/advan.00068.2007.

SILVER, David et al. "A General Reinforcement Learning Algorithm that Masters Chess, Shogi, and Go Through Self-Play". *Science*, v. 362, n. 6419, 2018, pp. 1140-4, doi:10.1126/science.aar6404.

SMITH-HOWARD, Kendra. *Pure and Modern Milk: An Environmental History since 1900*. Nova York: Oxford University Press, 2017.

SMITHSONIAN National and Space Museum. "The Man Behind High-Speed Safety Standards". 22 ago. 2018. Disponível em: <www.airandspace.si.edu/stories/editorial/man-behind-high-speed-safety-standards>.

SOMERS, James. "How the Artificial Intelligence Program AlphaZero Mastered Its Games". *New Yorker*, 28 dez. 2018. Disponível em: <www.newyorker.com/science/elements/how-the-artificial-intelligence-program-alphazero-mastered-its-games>.

STAPP, John Paul. "Problems of Human Engineering in Regard to Sudden Decelerative Forces on Man". *Military Medicine*, v. 103, n. 2, 1948, pp. 99-102, doi:10.1093/milmed/103.2.99.

STARMANS, Barbara J. "Spanish Influenza of 1918". *The Social Historian*, 7 set. 2015. Disponível em: <www.thesocialhistorian.com/spanish-influenza-of-1918>.

STRAUS, Nathan. *Disease in Milk: The Remedy Pasteurization: The Life Work of Nathan Straus*. Smithtown, NY: Straus Historical Society, Inc., 2016.

SZRETER, Simon. "The Importance of Social Intervention in Britain's Mortality Decline c.1850-1914: A Re-Interpretation of the Role of Public Health". *Social History of Medicine*, v. 1, n. 1, 1988, pp. 1-8, doi:10.1093/shm/1.1.1.

"The Value of Vaccination". *The Lancet*, v. 200, n. 5178, 1922, p. 1139, doi:10.1016/s0140-6736(01)01172-2.

"Turning Back Time: Salk Scientists Reverse Signs of Aging". *SalkNews*. 15 dez. 2016. Disponível em: <www.salk.edu/news-release/turning--back-time-salk-scientists-reverse-signs-aging>.

WAGSTAFF, Anna. "Richard Doll: Science Will Always Win in the End". *Cancerworld*, 23 nov. 2017. Disponível em: <www.cancerworld.net/senza-categoria/richard-doll-science-will-always-win-in-the-end/>.

WAINWRIGHT, Milton. "Hitler's Penicillin". *Perspectives in Biology and Medicine*, v. 47, n. 2, 2004, pp. 189-98, doi:10.1353/pbm.2004.0037.

WEST, Julian G. "The Accidental Poison that Founded the Modern FDA". *The Atlantic*, 16 jan. 2018. Disponível em: <https://www.theatlantic.com/technology/archive/2018/01/the-accidental-poison-that-founded-the-modern-fda/550574/>.

WHITEHEAD, Margaret. "William Farr's Legacy to the Study of Inequalities in Health". *Bulletin of the World Health Organization*, 2000. Disponível em: <www.ncbi.nlm.nih.gov/pmc/articles/PMC2560600>.

WILLIAMS, Max. *Reinhard Heydrich: The Biography*. V. 2: *Enigma*. Church Stretton, UK: Ulric Publishing, 2003.

WINTER, Robin et al. "Deep Learning for De Novo Drug Design". Interdisziplinärer Kongress | Ultraschall 2019-3. Dreiländertreffen DEGUM | ÖGUM | SGUM, 2019, doi:10.1055/s-0039-1695913.

WOLFE, Robert M.; SHARP, Lisa. "Anti-Vaccinationists Past and Present". *BMJ*, v. 325, n. 7361, 2002, pp. 430-2, doi:10.1136/bmj.325.7361.430.

ZAIMECHE, Salah; AL-HASSANI, Salim. "Lady Montagu and the Introduction of Smallpox Inoculation to England". *Muslim Heritage*, 16 fev. 2010. Disponível em: <muslimheritage.com/lady-montagu--smallpox-inoculation-england>.

Índice remissivo

Os números em *itálico* indicam ilustrações.

abastecimento de alimentos, 36, 150, 248-53, 258-9
Abraham & Straus, 153
acidentes automobilísticos, 26; colisões em alta velocidade, 225-9, 233-4; fatais, 217-9, 233-8, 240-1, *241*; impacto sobre a expectativa de vida, 223; impacto sobre as taxas de mortalidade, 225-6, 241, *241*; morte de celebridades e, 223, 240-2
Addams, Jane, 128
aeronaves, 158; acidentes de, 222-6, 228, 231, 233-4, 242; aspectos de segurança, 229, 240; e forças de desaceleração, 229-31, *232*, 233
África, 36, 59, 86, 253, *268*, 269, 280, 281
África do Sul, *268*, 280
África Ocidental, 99, 271
afro-americanos, 123-32, 267, 271-2
agricultura: melhorias, 69, 253-4, 257-9; revolução, 31, *31*, 36-7, 55, 262-3; sociedades, 252, 305-6
água potável, 135, 160-1, 162; cloração da, 20, 156-9; contaminação da, 114-21, 140; disseminação do cólera e a, 114-22, 123, 137, 220; separada dos dejetos, 27, 117-8, 220; sistemas de filtragem da, 157, 169; *ver também* sistemas de esgoto; vasos sanitários
agulhas bifurcadas, 29, 100, 273
aids, 28, 30, 170, 211, 273, 279

Alemanha, 91, 177-8, 196, 198-9, 213-6, 257
Alexander, Albert, 204-5, 207, 277
algoritmos, 242-4, 290-4, 307
AlphaZero, 289-92
altura, 47, 254
Alzheimer, mal de, 72, 281, 292
América do Sul, 59-60, 256
americanos nativos, 304-6
animais: e doenças humanas, 12-3, 99-100, 137-8, 288-9; e experimentos de envelhecimento, 297-8; testes com medicamentos em, 172, 176, 181, 194, 200, 202; tratamento desumano de, 145-6, 147-8; *ver também* produção de frangos; bovinos; tuberculose: bovina
antibióticos, 30, 219, 260, 270; como funcionam, 284; distribuição global de, 293-5; e novos procedimentos médicos, 209-11, 246; estreptomicina, 185-6, 208; invenção dos, 25, 170, 193; produção em massa de, 248, 274; revolução nos, 209-12, 248, 277-8; salvando milhões de vidas, 28, 209-10, 273; *ver também* penicilina
Antropoceno, 262
arsênico, 63, 65-6, 70, 167, 169
Assembleia Mundial da Saúde, 96
astecas, 73
ativistas, 87, 94, 142-4, 158-9, 181, 238-40, 275
aumento da população, *31*, 32-3, 57-8, 68, 255, 258, 261-5, 299-303

automóveis, 33, 158, 167, 170, 187; componentes de segurança para, 26, 28, 223-9, 233-44, 270; leis de segurança para, 223-4, 238-41; narrativa de rede sobre os, 239-43; piloto automático, 242-4; *ver também* cintos de segurança
avanços na saúde, 27-9, 272-3

Babbage, Charles, 166
babilônios, 39
Bacon, Francis, 182
Bader, Ralph G., 248-9
Baker, George, 61-2
Bangladesh, 96, 97, 101, 160-3, 165, 274, 308
Banu Begum, Rahima, 96, 97, 101, 308
Barnum, P. T., 146-7
Barry, John, 14, 169
Base da Força Aérea de Holloman (Novo México), 231-4
Bayer AG, 171
Bazalgette, Joseph, 118-22, 143, 280
Belmonte, Juan Carlos Izpisua, 298
Bhola, ilha, 96, 101, 308
Bohlin, Nils, 235-6, 239, 274
bomba atômica, 197, 213, 222
Borges, Jorge Luis, 42
Bosch, Carl, 257-8
Boston, Massachusetts, 87, 150
Botsuana, 35-9
bovinos, 137-9, 145-6, 147-52, 148
Brilliant, Larry, 288
British Medical Journal, The, 178, 185-6
Brooklyn, Nova York, 136-9, 147, 153, 157, 271-2, 287

caçadores-coletores, 36-9, 45-50, 54-5, 58-60, 304-5
Caldwell, John Lawrence, 249
Camp Devens (Massachusetts), 13-4, 15-6
Camp Funston (Kansas), 9-13, 11
campanhas publicitárias, 157-65

câncer, 32, 72, 170, 191-2, 211, 281-4; *ver também* estudo de câncer no pulmão
Centro de Controle de Doenças (CDC), 99-101, 134-5, 285
Centro Médico Nacional City of Hope, 274-5
Chadwick, Edwin, 109
Chain, Ernst Boris, 200-1, 205, 213, 216
Chang, Howard, 297-8
Chatterjee, Hemendra Nath, 160-1, 164
Chicago, Illinois, 155, 271; *ver também* Universidade de Chicago
China, 12, 17, 71, 83, 261, 268, 269, 279, 289, 300-1
ciência das lesões, 227-8
cigarro, 167, 187-92
cintos de segurança, 26, 28, 223, 234-42, 273-4
civilização maia, 252
classe média, 27, 127-8, 299
cloração, 20, 28, 30, 156-9, 164, 273
cocaína, 167, 170
cólera, 92, 95, 220, 274-5, 286, 292; bactéria da, 115-6, 149, 156, 159-60, 164-5, 282; erradicação da, 122, 132-3, 143; surto de 1854, 114-22, 132-3, 155; surto de 1866, 103-6, 113, 120-2; teoria da transmissão pela água, 92, 114-22, 123, 133, 136-7; tratamento da, 159-65
colônias americanas, 86-7
comércio de escravos, 56, 77, 86-7, 269
Comissão de Comércio Interestadual, 221
computadores, 45-6, 166, 211, 270
condições de vida: disseminação de doenças e, 92, 160-1; iniquidades raciais segundo as, 129-32; insalubres, 92, 130-2, 144, 160, 224
Conferência Sanitária Internacional, 95
Congresso dos EUA, 90, 172, 181, 237-9
Conselho Comunal (Brooklyn), 147-8

Índice remissivo 333

Conselho de Pesquisas Médicas (Inglaterra), 187
corantes, 191, 198-9, 214
Coreia do Sul, 268
Cortez, Hernán, 73
covid-19, 104, 114; afro-americanos e a, 123, 132, 271; aumento de casos de, 30-1, 303; combate à, 20-1; compilação/ análise de novos dados, 279, 284-9, 306-7; drogas para tratamento da, 306-7; efeitos devastadores da, 264, 271, 307; taxa de mortalidade da, 17, 134, 306; vacinas contra a, 25, 279, 307
Cox, Timothy, 63
criação industrial, 259-62, 264, 288
curas charlatãs, 25, 65-6, 69-70, 90, 169-70, 173-4, 183, 210-1
Cutler, David, 157

dados, 30, 92; compartilhamento global de, 95, 279, 307; revolução/ triunfo dos, 102, 113-4, 280-1; sobre surtos, 20-1, 104-5; vigilância sentinela e, 285-8; visualização de, 108-12, 115-6, 127-8, 295; *ver também* relatórios de mortalidade; ECR; estatísticas; estatísticas vitais
dados de censo, 39-40, 48, 108-10
Dean, James, 223, 224, 241
Deaton, Angus, 59-60
DeepMind, 289-95
defensores dos consumidores, 238-40, 242
Defoe, Daniel, 41
DeHaven, Hugh, 225-9, 230, 234-5, 237, 242
demografia, 40-1, 43, 45, 55
Departamento de Agricultura dos EUA, 206-7, 294-5
Departamento de Saúde, Educação e Bem-Estar dos EUA, 172
Departamento de Transporte dos EUA, 238

Departamento Langone de Saúde da População da Universidade de Nova York, 271
Design of Experiments, The (Fisher), 184
desigualdades: econômicas, 268-70, 299, 302, 306; em cuidados médicos, 58-9, 123-32, 269-72; em expectativa de vida, 56-60, 63-5, 105, 123, 267-72; em riqueza, 56-60, 105; entre cidade e campo, 109-13, 129-30; imortalidade e, 299, 301-3; raciais, 123-32
desnutrição, 252-5, 258, 263, 264, 304-6
destilado de milho macerado, 206-7, 212, 277
destilarias, 138-41, 144-5, 148
Diana, princesa, 223, 240
diário do ano da peste, Um (Defoe), 41
Dickens, Charles, 91, 221, 238, 278
Dickson, Don, 304-5
Dickson Mounds, 304-6
dieta, 252-4, 259-62; *ver também* desnutrição
difteria, 69, 94, 149, 189
Dobe, região do, 36-9, 45-50
doenças: causas de, 107-8, 115-6, 119-21, 189-90; distribuição geográfica de, 102, 114-8, 155, 276; tabela de "Doenças conhecidas" e, 42-4; taxa matemática de aceleração de, 16-7; *ver também doenças específicas*
doenças cardíacas, 28, 211, 261, 273, 280-2
doenças cardiovasculares, 191, 294
"Doenças da cidade e do campo aberto" (Farr), 109-10
doenças transmitidas pela água, 92, 137, 142; declínio das, 26-7; expectativa de vida e, 247, 280; teoria de Snow sobre, 114-8, 120-3, 133, 161, 280; tratamento bem-sucedido das, 159-64; *ver também* cólera; sistemas de esgoto; vasos sanitários

Doll, Richard, 187-91, 246, 278
drogas/ medicamentos, 21, 75, 143, 163; acionando o sistema imune, 283-4; avanços, 169-71, 211; concepção de narrativas como rede de, 293-5; ensaios/testes de, 90, 171-2, 176-7, 180-4, 185-7; inovações em, 25, 27-9, 272-5; marketing de, 167, *168*, 169, 173-8, 200; primeiras drogas perigosas, 61-6, 167-75, 303; provas de eficácia de, 176-7, 181-4, 245-6; que aumentam a expectativa de vida, 186, 211, 278-9; regulamentação das, 175-7, 245-6, 276-7, 303; sem regulamentação, 166-75; *ver também* indústria farmacêutica; *drogas específicas*
Du Bois, William E. B., 126-33, *127*, 267, 271
Dunsterville, L. C., 250-1

East London Waterworks Company, 121-2
ebola, 271
ECR (ensaios clínicos randomizados), 21, 182-92, 202, 208, 245-6, 276, 278, 284, 299
efeitos de segunda ordem, 33, 245, 265
Egito, 72, 194, 252
Ehrlich, Paul, 199, 211, 258
"enciclopédia chinesa" (Borges), 42
epidemias, 113, 116, 134, 137, 288-9; *ver também* cólera
epidemiologia, 27, 30, 42, 142, 189, 246; compartilhamento de dados de, 94-5, 104-5; fundamentos da, 41, 103-6, 122, 123; revolução nos dados na, 102, 108-12; social, 123-32; surto da covid-19 e, 307; trabalho de detetive na, 118, 121-2, 123, 126
epigenoma, 296-8, 303
Escandinávia, 254
Escola de Patologia Sir William Dunn (Oxford), 200-5, 208-10, 274, 294-5

escorbuto, 184
Espanha, 12, 174
Estados Unidos: colaborando com a União Soviética, 97-8; crise das cidades internas nos, 125-6, 131-2; declínio na expectativa de vida nos, 105-6, 303; expectativa de vida nos, 59-60, 267-72; falta de supervisão na saúde nos, 172; financiamento da saúde pública, 134-5; fundos para a vigilância animal, 289; mortalidade infantil nos, 137, 144; movimento antivacina nos, 91-4; principal causa de morte nos, 281-4; vacina contra a varíola usada nos, 88-91
estatísticas: análises de regressão das, 183-4; avanços em, 45, 55, 104-5, 183, 277; covid-19 e, 104, 287-8, 307; pioneiros, 55, 104-7, 117, 246-7, 307; sobre expectativa de vida, 39-45, 246-7; sobre taxas de mortalidade, 129-30, 134-5; vacinas e, 90, 94;
estatísticas vitais, 104-7, 123, 129-35, 286-9
estudo de câncer no pulmão, 186-92
estudos de forças de desaceleração, 229-32, *232*, 233-4
estudos forenses, 61-2
Europa, 50, 62, 90-1, 122, 124, 256-7; conferências sobre saúde na, 94-5; dieta/ nutrição na, 252-5, 263; elite/ realeza da, 73-6, *77*; expectativa média de vida na, 53-4, 56, 59; exportação de doenças para as Américas, 56, 59; flagelo da varíola na, 72-6, *77*, 78; fomes na, 248-9, 251-2, 254-5; pandemia de influenza de 1918-19 na, 11-6; talidomida e, 177-9; taxas de mortalidade infantil na, 144, 300
evolução tecnofísica, 263, 269
expectativa de vida: conceito de, 29-30, 39-40, 53; efeitos de segunda

Índice remissivo

ordem e, 33; ferramentas on-line para, 271; primeiros cálculos de, 40-5, 50-60; visão de longo prazo da, 30-2; *ver também* gráficos; *países específicos*

fabricação de bombas, 256-8, 265; *ver também* bomba atômica

Farr, William, 129, 134, 137, 144, 254; compilação de dados de, 104-7, 117-22, 276; doenças transmitidas pela água e, 120-2, 140; "lei" de, 113-4; relatórios de mortalidade de, 276, 278-9, 284-5; tabelas de vida de, 109, *110*, 112, 116, 123, 129-30, 182, 271, 305; teoria da elevação de, 119-21; uso de estatísticas vitais, 104-10, 123, 132, 247, 288-9

fast food, restaurantes de, 259-61

favelas, 112, 140, 144

febre escarlatina, 69, 149

ferramentas matemáticas, 50-1, 114

fertilizantes, 28, 255-9, 263, 273

Filadélfia, 123-7, *127*, 128-31

Fisher, Ronald A., 184-5

Fleming, Alexander, 207, 208-9, 213-4, 274; descobridor da penicilina, 84, 193-5, 210, 277, 292; papel importante de, 197-202, 216

Fletcher, Charles, 202-5

Florey, Howard, 200-6, 210, 216, 277

focomelia, 179

Foege, William, 100-2, 276

Fogel, Robert W., 252-4, 263, 269-70

fome, 220, 248-55, 258-9, 262-5, 269

fomes (crise), 21, 30, 248-55, 258-9, *264*, 265

Força Aérea dos EUA, 233-4

Forças Armadas dos EUA, 134-5; estudo da desaceleração e as, 229-34; pesquisa da penicilina e as, 206-16, 274, 277-8, 293; produção de penicilina e as, 196-7, 294-5

Ford, Henry, 219

Ford, Henry II, 234

fósseis, humanos, 54

França, 12-3, 74, 141, 254

Fundação Rockefeller, 206, 277, 294

Gabinete Internacional de Higiene Pública (OIHP), 95

Gabinete Oficial de Registros (GRO), 107-11, 120

Gales, princesa de, 80

Gates, Bill, 20, 280

Geiling, Eugene, 172, 175-6

Genentech, 275

General Motors (GM), 234, 237, 240

genética, 62, 85, 166, 279, 281-2, 293, 296-8, 303, 306

genoma, *31*, 279, 306

Gitchell, Albert, 10-1

global: aquecimento, 303, 308; colaboração, 94-101, 258-9, 294-5, 306; declínio da expectativa de vida, 254; erradicação de doenças, 94-101, 163-4; expectativa de vida, 14-7, 21-2, 24, 56, 105-6, 113, 306; mortalidade infantil, 23, *24*, 160, 163

Google, 243, 289

Grã-Bretanha, 83, 93, 199, 249-54, 267, 269

gráficos: Crescimento da população global, *31*; Expectativa de vida ao nascer (1951-2019), *268*; Expectativa de vida britânica (1550-1840), *64*; Expectativa de vida britânica (1668-2015), 18, *19*; Expectativa de vida britânica (1720-1840), *57*; Mortalidade infantil global (1800-2017), *24*; Mortes em acidentes de carro nos EUA (1955-2018), *241*; Prevalência de subnutrição (1970-2015), *264*; Tabela de "Doenças conhecidas" de Graunt, 42-4; Tabelas de vida de William Farr, *110*

Grande Fome Persa, 248-51, 255

Grande gripe, A (Barry), 14

Graunt, John, 40-5, 49, 50-6, 58-9, 105, 107-9, 111, 278, 299

gripe espanhola, 11-8, 24, 31, 303, 307; ver também influenza
Gross, Cary, 85-6
guano, 256-8, 265
guano de morcego, 256-8, 265
Guerra Civil Americana, 133-4, 140, 150, 152, 195, 257
Guerra de Libertação de Bangladesh, 161-3
Guerra Fria, 97
Gutenberg, Johannes, 167, 246

HINI, vírus, 11-8, 32-3
HIN5, vírus, 264
Haber, Fritz, 257-8
Hartley, Robert Milham, 144-6
Harvard, 88, 124, 157
Hassabis, Demis, 289-91
Heatley, Norman, 201-2, 203, 204-9, 210, 212, 216, 277
Hedges, sr. e sra., 103-4, 122
Henderson, Donald A., 99-100
Heydrich, Reinhard, 196, 215-6
Hill, Austin B., 185-91, 208, 246, 276, 278, 284, 307
Hipócrates, 195
Historical, Scientific, and Practical Essay on Milk (Hartley), 144-6
Hitler, Adolph, 196, 214-6, 222-3
Hobbes, Thomas, 37-8, 55
Hoechst, fábrica de corantes da, 214-5
Hollingsworth, T. H., 56, 57, 63-4
Holmes, Oliver Wendell, 169
hospitais militares, 10, 11, 12-6, 195, 209
Household Words, 91, 278
Howell, Nancy, 35-9, 38, 45-9, 54-5, 157, 304
Hunt, Mary, 208-9, 216, 293
Huygens, Christiaan, 51-3
Huygens, Lodewijk, 51-4

IG Farben, 198, 213
igualdade, 268-9, 308
Illinois, vale do rio, 304-6

Iluminismo, 54, 56, 81, 106, 142, 158
imortalidade, 295-6, 299, 301-3; ver também processo de envelhecimento
Imperial College de Londres, 114
imprensa, 54, 87, 167, 245-6
imunologia, 72, 81-2, 98, 282-3
imunoterapias, 72, 170, 211, 275, 282-4, 297
Índia, 14, 71, 83, 261, 269, 280; descobertas de médicos na, 160-2, 164; desnutrição na, 252; expectativa de vida na, 59-60, 268; pandemia de influenza de 1918-19, 13-7; queda do índice de mortalidade infantil na, 159; surto de cólera na, 160
indústria automobilística, 224-5, 233-41, 274
indústria de seguros, 51-3, 107
indústria farmacêutica, 198, 213, 294; crise do Elixir de Sulfanilamida e a, 171-7; drogas/curas perigosas da, 167-75, 176-7; parcerias com cientistas, 274-5, 277; produção em massa da penicilina, 206-10; prova da eficácia das drogas e, 176-7, 181-3, 211-2
infantil, mortalidade, 49, 112, 113, 137, 156-9, 304; ver também mortalidade infantil
infecções bacterianas, 195, 205, 213, 220
influenza, 9-18, 65-6, 251, 263-4, 287-9, 299, 306-7, 308
Inglaterra: doenças na, 44-5, 68-70, 72-80, 112-4; estatísticas sobre saúde pública na, 104-6; estudo sobre câncer no pulmão na, 186-92; expectativa de vida na, 15-7, 18, 19, 45, 49, 50-5, 68-9, 110-3, 267, 305; expectativa de vida por faixa etária na, 56, 57, 58-60, 63-4, 80, 102; leis de vacina na, 90-3; mau estado da medicina na, 61-3,

Índice remissivo

65-70; pandemia de influenza de 1918-19 na, 15-6; pesquisas sobre a penicilina na, 193-205; taxas de mortalidade na, 105, 108-13

inoculação, 78-83, 84, 86-9; *ver também* vacinação

inovações: ampliando as, 29, 84-5, 87, 209-10, 212, 220, 257-8, 274-5, 278-9, 295; novas maneiras de contagem e, 105, 276; novas maneiras de ver, 276, 295; salva-vidas, 24-30, 246-7, 272-5, 306-7

Instituto Salk, 298, 302

insulina, 28, 211, 273, 274

intercâmbio colombiano, 115, 277

Iowa, 207, 277

Iraque, 161, 164

Irlanda, 72, 217-9, 244, 251, 254

Istambul, Turquia, 76-9, 83, 277

Itália, 12

Jacobi, Abraham, 153

Janney, Eli, 221

Jdanov, Victor, 97

Jefferson, Thomas, 22, 89-90, 97-100, 111, 270, 308

Jenner, Edward, 81-4, 88, 90-1, 94, 97-102, 274

Jesty, Benjamin, 84

jogo de xadrez, 290-2

jogos de computador, 289-93

Johnson, Boris, 114

Johnson, Lyndon, 237-8

Jorge I, rei, 74-5

Jorge III, rei, 61-3, 65, 69, 74-5, 80, 169

jornalistas, 124, 136, 141-9, 158-9, 238-9

Kauffman, Stuart, 245

Kefauver-Harris, emendas para medicamentos, 181

Kelsey, Frances Oldham, 176-9, *180*, 181, 245-6

Kennedy, John F., 179, *180*

King, Martin Luther, Jr., 271-2

Kinsa, 287

Koch, Robert, 116, 149, 158, 199, 295

!Kung, povo, 35-9, 45-50, 55, 157, 304

Laboratório de Pesquisa Aeromédica do Exército dos EUA, 229-31

lacunas socioeconômicas de saúde: em comunidades afro-americanas, 131-2; em Nova York, 157, 271-2; na Inglaterra, 56-9, 63-5, 105, 267; no mundo todo, 31

Lancashire, Inglaterra, 188, 220

Lancet, The, 107, 161, 163

Lea, rio (Inglaterra), 103-4, 121

Leal, John, 156, 164

Lee, Richard, 35-9, 48

Lei da Vacina (Estados Unidos), 90

Lei da Vacina (Inglaterra), 90-1

Lei das Rodovias Interestaduais, 223

Lei de Equipamentos de Segurança, 221-2

Lei Nacional de Trânsito e Segurança de Veículos Motorizados, 238-9, 241

leite: armazéns de Straus para, 154-5, 165, 278; denuncia de jornalista sobre, 136, 145-9; eventos de mídia sobre, 157-9; pasteurização do, 140-2, 151-9, 211, 278; refrigeração do, 150-2; refugo, 138-9, 144-9, *148*, 151, 158

Leslie, Frank, 136-7, 146-9, 157, 239

Libéria, 101, 276

Liga Antivacinação Compulsória da Nova Inglaterra, 91-2

Liga Antivacinação da Cidade de Nova York, 91-2

Lightner, Candace, 240

Lind, James, 184

Liverpool, Inglaterra, 110-3, 116, 137, 271, 305

locomotivas ferroviárias, 106, 218, 220-2, 225

Londres, Inglaterra, 67, 206, 289; cólera em, 103-6, 112-22, 132-3, 136, 142, 143; estudo de câncer no pul-

mão em, 187-92; estudo de Farr
sobre, 109-13, 124-5, 271; estudo
de Snow sobre, 126-7, 136, 155;
expectativa de vida em, 53-5, 111;
Mary Montagu e, 76, 83; sistema
de esgotos de, 118-22, 143; taxas de
mortalidade em, 40-5, 54-5
loucuras do rei George, As, 62

Mahalanabis, Dilip, 161-2, 165, 274
Maitland, Charles, 79-80
malária, 28, 273, 280-1, 308
Manual de Informação Médica
Merck, 169
mapas (topográficos), 115-23, 127, 128,
276, 295, 306
Maria Stuart, rainha, 74
Marx, Karl, 112
Massengill, Samuel Evans, 171
Mather, Cotton, 87, 91, 117
McCormack, John, 238
McKeown, Thomas, 66-9, 143, 167,
210-1, 253-4
McNamara, Robert, 234
"Mechanical Analysis of Survival
in Falls from Heights of Fifty to
One Hundred and Fifty Feet"
(DeHaven), 227-8, 230
medicina: ciência da, 20, 66-70, 90,
94, 183; como prática de salvar
vidas, 27-8, 219, 272-3; expectativa
de vida e, 60, 169, 195; modernos
sistemas de saúde na, 49; os primeiros estágios, 60, 61-70, 72, 75,
90, 167-75, 275; *ver também* drogas/
medicamentos; medicina heroica
medicina heroica, 65-6, 69-70, 72
Mendel, Gregor, 85, 200
mensuração, ciência da, 29-30
Merck, 206, 274, 294
mercúrio, 66, 167-70
metainovações, 29, 279, 284
microbiologia, 99, 115-6, 247-8
micróbios, 141, 197; batalha contra,
96, 134-5, 205; detecção dos, 149,

199, 217, 293; na água potável,
115-6, 156
microscópios, 10; avanços dos, 115-6,
149, 156, 158, 199, 217, 276, 295;
fabricantes de lentes para, 115-6,
149, 156, 212; para analisar o leite,
141, 149-51
Modern Rise of Population, The
(McKeown), 67-9, 253
Moderna, 279
Montagu, Edward Wortley, 76
Montagu, Mary Wortley, 75, 76-80,
77, 81, 83, 86-8, 91, 277
Morell, Theodor, 215-6
mortalidade infantil, 129, 132, 144,
304-6; altas taxas de, 44-50, 54-5,
59-60, 109-13, 144; diminuição da
taxa de, 32-3, 60, 81, 267-70, 295-6,
300-1; e doenças, 73, 79-80, 160,
280-1; e drogas de sulfanilamida,
171-3; leite contaminado e, 136-40,
153-5, 165; tendências da, 22-3, 24
mortes relacionadas a máquinas,
219-26, 242
Mothers Against Drunk Driving
(MADD), 240
motores a vapor, 33, 217-9, 220, 244, 253
mudança climática, 33, 255, 264, 303,
308

Nader, Ralph, 236-40
narrativa sobre gênio, 29, 81, 84-5,
117, 212
narrativa sobre rede, 81, 84-8, 117-9,
140-2, 194-202, 212, 216, 239-43,
272-7
nascimentos: análise/registro de,
48, 107, 120; crescimento populacional e, 68, 299, 300-1; declínio
de, 68, 299, 300; em países desenvolvidos, 32; *ver também* gráficos
Nast, Thomas, 146, 148
Natural and Political Observations ...
upon the Bills of Mortality (Graunt),
40-5, 49-56, 107-9

Índice remissivo

Neolítico, 60
New York Times, 147, 154
Newman, Francis W., 93
nitrato, 247-8, 255-8, 263
nitrogênio, 247-8, 256, 257-8
Nova Inglaterra, 86-9, 91
Nova York, 287; pobreza em, 152-5; produtores de laticínios em, 136-9, 144-9, *148*, 153-5; taxas de mortalidade infantil em, 136-40, 144, 153-7

ocupações, 107-8, 126, 130-1
Office of Censorship dos EUA, 214
Oldham, Frances *ver* Kelsey, Frances Oldham
Onésimo (escravo africano), 86-7
Open COVID-19 Data Working Group, 285-6
Organização das Nações Unidas (ONU), 95
Organização Mundial da Saúde (OMS), 95-101, 135, 163, 280-1, 285
Osler, William, 66
Oxford, 67, 200-7, 213; *ver também* Escola de Patologia Sir William Dunn (Oxford)

padrões de vida, 18, 37, 69, 269
País de Gales, 15, 104, 107
países com baixa renda, 275, 280-1
países em desenvolvimento, 14, 32, 48-50, 59, 159-64, 263, *264*, 269-71
países industrializados, 27, 32, 37, 269; aumento da expectativa de vida em, 26-7; decréscimo da expectativa de vida em, 105-6, 110-3, 305-6; destruição ambiental e, 186-8, 307-8; doenças cultivadas nos, 114-22, 132, 137, 220; expectativa média de vida em, 56-60, 105-6; taxas de mortalidade infantil em, 110-1, 140, 153-5; tendências positivas de saúde nos, 59, 253; transição demográfica nos, 300-1
Paleolítico, 54-5, 56

pandemias: compilação/análise de dados e, 284-9; de 1918-19, 10-8, 307; evitando futuras, 284, 288-9; na era da conexão global, 14-8, 21, 263-5; taxas de mortalidade das, 12-5, 17, 24, 271; *ver também* covid-19; HINI, vírus
Paris, 50, 94-5, 106, 141
Parke, Davis & Company (Park-Davis), 167-8, *168*, 275
Pasteur, Louis, 140-2, 149, 151-3, 158, 278
pasteurização, 28, 30, 140-2, 151-9, 165, 211, 273
penicilina, 284; cientistas dos Aliados e, 206-10, 212-6, 274, 277; descoberta da, 29, 193-5, 197, 199-200, 277, 293-4; dispositivo de Heatley para, 200-2, *203*, 207, 212; não desenvolvida pela Alemanha, 196-7, 212-6; narrativa sobre a rede da, 84, 194, 208-10, 212, 215-6, 277, 294-5; produção em massa de, 199-202, 206-10, 274, 294; testes com, 199-205, 210, 277
Peoria, Illinois, 206-10, 214, 293
Pepys, Samuel, 41
Pérsia, 71, 248-51, 259
Peru, 256-7
peste, 40-3, 53, 112
Petty, William, 41
Pfizer, 206, 208, 274, 279, 294
Philadelphia Negro, The (Du Bois), 123, 128-33
pobreza, 105-6, 124-8, 132, 153-5, 269, 271
poliomelite, 25, 94, 308
Political Arithmetic (Petty), 41
poluição do ar, 32-3, 115-6, 119, 187-8, 222
pólvora, 55, 75, 256-7
Population Bomb, The (Ehrlich), 258
porfiria, 62-3, 65
possível adjacente, o, 198, 245-8, 272, 302

340 *Longevidade*

práticas de criação de crianças, 300-2
Predict, programa, 289
pregadores, 87
Primeira Guerra Mundial, 9-18, 66, 143, 248-51, 257-8
"Problems of Human Engineering in Regard to Sudden Decelerative Forces on Man" (Stapp), 229
procedimentos cirúrgicos, 210-1, 246, 278, 283-4
processo de envelhecimento, 281-2, 295-303
produção de frangos, 259-64, 288-9
produtores de laticínios, 144-6, 147-55, 148
Programa Mundial de Alimentos, 259
progresso, mensuração do, 18-21, 81
projetos de experimento, 184-92, 246
"Prospect of Exterminating the Small Pox" (Waterhouse), 88-9

Quan, Wan, 71
quarentenas, 40-1, 95
questões ambientais, 130, 187, 263-4, 299, 307-8
questões políticas, 40-1, 74-5, 92-3, 142-3
química, 140, 156-8, 198-9, 246-8, 256, 283-4

racismo, 119-20, 123-6, 129-32, 250, 267
raios x, 25, 194
Randall's Island, Nova York, 154-5, 165
reformadores, 87, 94, 107-9, 149-51, 275
refrigeração, 28, 150-2, 273
registros de saúde pública, 25-7
reguladores governamentais: expectativa de vida e, 246-7; falta de, 145-6, 151, 303; importante supervisão dos, 180, 191-2, 276-7; segurança nos automóveis e, 238-9, 241-2; taxas de nascimento (China) e, 300-1; *ver também* us

Food and Drug Administration (FDA)
Reino Unido, 18, *19*, 190-1, 240; *ver também* Inglaterra; Grã-Bretanha; País de Gales
Relatório sobre as consequências do tabagismo para a saúde (Terry), 191
relatórios de mortalidade, 25-6, 40-6, 107-11, 113-4, 122, 276, 278, 284-5
Resultados semanais de nascimentos e mortes, 120-2
revolução energética, 253
Revolução Industrial, 22, *31*, 33, 53, 66, 220
Ribicoff, Abraham, 237-8
Richardson-Merrell, 178-9
Rivers, Caitlin, 285
Roche, James, 237
Roosevelt, Franklin D., 175, 214
Roosevelt, Theodore, 155
Rosen, William, 65, 168, 198, 201-2
Royal Flying Corps, 225
Royal Society, 50-1, 53, 78
Rússia, 74, 249; *ver também* União Soviética
Ruxin, Joshua Nalibow, 164

S. E. Massengill Company, 171-5
Sahlins, Marshall, 37
sangria, 65-6, 69, 75
sarampo, 43, 69, 94
Sars-CoV-2, 17, 279, 306-7
saúde pessoal, 169, 174
Seattle Flu Study, 287
Segunda Guerra Mundial, 66-7, 186, 254; antibióticos e a, 195-9, 208-10, 248, 277; expectativa de vida na, 16, 69, 268; pesquisa da penicilina e a, 206-16, 277, 293
segurança: experimento da queda de ovos e, 226-30, 236, 239; leis reguladoras de, 30, 221-2, 238-40; no local de trabalho, 221-2, 238-9; *ver também* automóveis: componentes de segurança para

Índice remissivo

Sepkowitz, Kent, 85
Sinclair, Upton, 238-9
sistema imune, 65, 72, 174, 183, 200, 205, 282-4, 292
sistemas de esgoto, 27-8, 118-22, 135, 143, 164, 169, 273, 280
sistemas de saneamento, 160
Snow, John, 124, 126-7, 134, 140, 149, 155; desmonta a teoria dos miasmas, 276, 295; ignorado pela comunidade médica, 161; lutas na arena política, 142-3; mapa topográfico de, 115-6, 127, 276, 295; relação da cólera com a água, 114-8, 120-2, 123, 136, 280; sobre o fim da epidemia de cólera, 132-3
"Sobre o cálculo em jogos de azar" (Christiaan Huygens), 51
social: desigualdade, 107, 126, 132; movimentos, 87, 94, 142-5; tipos de intervenção, 142-9, 148
Sociedade Estatística de Londres, 107
sociedades afluentes, 37-9, 58, 64, 269, 281-2, 300-1
solo: aumento da fertilidade do, 259, 262-3; bactérias e infecções, 204-7; ciência moderna do, 247-8, 289; pesquisa da penicilina e, 206-8, 211-2, 277-8, 293; uso de guano no, 256-8, 265; ver também fertilizante
Spencer, Herbert, 92
Stapp Car Crash Conference, 234
Stapp, John, 228-34, 232, 235, 237
Steele, Cecile, 259-60
Straus, Nathan, 152-5, 157-9, 278
Suécia, 72-3, 235, 268
Sul Global, 268-70, 300-1
Sulfanilamida, crise do Elixir de, 171-7, 181, 245
sulfonamidas, 213; ver também crise do Elixir de Sulfanilamida
Surrey, England, 110-3, 116, 271
Sussex, condado de, Delaware, 259-60
Szreter, Simon, 143

"Tabagismo e carcinoma de pulmão" (Doll e Hill), 188-9
tabelas de mortalidade, 41-6, 49, 50, 55, 278
tabelas de vida, 109, 110, 112, 116, 123, 304-6, 308
talidomida, 177-81, 237, 245-6
Tâmisa, rio, 103, 118-9
taxas de fertilidade, 32, 48, 68, 109
taxas de mortalidade, 134; aumento das, 111-2, 305-6; declínio das, 22-4, 60, 68-9, 105, 143, 162-3, 272, 278, 299; estudos sobre, 40-6, 107, 110-3; padrões das, 14, 53, 107-9; ver também mortalidade infantil; cidades específicas, países
Taylor, Zachary, 137
técnicas terapêuticas, 66, 95, 211
tecnologia, 30, 182, 236; de guerra, 16, 255-8; era de coleta de dados e, 287-8; inovações em, 27, 45-6, 54-5, 95, 100-2, 149-52, 158, 166-70, 229; sociedades avançadas e, 37-8, 106, 167
Teerã, 248-51
teoria das probabilidades, 50-1, 53
teoria dos germes, 30, 31, 141, 149, 189, 283
teoria dos miasmas, 27, 92, 115, 117, 118-22, 161, 276, 295
terapia de reidratação oral (TRO), 28, 160-5, 166, 273
termômetro conectado, 287-8
Terry, Luther, 191
Tesla, 243
testagem, 30, 276-8; ver também drogas/ medicamentos: ensaios/ testes de; ECR
Texas, 225
tifoide, 94, 149, 189
"Tratamento da tuberculose pulmonar com estreptomicina" (Hill), 185-7
Trump, Donald, 114, 289

tuberculose, 131, 189; bovina, 149-52; mortes por, 43, 69, 122, 194-5, 255, 281; tratamento para, 69, 185-7, 210, 219
Tudor, Frederic, 150
Tulsa, Oklahoma, 171
Turquia, 71-2, 76-9, 83, 86, 249

União Soviética, 97, 251; *ver também* Rússia
Unicef, 163
Universidade da Pensilvânia, 125, 126
Universidade de Chicago, 172, 175, 181, 303
Universidade de Toronto, 274
Universidade de Washington, 114
Universidade Johns Hopkins, 66, 285
Unsafe at Any Speed [Inseguro a qualquer velocidade] (Nader), 236-7, 239-40
urbanidade: e mortalidade, 112-6, 123, 134, 159-61, 276, 278; e pobreza, 124-5, 153-5
us Food and Drug Administration (FDA), 151; criação da, 29, 170, 277; na prova de eficácia dos medicamentos, 181-3, 245; sobre a segurança dos medicamentos, 175-82; supervisão da, 170-5, 179-81

Vaccination Proved Useless and Dangerous [Vacinação comprova-se inútil e perigosa] (Wallace), 92
vacinação, 273; acionamento do sistema imune, 205, 284; ensaios/ testes de, 88-90, 94, 307; expectativa de vida e, 21-2, 30, 88, 105-6, 169; impacto global da, *31*, 93-4; inovações na, 25, 82, 94, 100-2, 150; invenção da, 81-6, 88, 99, 279; leis para, 90-4; para covid-19, 20,

25, 279, 306-7; técnica do "anel" para, 20, 101-2, 276, 281; *ver também doenças específicas*
Vale do Silício, 21, 243, 295
varíola, 43, 56, 113, 122, 277; causas da, 282; crianças vulneráveis à, 71, 72-3, 78-80; erradicação da, *31*, 95-101, 258, 270, 281, 288, 308; líderes europeus vítimas da, 74-5; tratamento de variolação para, 71-80, 82-3, 86-8; vacina contra, 20-1, 81-5, 88-91, 94, 98, 150, 212; *ver também* Montagu, Mary Wortley
varíola bovina, 81-4, 88, 99
variolação, 284; defensores da, 88-91, 117; na Inglaterra, 79-83, 86-7, 102, 105, 277; narrativa sobre rede da, 85-8; origens/ história da, 71-80, 277; taxas de mortalidade e, 79, 87
vasos sanitários, 26-9, 273, 280
Vaughan, Victor, 15-7
vinho/ vinicultores, 75, 140-1, 149, 246-7
vitoriana, era, 57, 91-4, 104, 116
Volvo, 235-6, 239, 274

Wallace, Alfred Russel, 92
Wallace, Henry, 172, 175
Ward, Mary, 217-9, 244
Washington, George, 65-6
Waterhouse, Benjamin, 88-90, 98-101
Watkins, Harold, 171-5
Weaver, Warren, 206, 277
Wellcome Trust, 63, 294
Westinghouse, George, 221
Wharton, Susan, 125
Whitehead, Henry, 117-8, 121, 132-3, 142
Wrigley, Anthony, 53-4

Yamanaka, Shinya, 298

ESTA OBRA FOI COMPOSTA POR MARI TABOADA EM DANTE PRO E IMPRESSA EM OFSETE PELA GRÁFICA BARTIRA SOBRE PAPEL PÓLEN SOFT DA SUZANO S.A. PARA A EDITORA SCHWARCZ EM OUTUBRO DE 2021

A marca FSC® é a garantia de que a madeira utilizada na fabricação do papel deste livro provém de florestas que foram gerenciadas de maneira ambientalmente correta, socialmente justa e economicamente viável, além de outras fontes de origem controlada.